FÍSICA EXPERIMENTAL TECNOLÓGICA

LUIZ GONZAGA CABRAL

Professor Experimental

EDIÇÃO DE 2024

*Para Jurandir, Remi, Leo e os Laboratoristas do
PROCENTRO (*) por sua especial dedicação
à demonstração do que é possível
fazer quando se quer!*

(*) PROCENTRO – Programa de Centros Experimentais de Ensino em Tempo Integral. Pernambuco começou a transformar a educação pública entre 2004 e 2007.

Prefácio

A física experimental para cursos de Engenharia deve considerar aspectos tecnológicos. Os alunos trazem "certezas" do Ensino Médio onde convivem com o conceito de "Ciências Exatas". É preciso convencê-los de que na verdade a exatidão não deve ser levada ao pé da letra.

Ao chegar na Graduação devem ser apresentados aos processos estatísticos que participam decisivamente da estrutura experimental da prática da Engenharia.

Assim projetamos um laboratório para Físicas Básicas, Mecânica e Fenômenos de Transporte com essa ênfase na análise numérica e gráfica dos resultados experimentais.

Quando começamos, na década de 1970, na Escola Politécnica da Fundação de Ensino Superior de Pernambuco, havia um conjunto de equipamentos importados da Alemanha que tratava de fenômenos físicos e tecnológicos coincidentemente na confirmação dos princípios científicos via análise de resultados experimentais, principalmente numéricos.

Esse estágio de adaptação requeria experimentos em que os objetivos conduzissem a uma verificação usando o processo científico para confirmação de leis e princípios da física. Resultados previstos por equações requeriam confirmação.

Foi necessário iniciar um processo de adaptação e construção de equipamentos próprios. Inicialmente produzimos dispositivos que copiavam as funções dos importados com processos mais simples de conformação.

Depois de duas décadas havíamos consolidado esse conjunto de vinte e oito experimentos com praticamente 80 % de itens fabricados em nossa própria oficina com o apoio dos laboratoristas Jurandir e Remi. Na eletrônica contamos com o suporte ocasional do Professor Chico Melo da Universidade Católica e do Departamento de Energia Nuclear da Universidade Federal de Pernambuco.

A partir de 1990 com o reconhecimento da Universidade de Pernambuco, em que a Escola Politécnica foi incorporada com seus cursos de Engenharia, houve possibilidade de levar a computação para o Laboratório e passamos a ter um computador com impressora matricial. Após as medidas os alunos digitavam os resultados e imprimiam os relatórios.

Trabalhamos por um bom tempo com as Planilhas Lotus 1 – 2 – 3 e a versatilidade completa aconteceu com a incorporação do EXCEL ao pacote OFFICE.

Em 2004 chegamos a um estágio de excelência e segurança na análise numérica e gráfica dessas vinte e oito experiências e passamos a "guardar" os resultados de dezenas de grupos de alunos. Uma análise da consistência desses resultados levou ao pacote de medidas reais que faz parte desse manual.

Esse aprendizado foi transportado para outras Instituições a partir de 2010 principalmente quando trabalhamos na montagem de laboratórios da Fundação do Vale do Ipojuca e Associação de Ensino Superior de Caruaru e, depois na Autarquia de Ensino Superior de Garanhuns.

O processo foi também disseminado, adaptado adequadamente no programa STEM do Word Fund e no Programa de Centros de Ensino em Tempo Integral do Estado de Pernambuco.

Finalmente em alguns trabalhos de Consultoria realizados na Implantação de Escolas de Tempo Integral de Ensino Médio em uma Dezenas de Estados e outro tanto de Municípios!

A ideia de experimentação com ênfase na análise numérica e gráfica não agrada a muitos pedagogos que preferem experimentos com interpretação fenomenológica e conceitual. Para atendê-los produzimos um conjunto de quarenta e oito experimentos no nível de Ensino Médio para o citado programa STEM e reunimos essa formulação no livro "Física Experimental Simplificada" disponível na Amazon Books.

Outro conjunto de sessenta e quatro experimentos, elaborados a partir de 2010 para equipamentos nacionais produzidos para um sistema de aquisição de dados também está disponível na Amazon Books sob o título "Física Experimental".

A experimentação em geral e particularmente de Física no Ensino Médio tem pouco prestígio e está ausente na maioria da Instituições de Ensino, mesmo nas Estatais e Federais. Fui pioneiro na montagem de laboratórios e na sua caracterização para análise numérica e gráfica. Em alguns locais, quando saí por aposentadoria ou mudança de atividade, os laboratórios foram sendo transformados ou desativados.

Isso não me desanima.

Tenho convicção de que a aquisição de dados associada à análise numérica e gráfica são o melhor caminho para a experimentação. Sua ausência é responsável pela falta de estímulo vocacional para a atividade de pesquisador que faz o Brasil estar ausente nas maioria das patentes tecnológicas e premiações mundiais.

Este livro e os outros dois citados nesse prefácio constituem minha contribuição para reacender essa chama débil que ainda tremula em alguns locais.

Agora que estou chegando à quarta idade estou instigado a provocar o restabelecimento deste meio século de atividades em que tive o privilégio de poder, de certo modo, "impor" a experimentação tecnológica nos cursos de graduação em Engenharia dos quais participei como Docente ou Gestor Acadêmico e Administrativo.

Cito mais uma vez estas obras para enfatizá-las:

FÍSICA EXPERIMENTAL TECNOLÓGICA

Conjunto de 28 experimentos com equipamentos produzidos nas Oficinas da Escola Politécnica da Universidade de Pernambuco com análise gráfica e numérica usando aplicativos computacionais. Nível de Graduação para Engenharia.

FÍSICA EXPERIMENTAL SIMPLIFICADA

Conjunto de 48 experimentos com materiais simples, com facilidade de fabricação nas próprias Escolas de Ensino Médio, para o processo de análise fenomenológica e conceitual em atenção às "Pedagogias Ativas", moda recorrente principalmente em Instituições Públicas.

FÍSICA EXPERIMENTAL

Conjunto de 64 experimentos com equipamentos de produção nacional, com algumas adaptações, no processo de utilização de sensores para Aquisição de Dados envolvendo as áreas de Física, Mecânica, Fenômenos de Transporte, Resistência dos Materiais e Hidráulica. Nível de Ensino Médio e Graduação para Ciências Naturais e suas Tecnologias.

Em tempo, estamos em fase de conclusão do "MANUAL DO QUADRO DE EXPERIMENTOS EM ELETRICIDADE E ELETRÔNICA" para iniciação técnica em cursos Profissionais no nível do Ensino Médio Regulara ou Profissionalizante.

Segue essa linha de experimentação!!!

Espero repercutir ou "causar" como dizem por aí...

Luiz Gonzaga

Professor Experimental

Dezembro de 2023

Sumário

Prefácio 7

CRONOGRAMA DO REVEZAMENTO DOS GRUPOS NAS EXPERIÊNCIAS 13

FÍSICA EXPERIMENTAL TECNOLÓGICA - REGRAS (EXPERIÊNCIAS COM REVEZAMENTO) 13

FÍSICA EXPERIMENTAL TECNOLÓGICA - FONTES DE CONSULTA DA TEORIA 15

EXPERIÊNCIA 1: PLANO INCLINADO 17

    MEDIDAS 21

    ANÁLISE 22

EXPERIÊNCIA 2: Máquina de Atwood 23

    MEDIDAS 27

    ANÁLISE 28

EXPERIÊNCIA 3: Choque Inelástico 29

    MEDIDAS 31

    ANÁLISE 32

EXPERIÊNCIA 4: Força Centrípeta I. 33

    MEDIDAS 35

    ANÁLISE 36

EXPERIÊNCIA 5: Dinâmica da Rotação 37

    MEDIDAS 40

    ANÁLISE 41

EXPERIÊNCIA 6: Compensação do Atrito 42

    MEDIDAS 45

    ANÁLISE 46

EXPERIÊNCIA 7: Associações de Molas 47

    MEDIDAS 49

    ANÁLISE 51

EXPERIÊNCIA 8: Ondas em Molas 52

    MEDIDAS 54

    ANÁLISE 55

EXPERIÊNCIA 9: Movimento Amortecido I 56

    MEDIDAS 58

    ANÁLISE 59

EXPERIÊNCIA 10: Pêndulo Reversível 60

    MEDIDAS 63

    ANÁLISE 64

EXPERIÊNCIA 11: Pêndulos Acoplados 65

    MEDIDAS 66

    ANÁLISE 67

EXPERIÊNCIA 12: Força Centrípeta II 68

    MEDIDAS 70

    ANÁLISE 71

EXPERIÊNCIA 13: Movimento Amortecido II 72

    MEDIDAS 74

ANÁLISE 75
EXPERIÊNCIA 14: Hidrodinâmica 76

MEDIDAS 81
ANÁLISE 82
EXPERIÊNCIA 15: Variação da pressão do ar com a temperatura a volume constante......83

MEDIDAS 84
ANÁLISE 85
EXPERIÊNCIA 16: Pressão do vapor x temperatura 86

MEDIDAS 88
ANÁLISE 89
EXPERIÊNCIA 17: PV = n RT 90

MEDIDAS 91
ANÁLISE 92
EXPERIÊNCIA 18: Instrumentos de Medidas Elétricas 93

MEDIDAS 98
ANÁLISE 99
EXPERIÊNCIA 19: Circuito RC 100

MEDIDAS 102
ANÁLISE 103
EXPERIÊNCIA 20: Circuito RLC - Ressonância 104

MEDIDAS 107
ANÁLISE 108
EXPERIÊNCIA 21: Campo de Solenoides 109

MEDIDAS 111
ANÁLISE 112
EXPERIÊNCIA 22: Campo Magnético Terrestre......113

MEDIDAS 115
ANÁLISE 116
EXPERIÊNCIA 23: Lentes Convergentes 117

MEDIDAS 119
ANÁLISE 120
EXPERIÊNCIA 24: Refração num Prisma 121

MEDIDAS 123
ANÁLISE 127
EXPERIÊNCIA 25: Difração......128

MEDIDAS 130
ANÁLISE 131
EXPERIÊNCIA 26 - Campo de Bobinas Circulares 132

MEDIDAS 135
ANÁLISE 136
EXPERIÊNCIA 27: Polarização......137

MEDIDAS 141
ANÁLISE 142
EXPERIÊNCIA 28: V x i em Condutores e Semicondutores......143

MEDIDAS 145

ANÁLISE 146

Apêndice 1: PROCESSOS DE ANÁLISE GRÁFICA E NUMÉRICA 147

    1 - INTRODUÇÃO 148

    2 - GRÁFICO EM PAPEL mm... 148

    3. ETAPAS DO TRAÇADO DO GRÁFICO EM PAPEL mm 148

    4 . DETERMINAÇÃO DA EQUAÇÃO DO GRÁFICO 150

    5. TESTE DA EQUAÇÃO 152

    6 - EXPRESSÃO APROXIMADA DE UM RESULTADO EXPERIMENTAL 152

    7 - REGRESSÃO LINEAR 156

    8 - GRÁFICO EM PAPEL DI-LOG 159

    9 - TRAÇADO DO GRÁFICO EM PAPEL DI-LOG 159

    10 - DETERMINAÇÃO DA EQUAÇÃO DO GRÁFICO EM PAPEL DI-LOG 161

    11 - GRÁFICO EM PAPEL mm COM ORIGEM DESLOCADA 161

    12 - ESCOLHA DOS MÓDULOS 162

    13 - LANÇAMENTO E RETIRADA DE VALORES 162

    14 - DETERMINAÇÃO DA EQUAÇÃO 162

    15 - GRÁFICO EM PAPEL MONOLOG 164

    16 – RESUMO. 166

Apêndice 2: Fundamentos dos Processos de Análise Gráfica e Numérica 167

    I - PAPEL DILOG: DETERMINAÇÃO DE PARÂMETROS 168

    II - REGRAS PARA TRABALHO COM RESULTADOS EXPERIMENTAIS 169

    III: MÉDIA ARITMÉTICA E DESVIO PADRÃO 169

    IV: REGRESSÃO LINEAR E AJUSTAMENTO PELA PARÁBOLA 173

    V - LINEARIZAÇÃO DE FUNÇÕES 176

BIBLIOGRAFIA 178

CRONOGRAMA DO REVEZAMENTO DOS GRUPOS NAS EXPERIÊNCIAS

GRUPOS	SEMANAS DA SALA 1							SEMANAS NA SALA 2						
EXPERIÊNCIAS	1	2	3	4	5	6	7	8	9	10	11	12	13	14
A	1	2	3	4	5	6	7	8	9	10	11	12	13	14
B	2	3	4	5	6	7	1	9	10	11	12	13	14	8
C	3	4	5	6	7	1	2	10	11	12	13	14	8	9
D	4	5	6	7	1	2	3	11	12	13	14	8	9	10
E	5	6	7	1	2	3	4	12	13	14	8	9	10	11
F	6	7	1	2	3	4	5	13	14	8	9	10	11	12
G	7	1	2	3	4	5	6	14	8	9	10	11	12	13
GRUPOS	SEMANAS DA SALA 2							SEMANAS NA SALA 1						
EXPERIÊNCIAS	1	2	3	4	5	6	7	8	9	10	11	12	13	14
A	8	9	10	11	12	13	14	1	2	3	4	5	6	7
B	9	10	11	12	13	14	8	2	3	4	5	6	7	1
C	10	11	12	13	14	8	9	3	4	5	6	7	1	2
D	11	12	13	14	8	9	10	4	5	6	7	1	2	3
E	12	13	14	8	9	10	11	5	6	7	1	2	3	4
F	13	14	8	9	10	11	12	6	7	1	2	3	4	5
G	14	8	9	10	11	12	13	7	1	2	3	4	5	6

FÍSICA EXPERIMENTAL TECNOLÓGICA - REGRAS (EXPERIÊNCIAS COM REVEZAMENTO)

(1) - Formação de sete grupos fixos em cada turma (A, B, C, D, E, F, G);

(2) - Relatório individual ao final de cada aula (peso = 5);

(3) - Supervisão dos grupos durante as aulas;

(4) - Controle de Frequência:
- As cinco primeiras experiências de cada série constituem notas parciais e o aluno pode faltar uma:
- Comparecendo às cinco, elimina-se a pior nota no cálculo da média (peso = 5);
- Faltando 1, a média considera as quatro restantes sem eliminar a pior nota;
- Faltando mais de 1, a média é feita somando-se as notas e dividindo-se por cinco;

(5) - Exercícios Escolares individuais (peso = 5):
- O 1º e o 2º serão realizados sobre a sexta experiência de cada grupo na série (6 ou 13);
- O Final constará da décima quarta experiência de cada grupo na série;
- Os relatórios seguem junto com a prova (não são devolvidos aos alunos);

(6) - O "Manual de Instruções" é entregue só uma vez no início do semestre; os relatórios são entregues aos alunos em cada aula (não podem ser fornecidos aos alunos que faltarem ou chegaram atrasados e não participarem da aula);

(7) - Tolerância nos atrasos dos alunos, é de 50(cinquenta) minutos após o horário oficial de início das aulas.

(8) - Ao terminar as medidas desligar os plugues dos instrumentos. Não desmontar as experiências.

FÍSICA EXPERIMENTAL TECNOLÓGICA - FONTES DE CONSULTA DA TEORIA

EXPERIÊNCIA	LIVROS											
	TIPLER– 4ª EDIÇÃO			HALLIDAY-3ª EDIÇÃO			SERWAY-3ª EDIÇÃO			KELLER-GETTYS-SKOVE		
	VOL	ITENS	PÁGS	VOL	ITENS	PÁGS	VOL	ITENS	PÁGS	VOL	ITENS	PÁGS
1 PLANO INCLINADO	1	2.3 8.6	24 231	1	2.6 11.9	18 226	1	3.3 11.1	37 230	1	3.4 6.1	38 132
2 MÁQUINA DE ATWOOD	1	5.3 P18	119	1	5.9 P 72	86 236	1	5.8	89	1	P5	124
3 CHOQUE INELÁSTICO	1	6.6 7.6	143 189	1	8.8 10.4	 199	1	8.3 9.3	153 180	1	9.4 10.6	226 260
4 FORÇA CENTRÍPETA I	1	5.4	111	1	6.4	103 108	1	6.1	107	1	6.2	234
5 DINÂMICA DA ROTAÇÃO	1	8.2	215	1	12.6	246	1	10.5 10.7	211 215	1	12.7 13.1	325 342
6 COMPENSAÇÃO DO ATRITO	1	4.2 5.1	74 108	1	5.5 6.2	76 99	1	5.9 6.4	92 114	1	6.1	129
7 ASSOCIAÇÕES DE MOLAS	2	12.1 12.4	70 106	2	14.3	25 40	1	13.2 P 54	277 295	1	14.2 P 9	378 394
8 ONDAS EM MOLAS	2	13.2	113	2	17.6 17.11	115 123	2	16.5/16.6 P 56	8/9 21	2	32.4 P 4	332 349
9 MOV. AMORTECIDO I	2	12.7	90	2	14.8	34	1	13.6	287	1	14.6	386
10 PÊNDULO REVERSÍVEL	2	12.8	86	2	14.6	30	1	10.5 13.4	211 284	1	12.7 14.4	325 381
11 PÊNDULOS ACOPLADOS	2	12.5	83	2	14.6	30	2	16.4	6	2	32.6	338
12 FORÇA CENTRÍPETA II	1	5.4	111	1	6.4	103 108	1	6.1	107	1	6.2	234
13-MOV. AMORTECIDO II	2	12.7	90	2	14.8	34	1	13.6	287	1	14.6	386
14 HIDRODINÂMICA	2	11.3 11.6	41/42 49/52	2	16.6 16.10	83 90	1	15.4 15.8	334 342	1	15.3 15.5	409 416
15 VAR.PRES.AR C/ TEMP A VOL.CTE.	2	15.2 15.3	185 188	2	19.4	166	2	19.3	66	1	16.3	442
16 PRESSÃO VAPOR X TEMPERATURA	2	15.7	202	2	19.7	170	2	19.5	70	1	16.5	446
17 PV= n R T	2	15.4	192	2	21.3	206	2	19.6	73	1	17.1	466
18 INST. MED. ELÉTRICA	3	23.3	163	3	297	124	3	28.5	133	2	24.4	128
19 CIRCUITO RC	3	23.2	155	3	29.8	125	3	28.4	129	2	25.4	157 160
20 CIRCUITO RLC	3	28.5	292	3	36.4	282	3	33.7	268	2	31.6	306
21 CAMPO DE SOLENOIDES	3	24.3 25.2	191 209	3	31.6 31.7	174 177	3	30.4	188	2	26.3 27.3	183 211
22 CAMP. MAGNÉT. TERRESTRE	3	24.3 25.2	191 208	3	30.2 30.8 31.7	144 155 177	3	29.1 29.4 30.1	153 159 182	2	27.1	204
23 LENTES CONVERGENTES	4	31.4	74 78	4	39.9	38	3	36.4	341	2	35.4	426 428
24 REFRAÇÃO NUM PRISMA	4	30.4	40 58	4	36.2	27	3	36.3	339	2	35.3	424
25 DIFRAÇÃO	4	33.10 33.11	125 127	4	41.7	102	3	38.4	388	2	36.3	457
26 CAMP. DE BOB. CIRCULARES	3	24.3 25.2	191 209	3	31.7	177	3	29.4 30.2	159 182	2	26.3 27.3	183 211
27 POLARIZAÇÃO	4	30.6	47	4	38.7	12	3	38.6	392	2	37.5 37.6 37.7	492/494 495/499
28 V x i EM COND. E SEMICONDUTORES	3 4	22.2 25.3 39.6 39.7	117 164 323 324	3 4	28.5 28.8 28.9 46.10	102 106 108 238	3 4	27.3 27.4 43.7	103 106 138	2 2	24.2 24.6	121 132 136

EXPERIÊNCIA 1: PLANO INCLINADO

OBJETIVOS

Analisar o movimento de uma esfera num trilho inclinado.

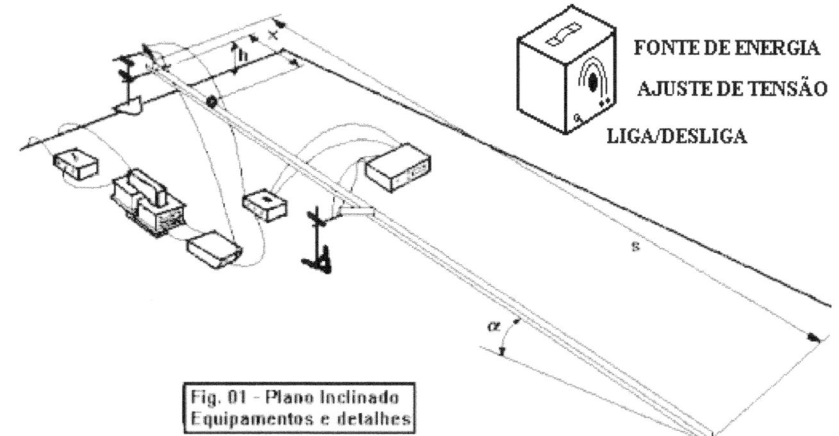

Fig. 01 - Plano Inclinado
Equipamentos e detalhes

Testar a fórmula da aceleração e sua dependência com o ângulo do plano e com a relação entre o diâmetro da esfera e a bitola do trilho.

Aprender a usar o paquímetro.

TEORIA

A Fig. 01 apresenta uma esfera percorrendo uma distância x, descendo um trilho de comprimento s. A altura do trilho, medida pela sua parte inferior, em relação ao tampo da mesa é h.

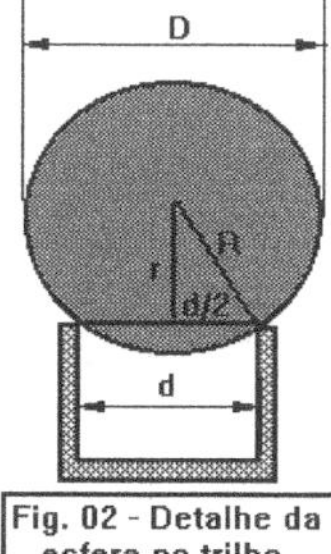

Fig. 02 - Detalhe da esfera no trilho

A aceleração da esfera no trilho é função do ângulo α

Ela pode ser calculada em função das medidas do espaço percorrido e do tempo:

$$a = \frac{2x}{t^2} \quad (01)$$

O cálculo de a, a partir das grandezas físicas envolvidas (g, α e propriedades físicas e geométricas da esfera) exige o conhecimento da 2ª Lei de Newton na Rotação e do conceito de Momento de Inércia.

A fig. 02 mostra detalhes da esfera colocada sobre o trilho.

Nela vemos que há um raio de contato r, menor que o raio da esfera R.

A relação entre esses raios e a bitola do trilho é fácil de obter.

Basta considerar o triângulo retângulo de catetos r e d/2 e hipotenusa R:

$$r = \sqrt{R^2 - \left(\frac{d}{2}\right)^2} = \sqrt{\frac{D^2 - d^2}{4}} \quad (02)$$

DEMONSTRAÇÃO DA 2ª LEI DE NEWTON NA ROTAÇÃO DE UMA FORMA SIMPLIFICADA

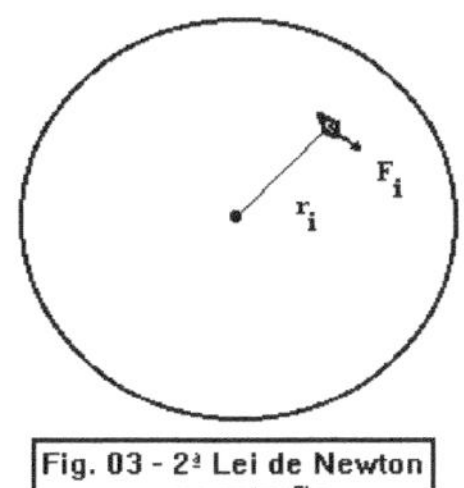

Fig. 03 - 2ª Lei de Newton na rotação

Imagine um corpo rígido, como um disco, submetido a uma força externa F.

Devido à rigidez da estrutura cristalina, embora essa força atue num ponto, seu efeito espalha-se por todo o corpo. Uma porção m_i recebe uma parcela da força, F_i. Essa porção pequena da massa realiza um movimento de translação, com trajetória circular, em torno do centro, a uma distância r_i.

Aplicando a 2ª Lei de Newton na translação: $\quad F_i = m_i a_i = m_i \alpha r_i.$

Multiplicando os dois membros por r_i: $\quad F_i r_i = m_i r_i^2 \alpha.$

O primeiro membro é o torque da força F_i em relação ao centro de rotação:

$$\tau_i = m_i r_i^2 \alpha.$$

Calculando o torque em todo o disco: $\qquad \sum \tau_i = (\sum m_i r_i^2)\alpha$

α escapou do somatório porque todos os pontos do disco giram com a mesma aceleração angular.

Se compararmos essa equação com a 2ª Lei de Newton na translação, $F = ma$, concluiremos que o termo

$I = \sum m_i r_i^2$ corresponde a uma inércia, que chamamos Inércia de Rotação ou Momento de Inércia

$$I = \sum m_i r_i^2 \ ou \int r^2 dm$$

2ª LEI DE NEWTON NA ROTAÇÃO: $\qquad \tau = I\alpha$

τ é o torque resultante das forças externas; I é o momento de Inércia.; α é a aceleração angular.

DETERMINAÇÃO DO MOMENTO DE INÉRCIA DE UM DISCO

Começamos com o caso mais simples do Anel: $\ dI = dm r^2$

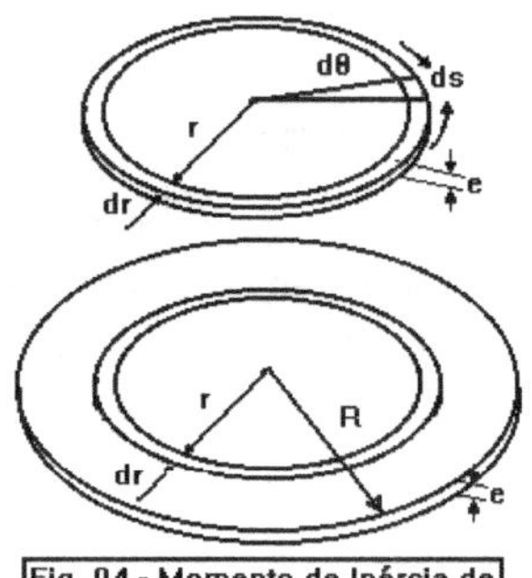
Fig. 04 - Momento de Inércia de um disco

Densidade: $\qquad \rho = \dfrac{dm}{ds\,dr\,e} = \dfrac{m}{2\pi r\,dr\,e}$

$dm = \dfrac{m\,ds}{2\pi r} = \dfrac{m\,r\,d\theta}{2\pi r} = \dfrac{m\,d\theta}{2\pi}$ e $\quad dI = \dfrac{3M}{4R^3} r^4 dx = \dfrac{3M}{4R^3}(R^2 - x^2)^2 dx$

$$I = m r^2$$

Toma-se o anel como elemento de integração: $\qquad dI = dm r^2$

$$\rho = \dfrac{dm}{2\pi r\,dr\,e} = \dfrac{M}{\pi R^2 e} \rightarrow dm = \dfrac{2M}{R^2} r\,dr$$

$$dI = \dfrac{2M}{R^2} r^3 dr \rightarrow I = \dfrac{2M}{R^2}\int_0^R r^3 dr \rightarrow I = \dfrac{MR^2}{2}$$

DETERMINAÇÃO DO MOMENTO DE INÉRCIA DA ESFERA.

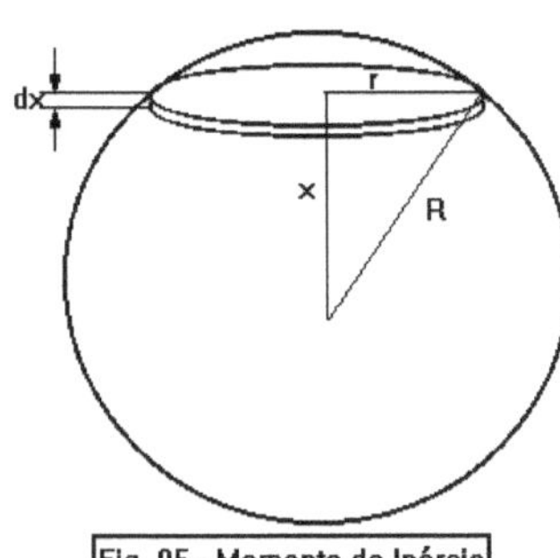
Fig. 05 - Momento de Inércia de uma esfera maciça.

Toma-se o disco como elemento de integração

$$dI = \dfrac{dM r^2}{2} \rightarrow \rho = \dfrac{dM}{\pi r^2 dx} = \dfrac{M}{\frac{4\pi R^3}{3}} \rightarrow dM = \dfrac{3M}{4R^3} r^2 dx$$

$$r^2 = R^2 - x^2 \rightarrow dI = \dfrac{3M}{4R^3} r^4 dx = \dfrac{3M}{4R^3}(R^2 - x^2)^2 dx$$

$$I = \dfrac{3M}{4R^3}\int_0^R (R^4 - 2R^2 x^2 + x^4)\,dx$$

$$I = \dfrac{3M}{4R^3}\left(R^5 - 2R^2\dfrac{R^3}{3} + \dfrac{R^5}{5}\right) = \dfrac{3M}{4R^3}R^5\left(1 - \dfrac{2}{3} + \dfrac{1}{5}\right) = \dfrac{3MR^2}{4}\left(\dfrac{15-10+3}{15}\right) = \dfrac{3MR^2}{4}\dfrac{8}{15} = \dfrac{2MR^2}{5}$$

ANÁLISE DO MOVIMENTO DA ESFERA NO TRILHO.

Na Fig. (06) notamos que há dois pontos de contato e, portanto duas forças de atrito atuando.

Aplicando a 2ª Lei de Newton à translação e rotação da esfera:

$$mg\,sen\,\alpha - 2F_{at} = ma \qquad (03)$$

$$2F_{at}r = I\frac{a}{r} = \frac{2}{5}mR^2\frac{a}{r} \qquad (04)$$

De (03) e (04), obtemos:

$$a = \frac{g\,sen\,\alpha}{1+\frac{2}{5}\left(\frac{R}{r}\right)^2} \qquad (05)$$

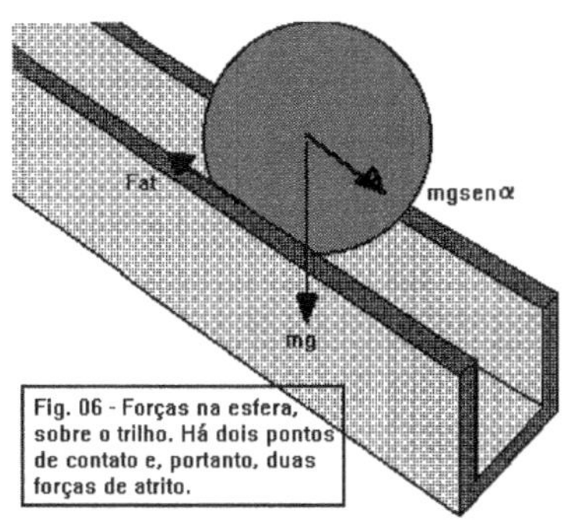

Fig. 06 - Forças na esfera, sobre o trilho. Há dois pontos de contato e, portanto, duas forças de atrito.

O raio de contato, r, pode ser calculado pela equação (02), em função do diâmetro da esfera (D) e da bitola do trilho (d).

UTILIZAÇÃO DO PAQUÍMETRO

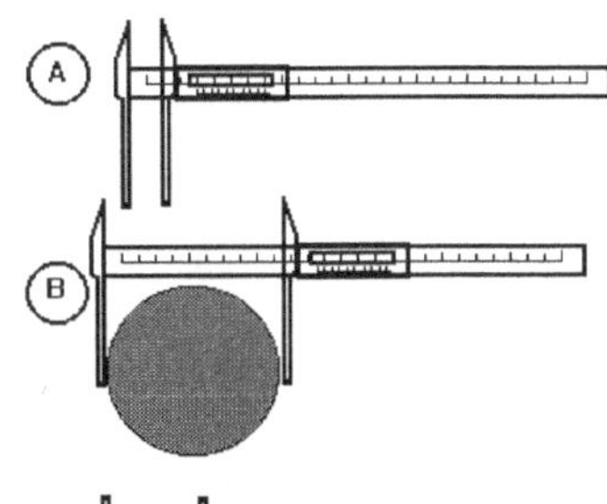

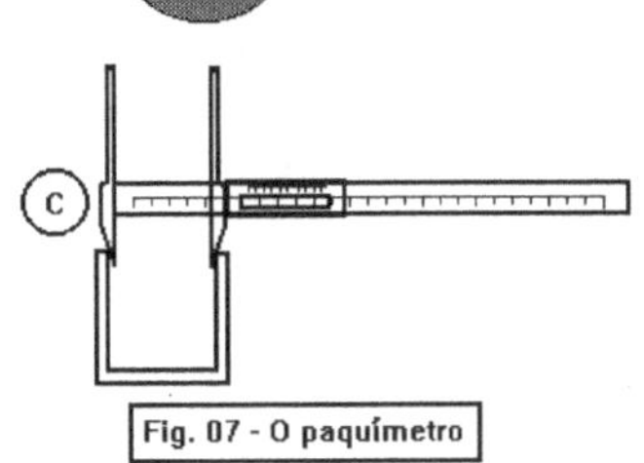

Fig. 07 - O paquímetro

Na medida dessas grandezas usaremos um instrumento de precisão chamado Paquímetro. Ele pode ser visto na Fig. 07 (A),

É um instrumento para medir comprimentos internos ou internos de segmentos de peças.

Possui uma parte deslizante onde há uma pequena escala com divisões menores que aquelas da parte fixa que estão em mm.

Em (B) temos o paquímetro na medida do diâmetro da esfera e, em (C), na bitola do trilho.

A relação entre as divisões principais, da escala fixa e as divisões secundárias, da escala móvel determinam a precisão e a forma de efetuar a leitura.

A Fig. 08 apresenta o esquema utilizado para leitura das medidas com o nônio ou vernier, que é nome deste sistema de escalas com divisões de tamanhos diferentes para aumentar a precisão da medida.

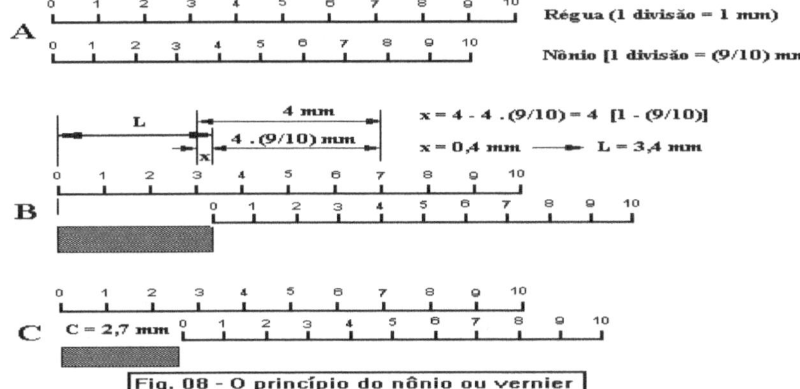

Fig. 08 - O princípio do nônio ou vernier

Observando cuidadosamente a Fig. (08) concluímos que, para fazer a leitura da fração da escala principal representada na escala secundária, devemos procurar a coincidência de um número desta na escala principal.

Esse número multiplicado pelo fator de precisão do aparelho representa a fração determinada entre as marcas da menor divisão da escala principal.

O fator de precisão do aparelho é representado por 1 menos o quociente entre o número de divisões da escala secundária e o número de divisões correspondentes na escala principal.

Geralmente esse fator vem indicado no aparelho.

MONTAGEM

A chave 1 liga o TRANSFORMADOR à tensão alternada da tomada (220 Volts!!!). Ela deve ser desligada quando o equipamento não estiver em uso. Há uma redução da tensão, que é transformada em contínua no RETIFICADOR.

Este conjunto pode eventualmente ser substituído pela fonte de energia integrada, conforme a figura (09).

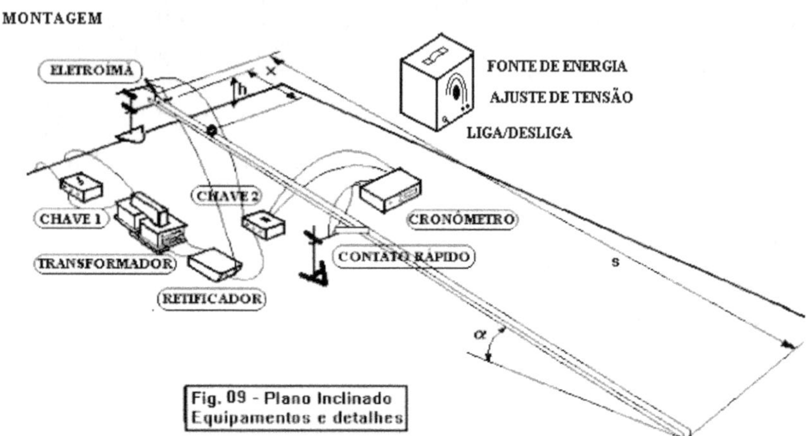

Fig. 09 - Plano Inclinado
Equipamentos e detalhes

Mudando-se a posição da ligação dos fios no transformador pode-se aumentar ou diminuir a tensão que alimenta o eletroímã, controlado pela chave 2 (Usando a fonte de energia, o botão de ajuste permitirá a alteração da tensão: sua chave geral deverá ser desligada quando o equipamento não estiver em uso). Esta chave tem duas seções. Numa está ligado o circuito de alimentação do eletroímã e, na outra está conectado o cronômetro.

Um contato rápido também está ligado ao cronômetro. Ligando-se a chave 1 a esfera é atraída pelo eletroímã.

Essa atração deve ser a menor possível para evitar retardamento na partida da esfera por um efeito conhecido como "magnetismo remanescente" (a chave é desligada mas o efeito de atração não desaparece instantaneamente).

Para alterar a tensão de alimentação do eletroímã mude a posição de ligação dos fios no secundário do transformador (usando a fonte de energia, o botão de ajuste de tensão servirá para controlar o poder de atração do eletroímã).

Ao pressionar a chave 2 acontecem duas coisas: desliga-se o eletroímã e liga-se o cronômetro.
A esfera parte e ao atingir o contato rápido o cronômetro é desligado ficando registrado o tempo para o percurso x.

Este deve ser medido estando a esfera atraída pelo eletroímã e entre a parte frontal desta e a extremidade da lâmina do contato rápido.

A lâmina do contato rápido deve ficar colocada tangencialmente à trajetória da esfera sendo apenas tocada de leve na sua passagem.

PROCEDIMENTO

(01) Fazemos x = 1,000 m e determinamos o tempo para o percurso de cinco esferas de diâmetros diferentes. Esse tempo é medido cinco vezes considerando-se depois a média aritmética. Na Tabela 01 do relatório, anotamos também os diâmetros das esferas e a bitola do trilho, medidos com o paquímetro. O valor de h a ser usado está também indicado nessa tabela.

(02) Medimos o tempo de percurso para diferentes valores de h. Na Tabela 02 do relatório calculamos as acelerações e os senos dos ângulos do plano inclinado com a horizontal. Usamos a esfera maior em todas as medidas dessa tabela.

(03) Durante as medidas a esfera deve ser capturada após o acionamento do contato rápido. Se ela ultrapassar os limites do trilho poderá causar acidentes.

(04) A chave 1 poderá ser retirada em função de remanejamento de materiais entre as várias montagens do laboratório. Nesse caso, desligue o plugue de circuito de alimentação do transformador quando não estiver realizando medidas ou ao final delas.

UPE - ESCOLA POLITÉCNICA - DEPARTAMENTO BÁSICO - LABORATÓRIO DE FÍSICA I
EXPERIÊNCIA 1 - PLANO INCLINADO

NOME

TURMA | | GRUPO | DATA

TABELA 01 - TESTE DA EQUAÇÃO DA ACELERAÇÃO

x (m) = 1,000   d (mm) = 20,25

h (cm) = 36,2   s (cm) = 163,4

$a_m = 2x/t^2$ $r = [(D^2-d^2)/4]^{1/2}$ $a_c = g\,sen\,\alpha/[1+(2/5)(R/r)^2]$ $sen\,\alpha = h/s$

Nº	D (mm)	t_1(s)	t_2(s)	t_3(s)	t_4(s)	t_5(s)	t_m (s)	r (mm)	a_m(m/s²)	a_c(m/s²)	Ea (m/s²)
1	22,10	1,98	1,98	1,97	1,99	1,95	1,9740	4,4257	0,5133	0,6221	21,2054
2	25,70	1,57	1,49	1,49	1,53	1,48	1,5120	7,9125	0,8748	1,0576	20,8903
3	27,00	1,40	1,49	1,48	1,48	1,42	1,4540	8,9294	0,9460	1,1353	20,0100
4	30,00	1,31	1,31	1,31	1,31	1,32	1,3120	11,0673	1,1619	1,2528	7,8244
5	34,65	1,23	1,25	1,26	1,25	1,23	1,2440	14,0584	1,2924	1,3520	4,6142
								MÉDIA			14,90887

TABELA (02) – a x sen θ (ESFERA MAIOR)

D (mm)= 34,65   d (mm) = 20,25   r (mm) = 14,058449   TESTE DA EQUAÇÃO

x (m) = 1,000   s(cm)= 163,4   C=a/sen θ   sen θ = h/s $a = 2x/t^2$ A = 6,4211   B = -0,0568

Nº	h(cm)	t_1(s)	t_2(s)	t_3(s)	t_4(s)	t_5(s)	t_m (s)	sen θ	a (m/s²)	C (m/s²)	a_{Eq} (m/s²)	ERRO(%)	
1	5,00	3,91	3,73	3,81	3,97	3,61	3,8060	0,0306	0,1381	4,5121	0,1397	1,1706	TESTE DO VALOR DE C
2	10,00	2,43	2,40	2,30	2,40	2,39	2,3840	0,0612	0,3519	5,7500	0,3362	4,4701	
3	15,00	1,93	1,93	1,89	1,94	1,90	1,9180	0,0918	0,5437	5,9223	0,5327	2,0260	$C = g/[1+0,4(D/d)^2]$
4	20,00	1,62	1,62	1,62	1,62	1,61	1,6180	0,1224	0,7640	6,2416	0,7291	4,5588	
5	25,00	1,49	1,47	1,48	1,47	1,47	1,4760	0,1530	0,9180	6,0002	0,9256	0,8267	C = 6,1027
6	30,00	1,46	1,34	1,41	1,38	1,35	1,3880	0,1836	1,0381	5,6543	1,1221	8,0892	
7	35,00	1,25	1,25	1,27	1,23	1,23	1,2460	0,2142	1,2882	6,0142	1,3186	2,3565	ERRO NO VALOR DE C
8	40,00	1,14	1,15	1,14	1,14	1,14	1,1420	0,2448	1,5335	6,2645	1,5151	1,2048	
9	45,00	1,07	1,08	1,07	1,07	1,07	1,0720	0,2754	1,7404	6,3195	1,7116	1,6553	ERRO(%) = 3,3857
10	50,00	1,02	1,02	1,02	1,02	1,02	1,0200	0,3060	1,9223	6,2822	1,9080	0,7437	
							MÉDIA		5,8961	MÉDIA	2,7102		
							DESVIO PADRÃO		0,5379				
							ERRO (%)		9,1234				

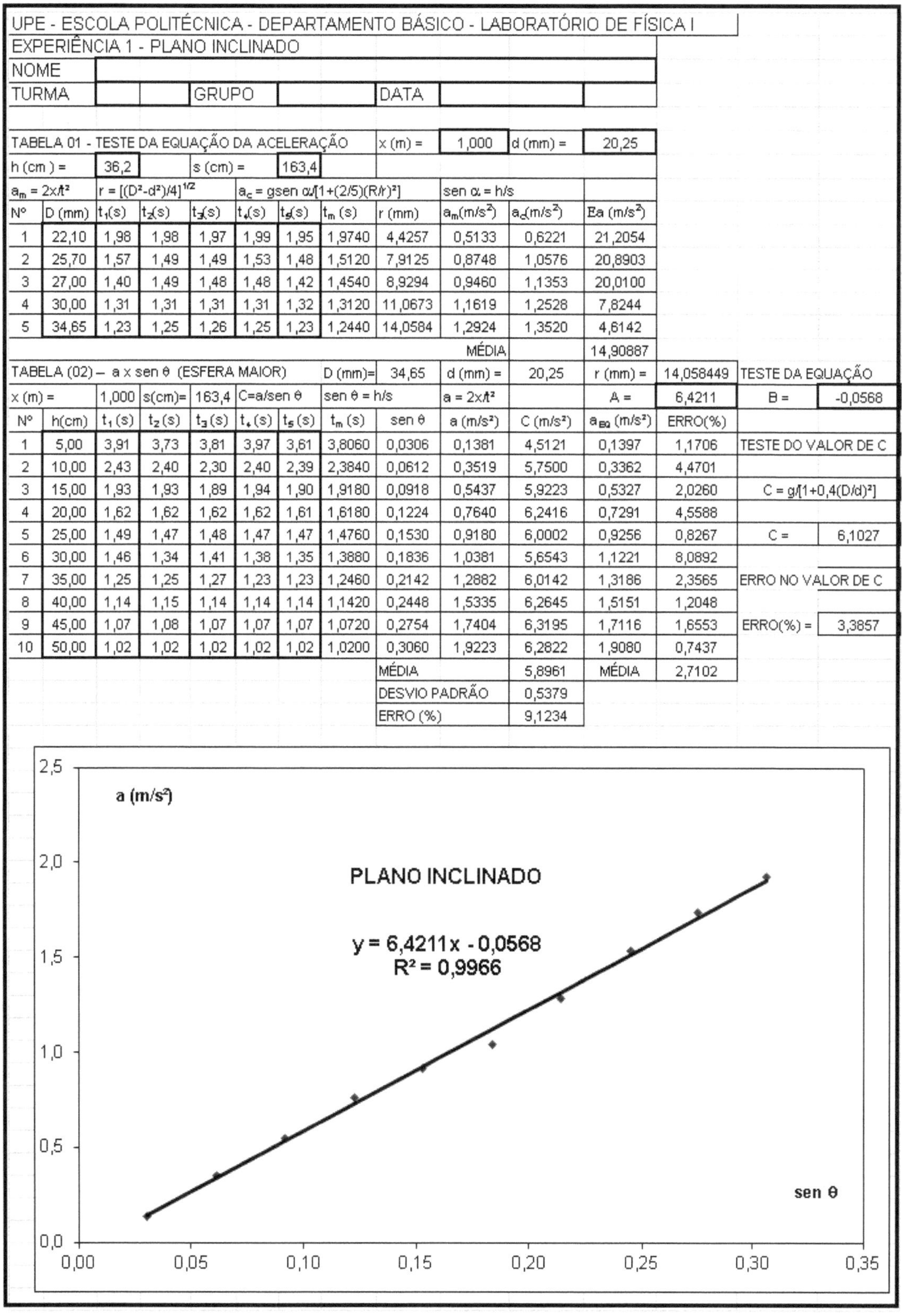

ANÁLISE

OBJETIVOS:

Analisar o movimento de uma esfera num trilho inclinado.

Testar a fórmula da aceleração e sua dependência com o ângulo do plano e com a relação entre o diâmetro da esfera e a bitola do trilho.

$$a = \frac{g\,sen\,\alpha}{1+\frac{2}{5}\left(\frac{R}{r}\right)^2}$$

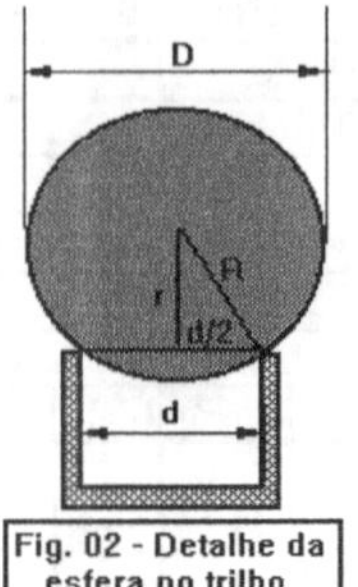

Fig. 02 - Detalhe da esfera no trilho

A tabela (01) apresenta erros acima de 10 % na estimativa da aceleração para esferas com diâmetro inferior a 30 mm. A média desses erros está em 20 %.

A explicação pode estar no aumento de atrito com o maior "encaixe" da esfera na calha de 20,25 mm de espaçamento.

Para as esferas com 30 mm de diâmetro ou mais, os erros na testagem da fórmula da aceleração foram em média de 6 %.

Na Tabela (02) o fator "C" tem fórmula: $C = \dfrac{a}{sen\,\alpha} = \dfrac{g}{1+\frac{2}{5}\left(\frac{R}{r}\right)^2}$

Com os valores dos raios indicados na tabela e usando g = 9,81 m/s², C = 6,1027 m/s².

O "C" determinado experimentalmente $\dfrac{a}{sen\,\alpha}$ foi de 5,9 m/s², diferença de 3,3857 %.

Ainda na Tabela 02 a comparação da aceleração medida, calculada com $a = \dfrac{2x}{t^2}$

e a aceleração calculada com $a = \dfrac{g\,sen\,\alpha}{1+\frac{2}{5}\left(\frac{R}{r}\right)^2}$ dá diferença média de 2,7 %.

Além disso o gráfico a x sen θ confirma a relação linear prevista teoricamente com um coeficiente de correlação de 0,9966 praticamente 1.

Portanto: o tipo de movimento e as fórmulas teóricas previstas para o movimento da esfera no trilho foram confirmados.

EXPERIÊNCIA 2: Máquina de Atwood

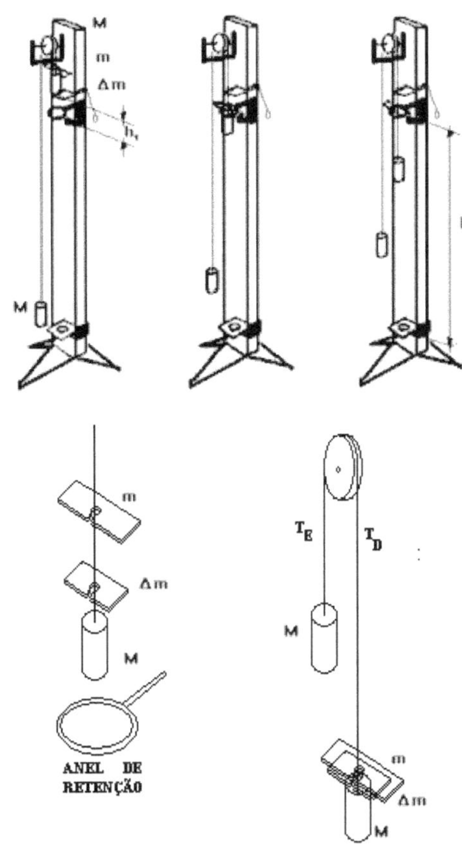

OBJETIVOS

Estudar o Movimento Uniforme e Uniformemente variado com a Máquina de Atwood. Determinar a aceleração da gravidade. Conhecer um processo de compensação do atrito.

TEORIA

A Máquina de Atwood foi idealizada para determinação da aceleração da gravidade através da consecução de um movimento uniformemente variado, com compensação do atrito.

Duas massas iguais (M) são suspensas por um fio, através de uma polia de baixo atrito. Num dos lados é acrescentada uma pequena massa (m) (à direita na figura 01).

O conjunto (M + m) desce com aceleração produzida pela diferença entre (M + m) e M: a massa adicional Δm tem a finalidade de compensar o atrito. Sua finalidade é acrescentar uma massa cujo peso seja equivalente às forças de atrito atuantes.

Na parte esquerda da Fig. 01, isolando a massa da direita:

$$(M + m + \Delta m)g - T_D = (M + m + \Delta m)a \quad (01)$$

T_D é a tensão no fio do lado direito da roldana.

Isolando a roldana:

$$T_D r - T_E r - \tau_{at} = I\frac{a}{r}$$

ou
$$T_D - T_E - \frac{\tau_{at}}{r} = I\frac{a}{r^2} \quad (02)$$

[Obs.: ver na pág. 6 a demonstração da 2ª Lei de Newton na rotação, usada na eq. (02)]

Isolando a massa da esquerda:
$$T_E - Mg = Ma \quad (03)$$

Somando as equações (02) e (03):
$$T_D - Mg - \frac{\tau_{at}}{r} = \left(M + \frac{I}{r^2}\right)a \quad (04)$$

Somando as equações (01) e (04):
$$(m + \Delta m)g - \frac{\tau_{at}}{r} = \left(2M + m + \Delta m + \frac{I}{r^2}\right)a \quad (05)$$

Explicitando o valor de a:
$$a = \frac{mg + \left(\Delta mg - \frac{\tau_{at}}{r}\right)}{\left(2M + m + \Delta m + \frac{I}{r^2}\right)} \quad (06)$$

No denominador da expressão (06) I representa o momento de inércia da roldana que tem o formado aproximado de um disco $\left(I = \frac{m_r r^2}{2}\right)$. ($m_r$ é a massa da roldana = 0,100 Kg; r é o raio da roldana = 0,035 m) (Obs.: ver na pág. 6 a demonstração da fórmula do momento de inércia do disco)

Levando em (06)
$$a = \frac{mg + \left(\Delta mg - \frac{\tau_{at}}{r}\right)}{\left(2M + m + \Delta m + \frac{m_r}{2}\right)} \quad (07)$$

A equação (07) é a base da concepção de compensação de atrito da máquina de Atwood.

Se conseguirmos $\Delta m = \frac{\tau_{at}}{r}$ teremos:
$$a = \frac{mg}{\left(2M+m+\Delta m+\frac{m_r}{2}\right)} \qquad (08)$$

Com m << 2M: temos a << g. Sendo muito lento o movimento, os tempos do percurso são facilmente determinados. Esta foi a concepção de Atwood para determinar a aceleração da gravidade: medir tempos longos com boa precisão era possível em sua época. A ideia, revolucionária então, rendeu a fama para Atwood que atravessou séculos até o nosso tempo.

Após o percurso h_1, num tempo t_1, m é retida e o movimento passa a ser uniforme [na equação (08), a = 0], durante o tempo subsequente t_2.

Se medirmos t_1 e t_2 teremos:
$$a_1 = \frac{2h_1}{t_1^2} \qquad \text{(aceleração constante do 1º movimento)} \qquad (09)$$

e
$$v_2 = \frac{h_2}{t_2} \qquad \text{(velocidade constante do 2º movimento)} \qquad (10)$$

Sendo a velocidade final do 1º movimento (MUV) igual a v_2, teremos:
$$a_1 = \frac{v_2}{t_1} = \frac{h_2}{t_1 t_2} \qquad (11)$$

Para determinar se o 2º movimento é uniforme basta medir o tempo para percursos distintos e calcular v_2 ou determinar a_1 com as expressões (09) e (11) verificando se dão o mesmo resultado.

As medidas devem ser efetuadas com o máximo cuidado e repetidas pelo menos três vezes para depois calcular a média. É essa média que deve ser anotada nas tabelas.

MONTAGEM

(01) Dispositivo de partida: Ao puxar o fio (02: Fig. 02), M desce suavemente e uma chave elétrica é acionada automaticamente;

(02) Dispositivo de retenção de m (01: Fig. 02): sua posição pode ser modificada usando o parafuso (aperte delicadamente) (a chave elétrica aí existente é acionada manualmente no instante em que m é retida);

(03) Plataforma de parada de M: Ajustável com um parafuso (aperte delicadamente) (a chave elétrica montada nesta posição é acionada quando o peso a atinge);

(04) Conjunto de massas disponíveis:
[M = 266 g (uma massa de 70 g e duas de 98 g em cada lado)].
[A massa m, que vai produzir o movimento, pode ser 2, 4 e 6 g. O valor a ser usado está indicado na folha de relatório mas pode ser alterado para melhorar os resultados].
[As massas possíveis para formar Δm são indicadas com (.) 0,1g; (..) 0,2 g; (...) 0,3 g; 1 g; 2 g]. Observe essas indicações nos pesos pequenos

PROCEDIMENTO para Compensação do Atrito.

(01) Colocamos (02) em 3 dm e (03) em 10 dm e depois em 17 dm.
Se o tempo do percurso (3;10) for metade do tempo (3;17), o atrito está compensado.

No cronômetro, os plugues "1" são desligados; os plugues "2" são ligados aos bornes marcados com "início" e os plugues "3" são ligados aos bornes marcados com "fim". Quando o peso passa em (2) e a massa (m) é retida a chave "2" é acionada manualmente. Quando atinge (3) o cronômetro é desligado automaticamente. Devido à grande velocidade nesse contato pode ocorrer do peso voltar, após o impacto, e voltar a ligar novamente o cronômetro. Para evitar esse efeito, coloque uma régua plástica sobre o contato para amortecer o choque.)

(02) Começamos com m = 4 g e Δm = 1,2 g na compensação e depois aumentamos ou diminuímos Δm, se necessário.

(03) Através de tentativas, descobrimos Δm para compensar o atrito;

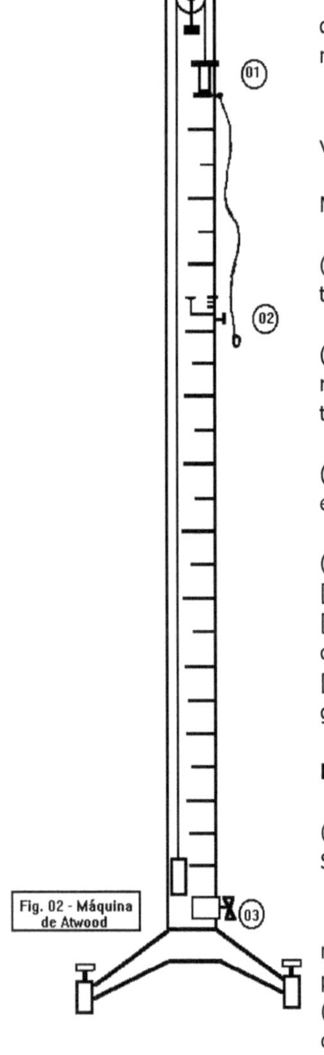

Fig. 02 - Máquina de Atwood

(04) Para testar a compensação, fazemos $h_1 = 0,85$ m; $h_2 = 0,85$ m e medimos os intervalos de tempo correspondentes, t_1 e t_2. Nessas medidas ligamos os plugues "1" em "início"; os plugues "2" em "meio" e os plugues "3" em "fim". Depois calculamos a aceleração com as fórmulas (09) e (11). Estes valores devem coincidir se o atrito estiver bem compensado.

Atenção: nas medidas usando as funções início, meio e fim do cronômetro o tempo que fica inicialmente indicado no mostrador é t_1. Quando pressionamos a tecla indicada com "fim" obtemos o tempo total ($t_1 + t_2$). Para obter t_2 devemos subtrair esse valor de t_1.

PROCEDIMENTO para determinação de g:

(05) Medimos t_1 para vários valores de h_1.
(Para medir isoladamente o tempo do 1º movimento, t_1 , ligamos os plugues "1" aos bornes "início" e os plugues "2" aos bornes "fim"). Calculamos a = 2 h / t_1^2 e depois   g = (2M + m) a /m;

(06) Fixamos h_1 em 0,85 m e medimos t_2 para vários valores de h_2 .
(Para medir isoladamente o tempo do 2º movimento, t_2 , ligamos os plugues "2" em "início" e os plugues "3" em "fim") Calculamos

a = h_2 /t_1 t_2 e depois   g = (2M + m) a / m.

DEMONSTRAÇÃO DA 2ª LEI DE NEWTON NA ROTAÇÃO DE UMA FORMA SIMPLIFICADA:

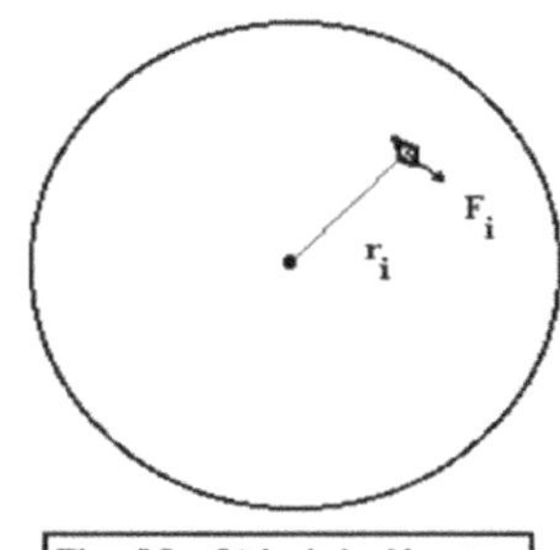

Fig. 03 - 2ª Lei de Newton na rotação

Imagine um corpo rígido, como um disco, submetido a uma força externa F.
Devido à rigidez da estrutura cristalina, embora essa força atue num ponto, seu efeito espalha-se por todo o corpo. Uma porção m_i recebe uma parcela da força, F_i.

Essa porção pequena da massa, realiza um movimento de translação, com trajetória circular, em torno do centro, a uma distância r_i.

Aplicando a 2ª Lei de Newton na translação: $F_i = m_i a_i = m_i \alpha r_i$.

Multiplicando os dois membros por r_i: $F_i r_i = m_i r_i^2 \alpha$.

O primeiro membro é o torque da força F_i em relação ao centro de rotação:$\tau_i = m_i r_i^2 \alpha$.

Calculando o torque em todo o disco: $$\sum \tau_i = (\sum m_i r_i^2)\alpha$$

"α" ficou fora do somatório porque todos os pontos do disco giram com a mesma aceleração angular.

Se compararmos essa equação com a 2ª Lei de Newton na translação, $F = ma$, concluiremos que o termo $I = \sum m_i r_i^2$ corresponde a uma inércia, que chamamos Inércia de Rotação ou Momento de Inércia

$$I = \sum m_i r_i^2 \ ou \int r^2 dm$$

2ª LEI DE NEWTON NA ROTAÇÃO: $\tau = I\alpha$

τ é o torque resultante das forças externas

I é o momento de Inércia.

α é a aceleração angular.

DETERMINAÇÃO DO MOMENTO DE INÉRCIA DE UM DISCO

Começamos com o caso mais simples do Anel: $dI = dm r^2$

Densidade: $\rho = \dfrac{dm}{dsdre} = \dfrac{m}{2\pi rdre}$ $\qquad dm = \dfrac{mds}{2\pi r} = \dfrac{mrd\theta}{2\pi r} = \dfrac{md\theta}{2\pi}$ $\qquad dI = \dfrac{3M}{4R^3}r^4dx = \dfrac{3M}{4R^3}(R^2 - x^2)^2dx$

$$I = mr^2$$

Disco. Toma-se o anel como elemento de integração: $\qquad I = dmr^2$

$$\rho = \dfrac{dm}{2\pi rdre} = \dfrac{M}{\pi R^2 e} \rightarrow dm = \dfrac{2M}{R^2}rdr$$

$$dI = \dfrac{2M}{R^2}r^3dr \rightarrow I = \dfrac{2M}{R^2}\int_0^R r^3dr \rightarrow I = \dfrac{MR^2}{2}$$

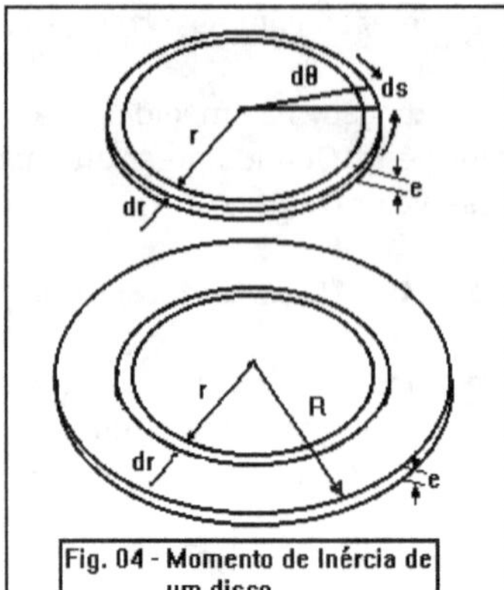

Fig. 04 - Momento de Inércia de um disco

MEDIDAS

UPE - ESCOLA POLITÉCNICA - DEPARTAMENTO BÁSICO - LABORATÓRIO DE FÍSICA I	TESTE DA EQUAÇÃO-MUV	
EXPERIÊNCIA 2 - MÁQUINA DE ATWOOD	A =	0,0773000
NOME	B =	-0,0074000
TURMA / GRUPO / DATA	$[V_1$ (m/s)$]_{EQ}$	ERRO(%)
	0,1518	4,2621
$\Delta m =$ 3,2 $t_1 =$ 4,40 a = 0,0878	0,2067	4,5638
$t_2 =$ 2,59 a = 0,0746	0,2632	2,3361

(03) - MEDIDAS DO MUV · (04) - MEDIDAS DO MU · $h_1 = 0,85$ m

h_1 (m)	t_1 (s)	V_1 (m/s)	a_1 (m/s^2)	h_2 (m)	t_2 (s)	V_2 (m/s)	$[V_1$ (m/s)$]_{EQ}$	ERRO(%)
0,150	2,06	0,14563	0,07069	0,150	0,75	0,20000	0,2964	2,9326
0,300	2,77	0,21661	0,07820	0,300	1,05	0,28571	0,3397	1,6766
0,450	3,50	0,25714	0,07347	0,450	1,35	0,33333	MÉDIA	2,9326
0,600	3,93	0,30534	0,07770	0,600	1,60	0,37500		
0,750	4,49	0,33408	0,07440	0,750	1,80	0,41667	TESTE DA EQUAÇÃO-MU	

TESTE DA EQUAÇÃO-MU: A = 0,5622000   B = -0,2865000

(05) - CÁLCULO DE g COM OS DADOS DO ITEM (03) · (06) - CÁLCULO DE g COM OS DADOS DO ITEM (04)

M (g) =	266	g (m/s^2)	a_1 (m/s^2)	g (m/s^2)	t_2 (s)	h_2 (m)	$[h_2$ (m)$]_{EQ}$	ERRO(%)
		9,47309	0,04545	6,09091	0,75	0,150	0,1352	9,9000
m (g) =	4	10,47844	0,06494	8,70130	1,05	0,300	0,3038	1,2700
		9,84490	0,07576	10,15152	1,35	0,450	0,4725	4,9933
		10,41120	0,08523	11,42045	1,60	0,600	0,6130	2,1700
		9,97019	0,09470	12,68939	1,80	0,750	0,7255	3,2720
Valor médio de g =	10,03556		Valor médio de g =	9,81071			MÉDIA	3,2720
Desvio padrão de g =	0,41661		Desvio padrão de g =	2,55255				

(07) - ANÁLISE DO MUV (PAPEL mm: GRÁFICO V_1 x t_1) · ANÁLISE DO MU (PAPEL mm: GRÁFICO (h_2 x t_2))

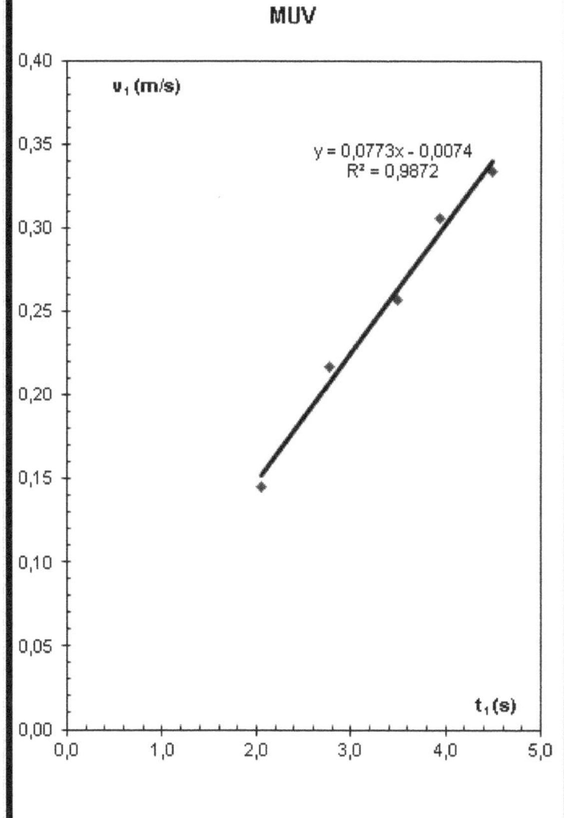

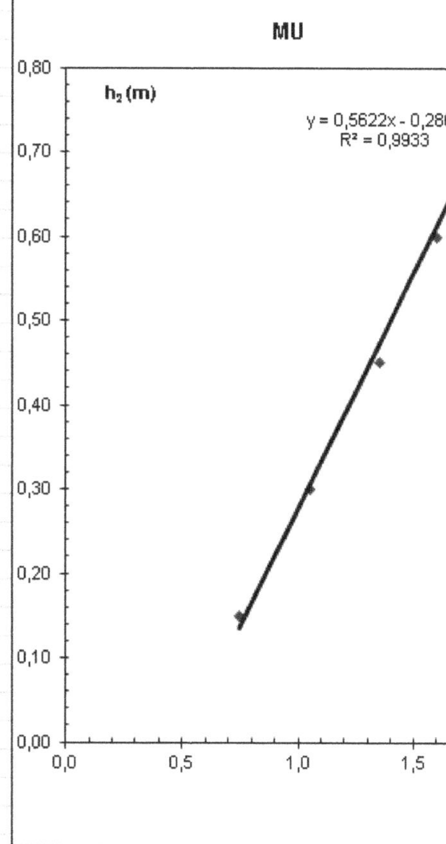

OBJETIVOS

Estudar o Movimento Uniforme e Uniformemente variado com a Máquina de Atwood.

Determinar a aceleração da gravidade. Conhecer um processo de compensação do atrito.

Sobre o Movimento Uniforme a variação da velocidade foi de apenas 2,9 % e o gráfico h x t apresenta correlação de 0,9933, praticamente 1, valor ideal.

Sobre o Movimento Uniformemente Variado, o gráfico v versus t apresenta linearidade com correlação 0,9872 e os valores da aceleração da gravidade (objetivo original da Máquina de Atwood) deram 10,03 m/s² com dispersão de 4 % quando foram usados os dados do Movimento Uniforme. Já com os valores do Movimento Uniformemente Variado (proposta original de Atwood) o resultado foi 9,81 m/s² e dispersão de 2,5 %.

OBJETIVOS

Comprovar a conservação da quantidade de movimento num choque inelástico. Determinar energias consumidas por atrito. Definir o tipo de movimento de uma esfera num plano inclinado.

TEORIA

Uma esfera de massa (m) é solta e desce através de um tubo numa altura h. Vamos aplicar o princípio de conservação da energia supondo que a esfera desliza sem girar:

$$mgh = \frac{1}{2}mv^2 + \Delta E_T \qquad (01)$$

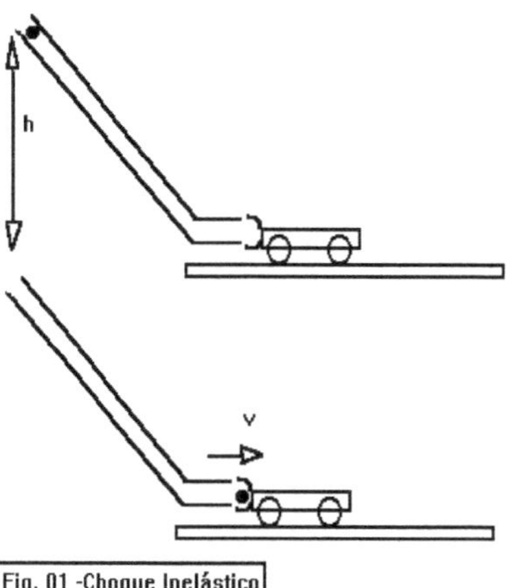

ΔE_T = *perda de energia no atrito de translação.*

Se a esfera desce, girando sem escorregar:

$$mgh = \frac{1}{2}mv^2 + \frac{1}{2}I\omega^2 + \Delta E_R \quad (02)$$

ΔE_R= *perda de energia no atrito de rotação.*

I é o momento de Inércia da esfera (maciça) dado por: $\quad I = \frac{2}{5}mr^2$ (Obs.: ver na página 21 o cálculo de I)
e ω = velocidade angular da esfera no final do tubo dada por $\frac{v}{r}$

Levando em (02): $\qquad\qquad mgh = \frac{1}{2}\frac{7}{5}mv^2 + \Delta E_R \qquad (03)$

Com o choque inelástico (Conservação da quantidade de movimento linear): $\quad mv = (m + M)V \quad (04)$

Na experiência podemos determinar h e V: A relação teórica entre h e V é :

$$h = \frac{\Delta E_T}{mg} + \frac{1}{2g}\left(\frac{m+M}{m}\right)^2 V^2 \quad\longrightarrow\quad \text{(Esfera desce só deslizando)} \qquad (05)$$

$$h = \frac{\Delta E_R}{mg} + \frac{1}{1{,}428\,g}\left(\frac{m+M}{m}\right)^2 V^2 \quad\longrightarrow\quad \text{(Esfera desce só girando)} \qquad (06)$$

(ΔE_T = Perda de energia por atrito na translação; ΔE_R = Perda de energia por atrito na Rotação)

OBSERVAÇÕES:

(1) - Se a esfera desce girando e deslizando (hipótese mais provável) o fator numérico do denominador estará situado entre 1,4 e 2. A comprovação experimental desta equação confirma indiretamente o Princípio de Conservação da Quantidade de Movimento Linear.

(2) - Na análise dos resultados experimentais as equações (05) e (06) serão comparadas com uma equação do primeiro grau na forma paramétrica

$$Y = B + AX$$

O valor do parâmetro A (coeficiente angular) determinado no gráfico traçado a partir dos resultados experimentais será usado para definir se a esfera desce só deslizando ou só girando.

$A = \frac{1}{2g}\left(\frac{m+M}{m}\right)^2$ no caso da Eq. (05). $\qquad\qquad\qquad A = \frac{1}{1{,}428\,g}\left(\frac{m+M}{m}\right)^2$ no caso da Eq. (06).

O valor do parâmetro B (coeficiente linear) determinado no gráfico traçado a partir dos resultados experimentais será usado para determinar a energia perdida por atrito.

$$B = \frac{\Delta E_T}{mg} \quad e \quad \Delta E_T = mgB \text{ no caso da Eq. (05).}$$

$$B = \frac{\Delta E_R}{mg} \quad e \quad \Delta E_R = mgB \text{ no caso da Eq. (06).}$$

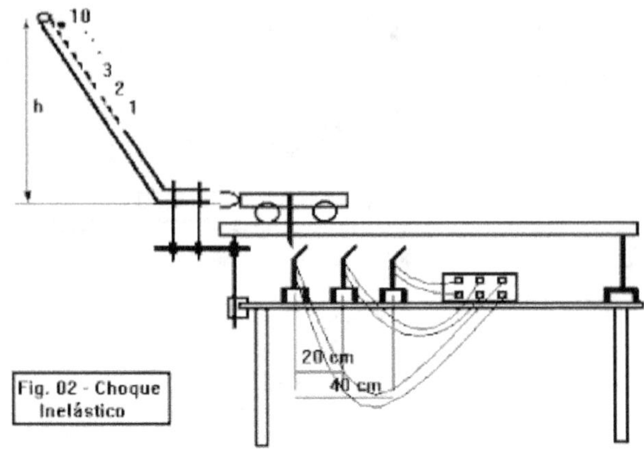

MONTAGEM

(01) O tubo deve ser ajustado de modo a que ocorra um choque frontal, a esfera encaixando-se no receptáculo sem que o carro salte no trilho.

(02) O trilho é inclinado de modo a compensar o atrito. A compensação é obtida quando o movimento do carro produzido pelo choque é uniforme. Mede-se o tempo para um percurso de 20 cm e de 40 cm. Se o tempo para o percurso de 40 cm for o dobro do tempo para 20 cm, o movimento é uniforme e o atrito está compensado.

(03) Medida do tempo: Ao tocar o 1º contato rápido liga-se o cronômetro; no 2º, marca-se o tempo do 1º percurso (o cronômetro continua funcionando internamente); no 3º é detectado o tempo total. Pressionando-se o botão "Fim" na parte frontal obtém-se o tempo total (se esse tempo for o dobro do 1º, o movimento é uniforme).

(04) Para medir "h" usamos duas réguas: uma acompanhando a parte horizontal do tubo e outra disposta verticalmente a partir do ponto de lançamento da esfera em cada furo conforme sugere a figura acima.

PROCEDIMENTO

(01) Determinar as massas do carro e da esfera (há uma balança na mesa do Professor);

(02) Compensar o atrito colocando a esfera no furo mais alto (Nº 10);

(03) Determinar os valores de h efetuando medidas conforme a Fig. (02);

(04) Repetir cada lançamento 3 (três) vezes a calcular a média;

(05) Para determinar a velocidade usar a expressão: $\overline{v} = \dfrac{\Delta s}{\Delta t} = \dfrac{percurso\ de\ 0,200m}{m\acute{e}dia\ de\ 3\ medidas(s)}$

(06) Na determinação da velocidade do carro após o choque (depois da compensação do atrito), afastar a 2ª placa de contato e medir o tempo só no percurso de 0,200 m posicionando as placas "1" e "3" adequadamente.

DETERMINAÇÃO DO MOMENTO DE INÉRCIA DA ESFERA.

Toma-se o disco como elemento de integração

$$dI = \frac{dMr^2}{2} \rightarrow \rho = \frac{dM}{\pi r^2 dx} = \frac{M}{\frac{4\pi R^3}{3}} \rightarrow dM = \frac{3M}{4R^3}r^2 dx$$

$$r^2 = R^2 - x^2 \rightarrow dI = \frac{3M}{4R^3}r^4 dx = \frac{3M}{4R^3}(R^2 - x^2)^2 dx$$

$$I = \frac{3M}{4R^3} \int_0^R (R^4 - 2R^2 x^2 + x^4)\, dx$$

$$I = \frac{3M}{4R^3}\left(R^5 - 2R^2\frac{R^3}{3} + \frac{R^5}{5}\right) = \frac{3M}{4R^3}R^5\left(1 - \frac{2}{3} + \frac{1}{5}\right)$$

$$I = \frac{3MR^2}{4}\left(\frac{15 - 10 + 3}{15}\right) = \frac{3MR^2}{4}\frac{8}{15} = \frac{2MR^2}{5}$$

Fig. 03 - Momento de Inércia de uma Esfera Maciça

UPE - ESCOLA POLITÉCNICA - DEPARTAMENTO BÁSICO - LABORATÓRIO DE FÍSICA I										
EXPERIÊNCIA 3 - CHOQUE INELÁSTICO										
NOME									TESTE DA EQUAÇÃO	
TURMA		GRUPO			DATA				A =	6,5465
(01) - MEDIDAS DE h E Δt: cálculo de V para				0,200	(m)		(03) GRÁFICO mm h x V^2		B =	0,3263
FURO Nº	h (m)	Δt_1 (s)	Δt_2 (s)	Δt_3 (s)	Δt (s)	V (m/s)	V^2 $(m/s)^2$	h (m)	$[h\ (m)]_{EQ}$	ERRO (%)
1	0,325	3,30	3,40	3,20	3,30	0,06061	0,00367	0,325	0,35034591	7,79874267
2	0,350	2,85	2,95	2,75	2,85	0,07018	0,00492	0,350	0,35853884	2,43966935
3	0,400	1,89	1,99	1,79	1,89	0,10582	0,01120	0,400	0,39960702	0,09824543
4	0,440	1,77	1,37	1,37	1,50	0,13304	0,01770	0,440	0,44216669	0,49242886
5	0,480	1,56	1,44	1,24	1,41	0,14151	0,02002	0,480	0,45739314	4,70976289
6	0,510	1,34	1,24	1,20	1,26	0,15873	0,02520	0,510	0,49124079	3,67827625
7	0,555	1,14	1,04	1,05	1,08	0,18576	0,03451	0,555	0,55219501	0,50540446
8	0,590	1,05	0,95	1,14	1,05	0,19108	0,03651	0,590	0,56532998	4,18135916
9	0,635	0,90	0,80	1,00	0,90	0,22222	0,04938	0,635	0,64958395	2,29668514
10	0,670	0,85	0,75	0,95	0,85	0,23529	0,05536	0,670	0,68873599	2,79641584
(02) VALORES DAS MASSAS		m (kg) =	0,0662	M (kg) =	0,5320				MÉDIA	2,6180426
(05) - VALOR DE A DA EQUAÇÃO										
ESFERA DESLIZANDO, A =	4,1618	s^2/m	ESFERA GIRANDO, A =		5,8288	s^2/m				

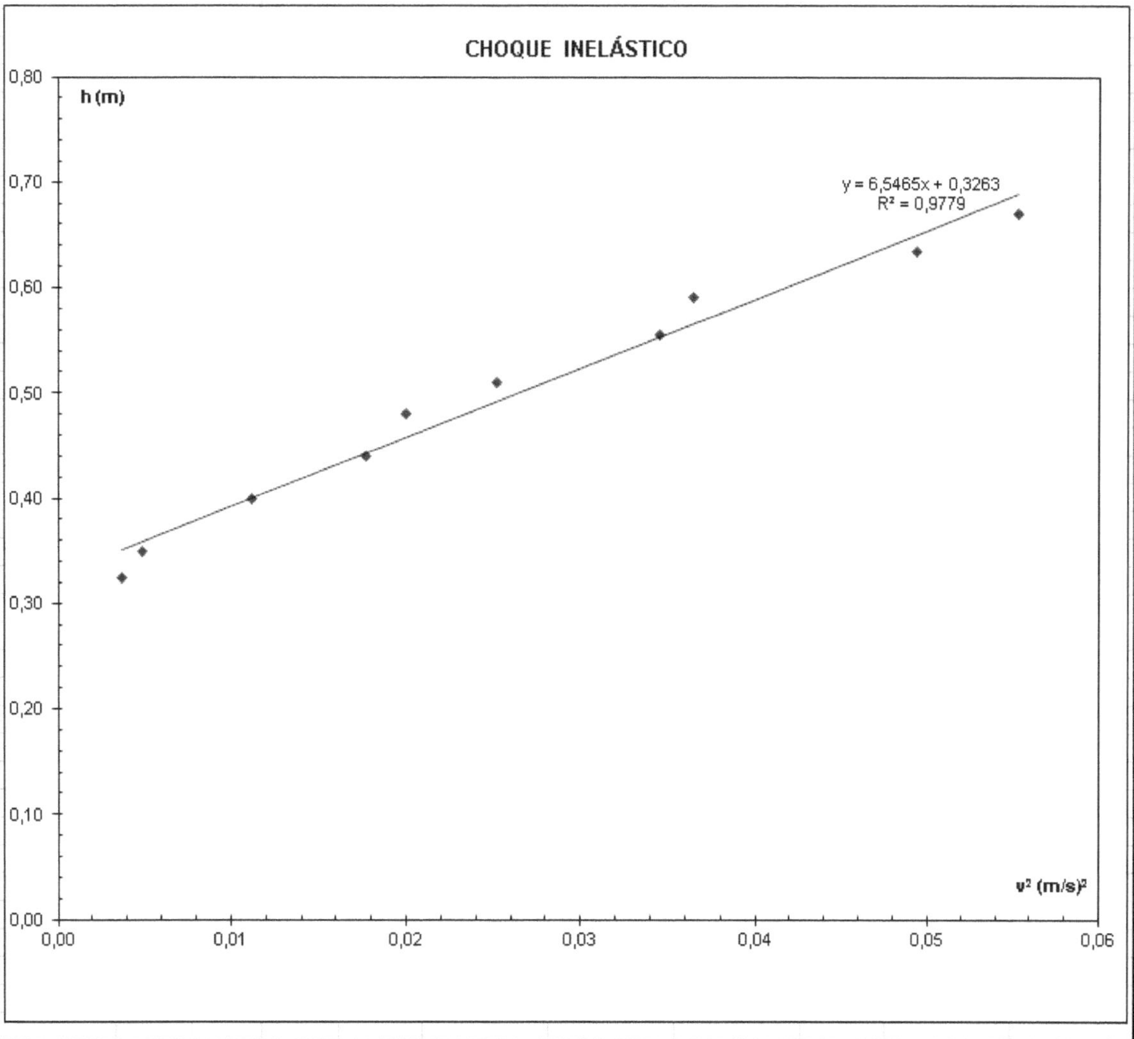

CHOQUE INELÁSTICO

ANÁLISE

OBJETIVOS

Comprovar a conservação da quantidade de movimento num choque inelástico.

Determinar energias consumidas por atrito.

Definir o tipo de movimento de uma esfera num plano inclinado

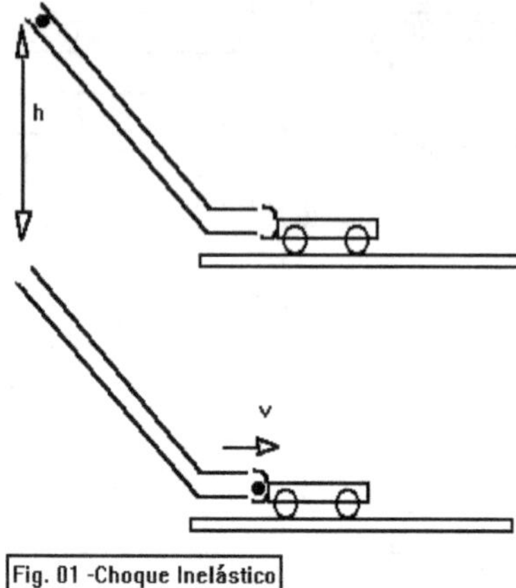
Fig. 01 -Choque Inelástico

No desenvolvimento teórico que fundamenta o experimento, a conservação da quantidade de movimento no choque inelástico entre a esfera e o carro é expressa pela equação:

$$mv = (m + M)V$$

Usando a conservação da energia ao longo da descida da esfera no cano foram estabelecidas relações entre a altura inicial da esfera e a velocidade do conjunto esfera-carro após o choque:

$$h = \frac{\Delta E_T}{mg} + \frac{1}{2g}\left(\frac{m+M}{m}\right)^2 V^2 \quad \text{para a descida da esfera, deslizando e}$$

$$h = \frac{\Delta E_R}{mg} + \frac{1}{1{,}428\,g}\left(\frac{m+M}{m}\right)^2 V^2 \text{para a descida da esfera, girando.}$$

O gráfico traçado com h na vertical e V² na horizontal deu função linear (conforme previsto) com correlação de 0,9779 (próximo de 1, valor ideal).

Considerando a equação paramétrica da reta $Y = B + AX$ podemos verificar o valor de A, se corresponde a

$$\frac{1}{2g}\left(\frac{m+M}{m}\right)^2 = 4{,}1618 \text{ s}^2/\text{m} \quad \text{(esfera deslizando)} \quad \text{e} \quad \frac{1}{1{,}428\,g}\left(\frac{m+M}{m}\right)^2 = 5{,}8288 \text{ s}^2/\text{m} \quad \text{(esfera rolando)}$$

O valor experimental de A foi 6,5465 s²/m estando mais próximo da condição de rolamento.

Na comparação entre o h medido e o calculado pela equação do gráfico o erro médio foi de 2,62 %.

EXPERIÊNCIA 4: Força Centrípeta I.

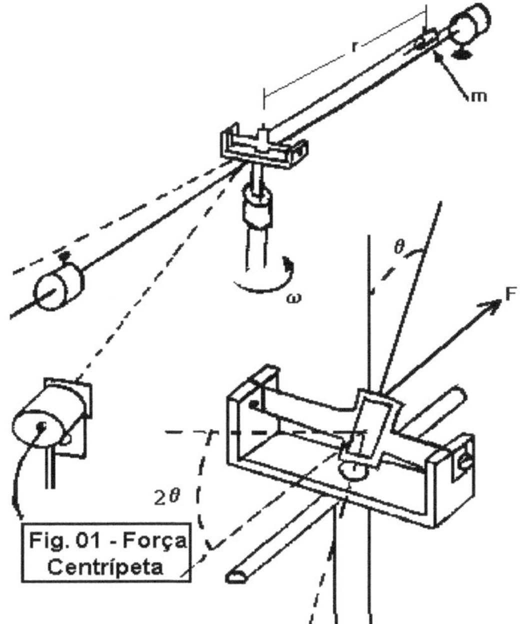

OBJETIVOS

Observar a dependência da força centrípeta com a Massa, o Raio e a Velocidade Angular.

TEORIA

Um corpo (m) gira com velocidade angular (ω) e raio (r), ligado por um fio a uma lâmina de aço presa aos dois lados de um suporte. A lâmina é torcida sob a ação do deslocamento do corpo para fora sob ação do efeito centrífugo.

Há uma reação elástica e a torção cessa quando ocorre o equilíbrio entre a ação centrífuga e a reação elástica de torção. A força elástica que reage à torção faz o papel da força centrípeta $(m\omega^2 r)$ e pode ser calculada por

$$F = K\theta \qquad (01)$$

Para determinar K submetemos a lâmina à ação de forças conhecidas e medimos θ.

Para medir θ, jogamos um raio de luz sob um espelho colado à lâmina e determinamos o ângulo de giro do raio refletido numa escala distante (usamos a propriedade: se um espelho gira de um ângulo θ, o raio refletido gira de 2θ).
Verificaremos a igualdade

$$m\omega^2 r = k\theta \qquad (02)$$

A experiência terá duas etapas:

Determinação de k e medidas da Força Centrípeta.

MONTAGEM I: Determinação de K (Fig. 02)

Antes de colocar o fio no suporte do espelho, verificar que o raio atinja a escala perpendicularmente. A distância entre o espelho e a mesa deve ser igual à distância entre o ponto luminoso na escala e a mesa. O raio luminoso deve atingir o zero da escala (ajuste sua altura, se necessário). Colocam-se os pesos indicados na Tabela 01 do relatório e determina-se o deslocamento do raio luminoso na escala. Para facilitar a observação do raio luminoso mesmo quando a sala não está totalmente escurecida, a escala deve ser observada por trás.

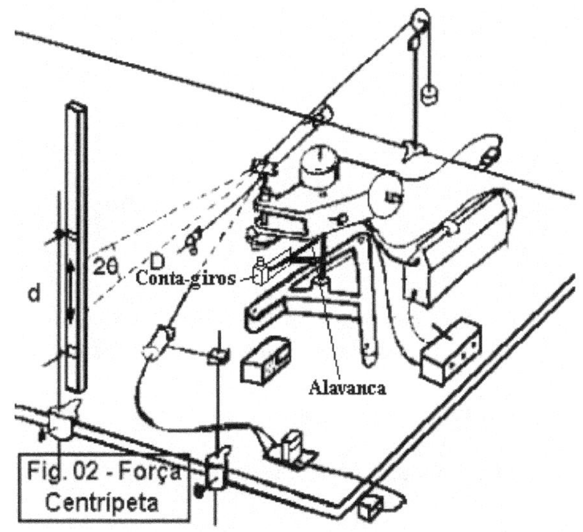

MONTAGEM II: MEDIDAS DA FORÇA CENTRÍPETA (Fig. 01).

A chave elétrica faz funcionar o motor e o reostato controla sua velocidade. Essa velocidade pode ser ajustada livremente em cada medida de modo a tornar possível observar o desvio do raio luminoso na escala. Para medir a velocidade, determina-se o tempo para N voltas da polia fixada ao eixo, usando-se o conta-giros. Este é "zerado" girando-se o parafuso existente em sua base. Aciona-se a alavanca (Fig. 02) no mesmo momento em que se inicia a marcação do tempo. Depois de alguns instantes, libera-se a alavanca e interrompe-se a marcação do tempo. Para determinar a posição do ponto luminoso observa-se sua reflexão na escala, olhando-a por trás

As medidas do tempo para determinar a velocidade e do desvio na escala devem ser feitas simultaneamente para garantir que as duas correspondem à mesma situação.

PROCEDIMENTO

(01) Colocar pesos de 10 a 50 gf, e determinar as deformações correspondentes (d).

O ângulo de giro do espelho será calculado com

$$\theta = 0{,}5\, arc\, tan\left(\frac{d}{D}\right), \quad em\ rad. \tag{03}$$

(02) A Constante Elástica da lâmina será calculada por $\qquad k = \frac{F}{\theta} \quad \left(\frac{gf}{rad}\right)$ (04)

(03) Colocar a massa de 10,0 g (com o fio de 10 cm) em rotação. Posicionar o contrapeso existente para evitar excentricidades no movimento de rotação.

(04) Determinar a deformação (d) e a velocidade angular ω. Repetir para outros valores de m e r.

(05) Para calcular ω usar $\qquad\qquad \omega = \frac{2\pi N}{\Delta}$ (05)

Δt é o tempo para N voltas. ω está em (rad/s).

(06) Calcular a força centrípeta com $m\omega^2 r$

Com m em (g), ω em (rad/s) e r em (cm), a força está em Din.

(07) Para comparar a força calculada usando $m\omega^2 r$ com a força elástica calculada por K θ que está em gf (K em gf/rad e θ em rad) é preciso converter gf para Din.

$$1\ Din = 1\ g\frac{cm}{s^2} = 10^{-3}kg \times 10^{-2}\frac{m}{s^2} = 10^{-5}N$$
$$1\ N = \frac{1}{9{,}81}kgf = \frac{10^{-3}}{9{,}8198} = \frac{10^{-3}}{9{,}81}gf$$
$$1\ Din = \frac{10^{-5}\times 10^3}{9{,}81}gf = \frac{10^{-2}}{9{,}81}gf$$
$$1\ gf = 981\ Din$$

(07) As medidas da Força Centrípeta em função de m, ω e r devem ser repetidas para vários valores de m e r ajustando-se a posição do reostato que controla a velocidade do motor, conforme a necessidade.

OBSERVAÇÕES:

A velocidade do motor poderá se alterar mesmo que não se mexa no reostato. O principal fator é a alteração da tensão elétrica de alimentação do motor (220 V).

Ocorrem alterações dessa tensão na própria rede de distribuição e no prédio do laboratório existem vários aparelhos elétricos de grande consumo que, quando ligados produzem alterações sensíveis da voltagem.

Problemas mecânicos no motor, principalmente nos coletores (carvões) também podem ser responsabilizados pelas mudanças em sua velocidade.

UPE - ESCOLA POLITÉCNICA - DEPARTAMENTO BÁSICO - LABORATÓRIO DE FÍSICA I
EXPERIÊNCIA 4 - FORÇA CENTRÍPETA I

NOME						
TURMA		GRUPO			DATA	

(01)-DETERMINAÇÃO DE K.D (cm) = 77,0 **(03) - DETERMINAÇÃO DA FORÇA CENTRÍPETA** **Δt (s) é o tempo para N voltas**

d(cm)	θ (rad)	F (gf)	K (Din/rad)	m (g)	r (cm)	Δt (s)	N	d (cm)	θ (rad)	F_E (Din)	F_C (Din)
2,0	0,0130	10,0	755539,84	10,0	10,0	9,00	20	3,5	0,0227	18746,58	19495,51
3,9	0,0253	20,0	775400,50	12,5	10,0	9,47	20	4,0	0,0260	21420,16	22010,49
5,8	0,0376	30,0	782892,88	15,0	10,0	9,12	20	5,5	0,0357	29429,21	28478,78
7,0	0,0453	40,0	865652,96	20,0	10,0	9,63	20	6,5	0,0421	34756,64	34056,28
8,0	0,0518	50,0	947600,18	22,5	10,0	9,24	20	7,5	0,0485	40072,49	41615,81
MÉDIA			825417,27	25,0	12,0	9,10	20	11,2	0,0722	59612,29	57208,19
DISPERSÃO			80219,12	25,0	14,0	9,20	20	12,5	0,0805	66418,74	65299,84
PRECISÃO			25367,51	25,0	16,0	8,96	20	15,8	0,1012	83526,26	78679,88
E(%) NA DISPERSÃO			9,72	25,0	18,0	8,84	20	18,2	0,1161	95791,26	90934,30
E(%) NA PRECISÃO			3,07	25,0	20,0	8,77	20	20,5	0,1301	107386,04	102657,47

ΔF(Din)	ERRO(%)	TESTE-EQ.(CALIBRAÇÃO)		TESTE-EQ.(FORÇA CENTRÍPETA)	
		F_{EQ} (gf)	ERRO (%)	$[F_C$ (Din)$]_{EQ}$	ERRO (%)
-748,94	4,00				
-590,34	2,76	8,31	16,89	19624,07	4,68
950,43	3,23	20,67	3,37	22113,16	3,24
700,36	2,02	33,01	10,02	29569,59	0,48
-1543,32	3,85	40,77	1,93	34529,43	0,65
2404,10	4,03	47,23	5,54	39478,48	1,48
1118,90	1,68	MÉDIA	7,55	57670,04	3,26
4846,38	5,80			64006,85	3,63
4856,96	5,07			79933,95	4,30
4728,57	4,40			91352,66	4,63
MÉDIA	3,68			102147,40	4,88
				MÉDIA	3,12

MÉDIA	
PARÂMETROS DOS	
GRÁFICOS	
CALIBRAÇÃO	
A =	1003,60
B =	-4,72
FORÇA CENTRÍPETA	
A =	0,931
B =	2171,00

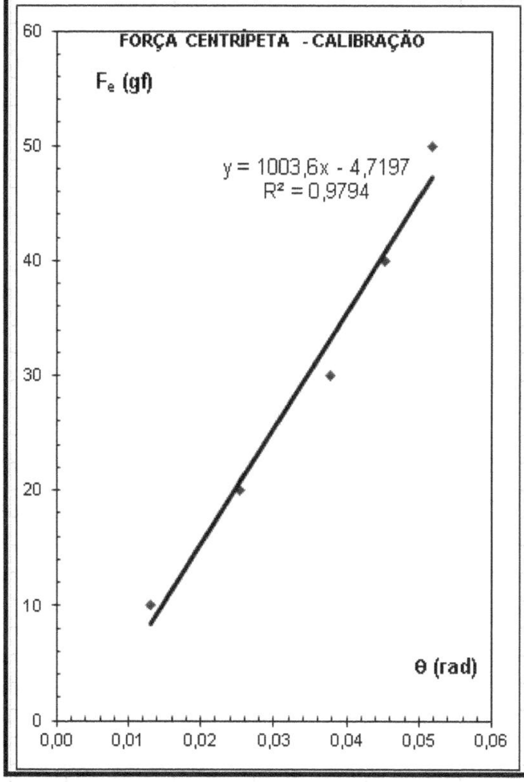

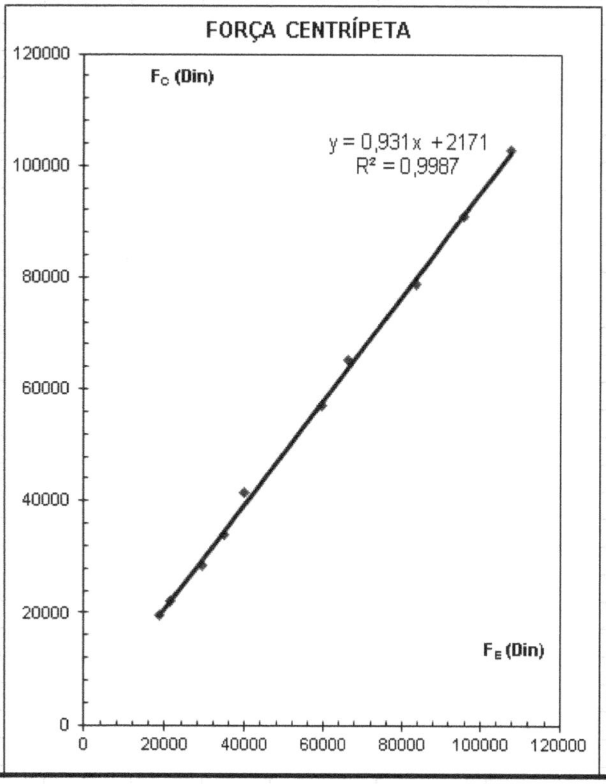

OBJETIVOS

Observar a dependência da força centrípeta com a Massa, o Raio e a Velocidade Angular.

Destacamos o processo de determinação do valor de K:

$$F = K\theta \ \rightarrow K = \frac{F}{\theta}$$

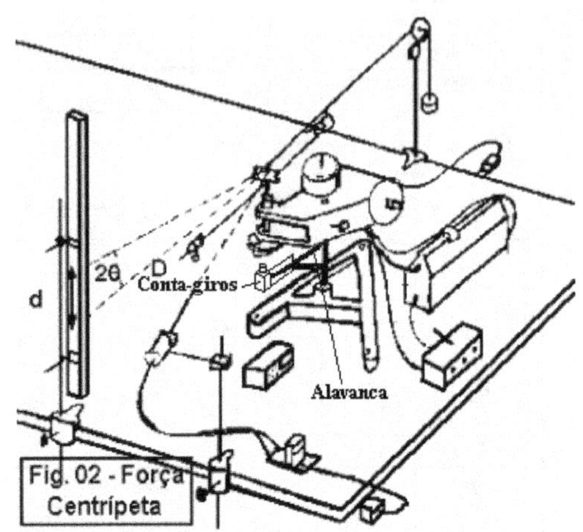

(01)-DETERMINAÇÃO DE K.D (cm) =			
d(cm)	θ (rad)	F (gf)	K (Din/rad)
2,0	0,01	10,0	755539,84
3,9	0,03	20,0	775400,50
5,8	0,04	30,0	782892,88
7,0	0,05	40,0	865652,96
8,0	0,05	50,0	947600,18
	MÉDIA		825417,27
	DISPERSÃO		80219,12
	PRECISÃO		25367,51
	E(%) NA DISPERSÃO		9,72
	E(%) NA PRECISÃO		3,07

Dispersão de 9,72 %
e Precisão de 3,07 %.

O processo de conversão de ângulos de desvio do suporte do espelho, na montagem, em Forças está chancelado!

A tabela de medidas para a força centrípeta confirma as propriedades antecipadas no Objetivo.

	(03) - DETERMINAÇÃO DA FORÇA CENTRÍPETA					Δt (s) é o tempo para N voltas		
m (g)	r (cm)	Δt (s)	N	d (cm)	θ (rad)	F_E (Din)	F_C (Din)	ERRO(%)
10,0	10,0	9,00	20	3,5	0,0227	18746,58	19495,51	4,00
12,5	10,0	9,47	20	4,0	0,0260	21420,16	22010,49	2,76
15,0	10,0	9,12	20	5,5	0,0357	29429,21	28478,78	3,23
20,0	10,0	9,63	20	6,5	0,0421	34756,64	34056,28	2,02
22,5	10,0	9,24	20	7,5	0,0485	40072,49	41615,81	3,85
25,0	12,0	9,10	20	11,2	0,0722	59612,29	57208,19	4,03
25,0	14,0	9,20	20	12,5	0,0805	66418,74	65299,84	1,68
25,0	16,0	8,96	20	15,8	0,1012	83526,26	78679,88	5,80
25,0	18,0	8,84	20	18,2	0,1161	95791,26	90934,30	5,07
25,0	20,0	8,77	20	20,5	0,1301	107386,04	102657,47	4,40
LIBRAÇÃO) TESTE-EQ.(FORÇA CENTRÍPETA)						MÉDIA		3,68

Nas cinco primeiras medidas temos o raio constante e a massa aumentando de 10 a 25 g.
Nesse trecho o erro médio da comparação da Força Centrípeta medida pela deflexão do espelho preso à haste e pela fórmula apresenta o valor 3,31 %.

Da sexta à décima medidas a massa fica constante e o raio aumenta e, novamente, o erro é de 4,20 %.

O erro de todo o conjunto de medidas é de 3,68 % confirmando o sucesso da experiência.

Os gráficos indicam correlações de 0,9794 na determinação de "K" e de 0,9987 na comparação entre as forças centrípetas determinadas pelos dois processos indicados nas equações seguintes.

$$F = K\theta \qquad\qquad F = m\omega^2 r$$

EXPERIÊNCIA 5: Dinâmica da Rotação

OBJETIVOS

Comprovar a 2ª Lei de Newton no movimento da Rotação.

TEORIA

2ª Lei de Newton, na rotação:

Imagine um corpo rígido, como um disco, submetido a uma força externa F.

Devido à rigidez da estrutura cristalina, embora essa força atue num ponto, seu efeito espalha-se por todo o corpo. Uma porção m_i recebe uma parcela da força, F_i.

Essa porção pequena da massa, realiza um movimento de translação, com trajetória circular, em torno do centro, a uma distância r_i.

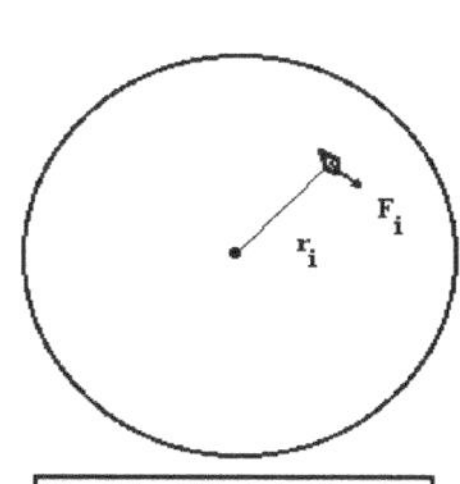

Fig. 03 - 2ª Lei de Newton na rotação

Aplicando a 2ª Lei de Newton na translação: $F_i = m_i a_i = m_i \alpha r_i$.

Multiplicando os dois membros por r_i: $F_i r_i = m_i r_i^2 \alpha$.

O primeiro membro é o torque da força F_i em relação ao centro de rotação: $\tau_i = m_i r_i^2 \alpha$.

Calculando o torque em todo o disco: $\sum \tau_i = (\sum m_i r_i^2)\alpha$

α escapou do somatório porque todos os pontos do disco giram com a mesma aceleração angular.

Se compararmos essa equação com a 2ª Lei de Newton na translação, $F = ma$, concluiremos que o termo $I = \sum m_i r_i^2$

corresponde a uma inércia, que chamamos Inércia de Rotação ou Momento de Inércia $I = \sum m_i r_i^2$ ou $\int r^2 dm$

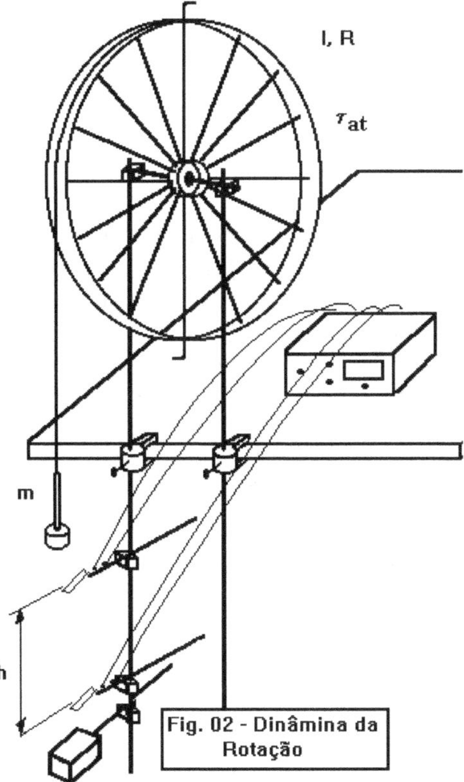

Fig. 02 - Dinâmica da Rotação

2ª LEI DE NEWTON NA ROTAÇÃO: $\tau = I\alpha$ (01)

τ é o torque resultante das forças externas
I é o momento de Inércia.
α é a aceleração angular.

Na roda de bicicleta da figura: $Tr - \tau_{ext} = I\dfrac{a}{r}$ (02)

τ_{at} = Torque de Atrito;
r = Raio da Roda
α = Aceleração Angular da Roda.

Isolando m: $mg - T = ma$ (03)

Das duas equações, obtemos: $mg - \dfrac{\tau_{at}}{r} = \left(\dfrac{I}{r^2} + m\right)\,a$

$$mg = \left(m + \frac{I}{r^2}\right)\frac{a}{g} + \frac{\tau_{at}}{rg} \rightarrow m(g-a) = \frac{I}{r^2}a + \frac{\tau_{at}}{r} \quad (04)$$

Para determinar "a", medimos o tempo para uma descida h: a = 2h / t² .
A velocidade final do movimento, quando o peso chega ao solo é
v = a t = 2h/t.

A partir daí a roda gira desacelerando sob ação do atrito:

$$\tau_{ext} = I\alpha' = I\frac{a'}{r} = \frac{I}{r}\frac{v}{t'} = \frac{I}{r}\frac{2h}{t\,t'} \quad \text{(t' é o tempo até a roda parar).} \qquad (05)$$

Dessas relações obtemos:
$$I = \frac{mgr^2\left(\frac{1}{2h}-\frac{1}{gt^2}\right)}{\left(\frac{1}{t^2}-\frac{1}{t\,t'}\right)} \rightarrow \tau_{at} = \left(\frac{2Ih}{rtt'}\right) \qquad (06)$$

Podemos determinar I e τ_{at} usando as equações (05) e (06) desde que o τ_{at} seja constante.

Para determinar a constância de τ_{at} devemos verificar se a aceleração é constante para diversos valores de h mantendo m constante.

ESTIMATIVA DO MOMENTO DE INÉRCIA DE UMA RODA DE BICICLETA

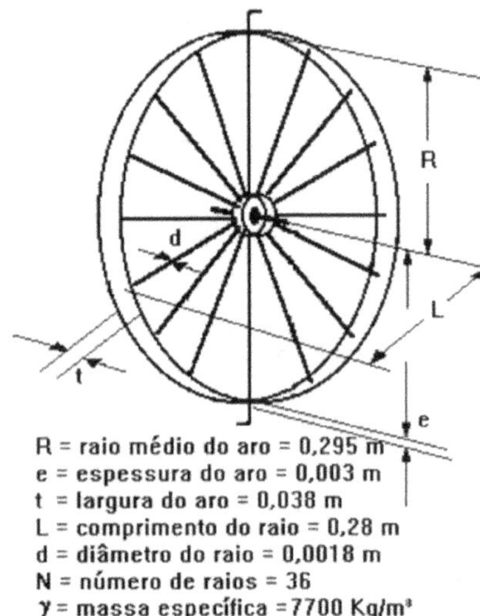

R = raio médio do aro = 0,295 m
e = espessura do aro = 0,003 m
t = largura do aro = 0,038 m
L = comprimento do raio = 0,28 m
d = diâmetro do raio = 0,0018 m
N = número de raios = 36
γ = massa específica = 7700 Kg/m³

Fig. 03 - Dimensões da roda de bicicleta

O cálculo do Momento de Inércia de uma roda de bicicleta é difícil de realizar com precisão. Mostramos uma estimativa aproximada desse cálculo para comparação com o valor obtido experimentalmente:

$$I_{aro} = M_{aro}R^2 = \gamma\ VOL\ R^2 = \gamma 2\pi\ Re\,t\,R^2 = \gamma 2\pi R^3 et$$

$$I_{aro} = 7700 \times 6,28 \times 0,295^3 \times 0,003 \times 0,038 = 0,142 Kgm^2$$

$$I_{raio} = \frac{M_{raio}L^2}{3} = \gamma\frac{\pi d^2}{4}L\frac{L^2}{3} = \frac{\gamma\pi d^2 L^3}{12}$$

$$I_{raio} = \frac{7700 \times 3,14 \times 0,0018^2 \times 0,28^3}{12} = 0,000143 Kgm^2$$

Os momentos de Inércia do cubo e seus componentes vão ser desprezados diante do momento de Inércia do aro.

Tais peças têm pequenas dimensões e estão localizadas muito perto do centro de rotação.

Na verdade, a contribuição dos raios também é pequena. $I_{total} = I_{aro} + 36 \times I_{raio} = 0,147 Kgm^2$

Esse valor deve ser considerado apenas como indicador da ordem de grandeza do Momento de Inércia da roda de bicicleta.

O fator principal a produzir a incerteza é o uso da massa específica do aço quando outros materiais e ligas diversas compõem as rodas de bicicleta, variando conforme o modelo, fabricante e época.

MONTAGEM (Fig. (01)).

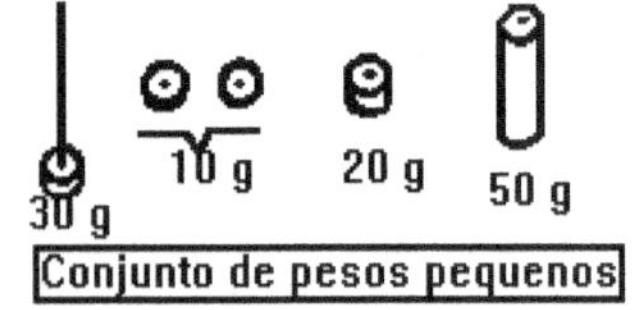

O conjunto de pesos tem o suporte com 30 g; 2 x 10 g;1 x 20 g e 1 x 50 g.
Para medir o tempo gira-se a roda de modo que o peso fique a uma distância "h" (50 cm) do 2º contato rápido (CR). Solta-se a roda, acionando-se simultaneamente (manualmente) o 1º (CR). O 2º (CR) fica próxima a uma caixinha de madeira junto ao solo de modo que ao ser desligado o peso cai na caixa e deixa de tracionar a roda. Neste instante é marcado na memória do cronômetro o 1º intervalo de tempo (t). O fio é colocado com um laço bem folgado num gancho existente na roda de maneira a soltar dele, deixando do tracionar a roda quando o peso cai na caixinha de madeira. Quando a roda para aperta-se o botão "Início-Fim" na parte frontal do cronômetro, para marcar o tempo total (t"). Anota-se o valor indicado no visor (t) e aperta-se "Fim" para obter t" e então calcular t'= t"- t. Pressiona-se "zero" para começar uma nova medida.

Para determinar o tempo do 1º movimento para diferentes valores de h basta regular a posição do peso, girando cuidadosamente a roda e repetir a 1ª parte do procedimento descrito acima.

A roda de bicicleta é "aro 26": D = 26" ⟶ r = 13" = 33,0 cm.

PROCEDIMENTO I: DINÂMICA DA ROTAÇÃO

(01) O fio é colocado no gancho existente na jante de modo a sair dele naturalmente quando o peso atinge a caixinha de madeira;

(02) O 2º (CR) é colocado o mais próximo possível da caixinha de madeira;

(03) A altura h é medida entre a parte inferior do peso e o 2º (CR);

(04) O peso é colocado na altura adequada em relação ao 2º (CR) e solta-se a roda (Nessa operação gire a roda até conseguir que o peso fique na posição conveniente. Não dê nós no fio de nylon!);

(05) Ao soltar a roda aciona-se simultaneamente (manualmente) o 1º (CR) e liga-se o cronômetro;

(06) Ao tocar o 2º (CR) marca-se o 1º intervalo de tempo (t) e o seu valor deve ser anotado imediatamente;

(07) Quando a roda para aperta-se o botão "Início - Fim" para marcar o tempo total (t");

(08) Para ler o tempo t" aperta-se o botão "Fim" e assim pode-se calcular o tempo do 2º movimento: t'= t"- t.

(09) Pressiona-se "zero" para uma nova medida.

PROCEDIMENTO II: INVESTIGAÇÃO DA CONSTÂNCIA DO ATRITO

(10) Para medir t para diversos valores de h deve-se repetir os passos de (01) a (06) (manter a massa constante em 0,030 Kg);

(11) Nesse caso, como não se vai medir o 2º tempo aperta-se o botão "Início - Fim", em seguida o botão "Fim" e finalmente o "zero" para uma nova medida.

MEDIDAS

UPE - ESCOLA POLITÉCNICA - DEPARTAMENTO BÁSICO - LABORATÓRIO DE FÍSICA I									
EXPERIÊNCIA 5 - DINÂMICA DA ROTAÇÃO						PARÂMETROS DA EQUAÇÃO			
NOME						A =	1,4137		
TURMA		GRUPO		DATA		B =	-0,0043		
(01) - DETERMINAÇÃO DE I E τ_A				0,500	m - r =	0,330	m		
m(kg)	t (s)	t"(s)	t'(s)	I (kgm^2)	τ_{AT} (Nm)	(02) - MOVIMENTO			
0,030	2,33	13,17	10,84	0,03053191	0,00301508	ACELERADO		TESTE DA EQUAÇÃO	
0,040	1,95	17,57	15,62	0,04036370	0,00357002	a (m/s^2)	m (g-a) (N)	[m(g-a) (N)]$_{EQ}$	ERRO (%)
0,050	1,72	16,93	15,21	0,05005103	0,00520851	0,18419938	0,2888	0,2561	11,3138
0,060	1,53	18,34	16,81	0,05958167	0,00643440	0,26298488	0,3819	0,3675	3,7705
0,070	1,31	18,72	17,41	0,06863416	0,00848104	0,33802055	0,4736	0,4736	0,0083
0,080	1,33	19,87	18,54	0,07856721	0,00683202	0,42718612	0,5630	0,5996	6,5091
0,090	1,30	20,83	19,53	0,08822839	0,00987329	0,58271662	0,6459	0,8195	26,8732
0,100	1,29	23,37	22,08	0,09801167	0,00985180	0,56532308	0,7396	0,7949	7,4804
0,110	1,26	23,91	22,65	0,10759187	0,01082220	0,59171598	0,8296	0,8322	0,3090
0,120	1,15	25,78	24,63	0,11637503	0,01189502	0,60092543	0,9209	0,8452	8,2179
			MÉDIA	0,07379366	0,00759834	0,62988158	1,0098	0,8862	12,2448
			DISPERSÃO	0,00306910	0,00291160	0,75614367	1,0865	1,0647	2,0067
			PRECISÃO	0,00970534	0,00920729			MÉDIA	7,8734
			E(%)NA DISPERSÃO	4,15902619	38,3189358				
			E(%)NA PRECISÃO	13,1519956	121,175115				

TABELA II - INVESTIGAÇÃO DA CONSTÂNCIA DO

h (m)	t (s)	v (m/s)	a (m/s^2)
0,100	1,11	0,18018	0,16232
0,200	1,44	0,27778	0,19290
0,300	1,92	0,31250	0,16276
0,400	2,09	0,38278	0,18315
0,500	2,44	0,40984	0,16797
0,600	2,54	0,47244	0,18600
0,700	2,60	0,53846	0,20710
0,800	2,87	0,55749	0,19425
0,900	3,15	0,57143	0,18141
1,000	3,42	0,58480	0,17099
		MÉDIA	0,18088
		DISPERSÃO	0,01483
		PRECISÃO	0,00469
		E (%) NA DISPERSÃO	8,19894
		E (%) NA PRECISÃO	2,59273

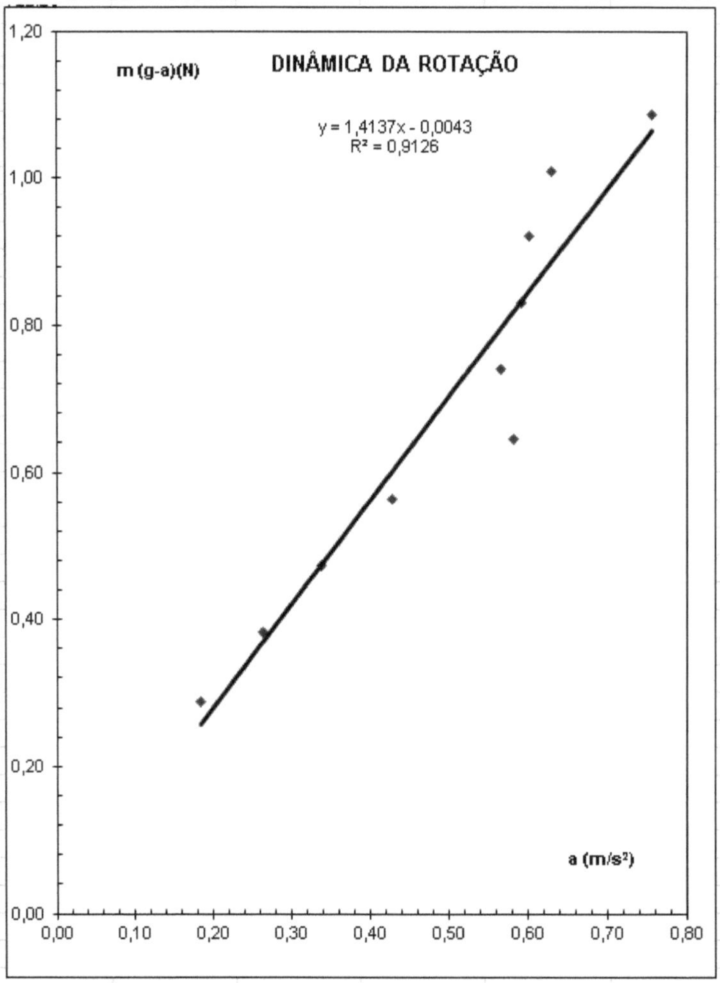

OBJETIVOS

Comprovar a 2ª Lei de Newton no movimento da Rotação.

$$m(g - a) = \frac{I}{r^2} a + \frac{\tau_{at}}{r}$$

O gráfico relacionando Y [m (g - a)] em função de X [a] tem coeficiente angular A = $\frac{I}{r^2}$ e coeficiente linear B = $\frac{\tau_{at}}{r}$.

O gráfico apresente correlação de 0,9126 (próximo do valor ideal, 1).

O valor de A foi 1,4137 e com r = 0,330 m, temos I = 0,153 kg m².

O valor previsto pela estimativa dos materiais, formatos e dimensões da roda de bicicleta foi de 0,147 k m² uma diferença percentual de 4,7 %.

O valor de B foi de – 0,0043. O valor do torque de atrito foi de -0,00149 N m.

O valor negativo pode ser atribuído a imprecisão do processo mas indica um pequeno valor de atrito de rolamento, esperável numa roda de bicicleta.

EXPERIÊNCIA 6: Compensação do Atrito

OBJETIVOS

Compensar o atrito das rodas e roldana de um carro num trilho. Estudar a natureza do atrito de rolamento.

TEORIA

Cálculo da aceleração de um carro puxado por um peso mg:

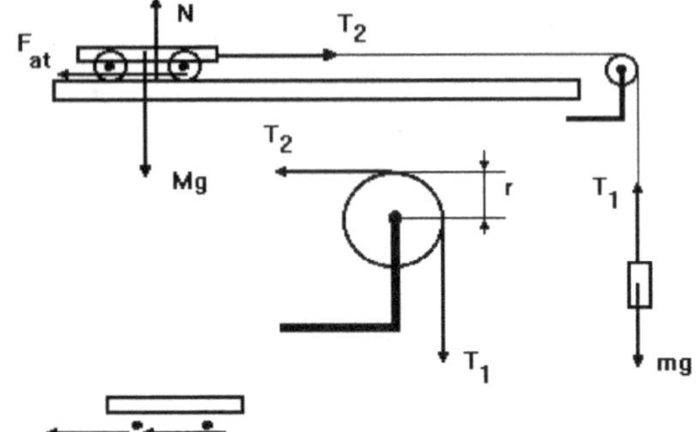

Fig. 01 - Dinâmica

Isolando mg: $mg - T_1 = ma$ (01)

Isolando a roldana: $T_1 r - T_2 r - \tau_{at} = I\,\dfrac{a}{r}$ (02)

(r = Raio da roldana)
(Obs.: ver a demonstração da 2ª Lei de Newton na rotação na pág. 11)

Isolando o carro sem as rodas: $T_2 - 2F = M'a$ (03)

(M'= M - 2m'; m'= massa da roda)

Isolando a roda do carro: $F - F_{at} = m'a$ (04)

$$F_{at}\,r' - \tau'_{at} = I'\,\frac{a}{r'}$$ (05)

Destas cinco equações: $a = \dfrac{mg - \left(\frac{\tau_{at}}{r} - \frac{2\tau'_{at}}{r'}\right)}{M + m + \left(\frac{I}{r^2} + \frac{2I'}{r'^2}\right)}$ (06)

Para compensar o atrito inclinamos o plano. A força adicional é Mg sen(θ) e a equação para "a" fica:

$$a = \frac{mg + \left[Mgsen(\theta) - \left(\frac{\tau_{at}}{r} - \frac{2\tau'_{at}}{r'}\right)\right]}{M + m + \left(\frac{I}{r^2} + \frac{2I'}{r'^2}\right)}$$ (07)

Com $Mgsen(\theta) = \dfrac{\tau_{at}}{r} + \dfrac{2\tau_{at}}{r'}$, se o atrito for constante, está compensado o atrito.

$$\Delta m = \frac{I}{r^2} + \frac{2I'}{r'^2}$$ (08)

corresponde à inércia das rodas e roldana.

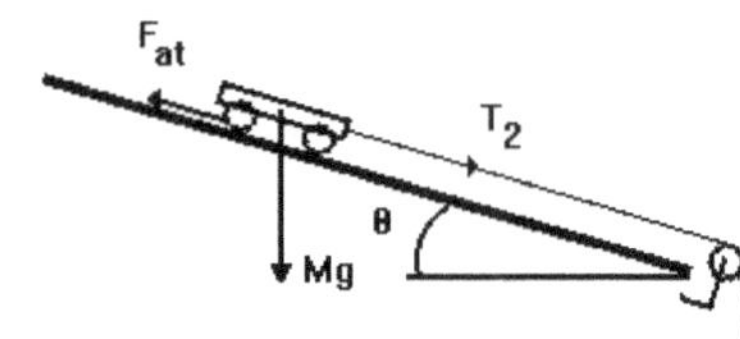

Fig. 02 - COMPENSAÇÃO

Aceleração com o atrito compensado: $a_C = \dfrac{mg}{(M+m)}$ (09)

Aceleração medida: $a_M = \dfrac{2x}{t^2}$ (10)

Tempo calculado com a_c: $t_C = \sqrt{\dfrac{2x(M+m)}{mg}}$ (11)

COMENTÁRIOS SOBRE O ATRITO DE ROLAMENTO:

O atrito de rolamento é proporcional à Normal e à velocidade.

Quando a reação normal. aumenta, cresce o atrito de rolamento, O mesmo acontece quando a velocidade aumenta. Na Tabela do relatório, a compensação é efetuada para M = 1000 g e m = 80 g. Os raciocínios seguintes tomam esses valores como base para comparação.

No primeiro trecho (500 < M < 1000 e m = 80 g), a Normal é menor (o atrito diminuí), mas a velocidade é maior (o atrito aumenta). Se o resultado desses dois fatores for o aumento efetivo do atrito observaremos movimentos de maior duração do que ocorreu na compensação, $t_m > t_c$ e $\Delta t = t_c - t_m < 0$. Um outro fator a considerar é a diminuição da componente do peso ao longo do plano que compensa o atrito. Isto tem como efeito uma atenuação do aumento da velocidade.

No segundo trecho (1000 < M < 1500 e m = 80 g), a normal é maior (o atrito aumenta), mas a velocidade diminuí (o atrito diminuí) (a componente do peso aumenta fazendo abrandar um pouco esse efeito). O atrito efetivamente poderá aumentar ou diminuir. Se aumentar $\Delta t < 0$. O resultado desse trecho deverá estar em concordância com o trecho anterior. Isto é: se o fator velocidade prevalecer num trecho também prevalecerá no outro.

No terceiro trecho (M = 1000 g e 30 < m < 80) a Normal não se altera e ocorre uma diminuição da velocidade. Nesse caso, o atrito diminuirá e teremos $\Delta t > 0$.

No quarto trecho (M = 1000 g e 80 < m < 120) deverá acontecer o contrário.

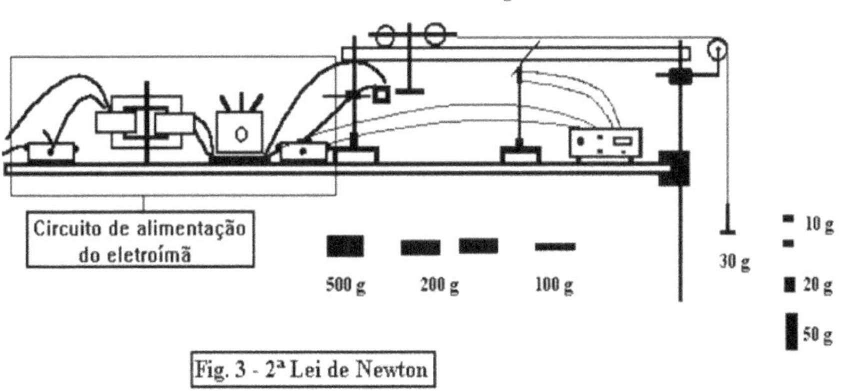

MONTAGEM

O carro (500g) é retido na origem pelo eletroímã.

Para ser solto, aperta-se a chave elétrica, ligando-se simultaneamente o cronômetro. Ao passar no contato rápido é marcado o tempo para um percurso de 1,000 m. O peso do carro pode ser alterado pelo acréscimo das massas indicadas na Fig. (03).

O peso que traciona o carro também pode ser mudado trocando-se massas conforme mostra a Fig. (03).

A atração do eletroímã deve ser mínima para aumentar a precisão na medida do tempo evitando-se uma retenção exagerada do carro no instante inicial. Para diminuí-la basta deixar no mínimo a tensão de alimentação alterando a posição dos fios no secundário do transformador. O circuito de alimentação do eletroímã pode eventualmente ser substituído por uma fonte de alimentação única. Não dê nós no fio de nylon!

PROCEDIMENTO I: COMPENSAÇÃO DO ATRITO

(01) Faça M = 1000g e m = 80g e meça o tempo do percurso de x = 1,000 m. A aceleração pode ser medida por:

$$a = \frac{2x}{t^2} = \frac{2 \times 1,000}{t^2} = \frac{2}{t^2}$$

Vamos chamar esta aceleração de $\qquad a_m = aceleração\ medida = \dfrac{2}{t_m^2}$

Esta aceleração, supondo o atrito compensado, também pode ser calculada por: $\quad a_c = \dfrac{mg}{(M+m)}$

Se o carro se deslocar com $\ a_c\ $ o tempo será $\quad t_c = \sqrt{\dfrac{2x(M+m)}{mg}} = \sqrt{\dfrac{2(1000+80)}{80 \times 9,81}} = 1,66\ s$

Com $\ t_m = t_c\ $ o atrito está compensado.

(02) - Ajuste a inclinação do trilho usando o parafuso da pinça de mesa;

(03) - Compense o atrito inclinando o trilho até que o tempo medido para as massas especificadas em (01) coincida com o tempo calculado (1,66 s);

(04) - Verifique se o atrito continua compensado para outras massas (M, m) conforme as indicações da Tabela 01(COMPENSAÇÃO DO ATRITO).

PROCEDIMENTO II: ANÁLISE DA 2ª LEI DE NEWTON

(05) – Na tabela (01) do relatório, da linha (02) à (11) a massa que traciona o carro é mantida constante no valor de 80 g enquanto a massa do carro varia de 500 a 1500 g. Da equação (09) obtemos:

$M = m\left(\dfrac{g}{a} - 1\right)$ (a = aceleração medida). Um gráfico $M\ x\ \left(\dfrac{g}{a} - 1\right)$ deve dar uma reta (Tabela 02 da planilha)

(06) – Na tabela (01) do relatório, da linha (12) à (21) a massa do o carro é mantida constante no valor de 1000 g enquanto a massa que traciona o carro varia de 30 a 130 g.

 Da equação (09) obtemos:

$$m = M \left(\frac{g}{a} - 1\right)^{-1}$$ (a = aceleração medida). Um gráfico $m \ x \ \left(\frac{g}{a} - 1\right)^{-1}$ deve dar uma reta (Tabela 03 da planilha)

MEDIDAS

UPE - ESCOLA POLITÉCNICA - DEPARTAMENTO BÁSICO - LABORATÓRIO DE F											TESTE DA EQUAÇÃO - TABELA (02)	
EXPERIÊNCIA 6 - COMPENSAÇÃO DO ATRITO											A =	0,0833
NOME											B =	0,0221
TURMA			GRUPO		DATA						M_{EQ} (kg)	E (%)
(01) - COMPENSAÇÃO DO ATRITO				(02)-2ª LEI DE NEWTON			(03)-2ª LEI DE NEWTON				0,556951	11,390103
t_m = tempo medido em x (m) = 1,000				m = 0,080 Kg			M = 1,000 Kg				0,672458	12,076320
tc= tempo calculado = $[2x(M+m)/mg]^{1/2}$				M = m [(g/a)-1]		$a_m=2x/t_m^2$	M = M $[(g/a)-1]^{-1}$		$a_m=2x/t_m^2$		0,751111	7,301546
M (g)	m (g)	t_m (s)	t_c (s)	t_c-t_m (s)	a_m(m/s²)	[(g/a)-1]	M (kg)	a_m(m/s²)	$[(g/a)-1]^{-1}$	m (kg)	0,833768	4,220984
1000	80	1,66	1,66	0,00	1,322	6,4208	0,500	0,315	0,0332	0,030	0,920429	2,269896
500	80	1,23	1,22	-0,01	1,114	7,8074	0,600	0,359	0,0380	0,040	1,064701	6,470096
600	80	1,34	1,32	-0,02	1,006	8,7516	0,700	0,505	0,0543	0,050	1,105764	0,523991
700	80	1,41	1,41	0,00	0,913	9,7439	0,800	0,572	0,0619	0,060	1,190096	0,825320
800	80	1,48	1,50	0,02	0,832	10,7843	0,900	0,591	0,0641	0,070	1,352346	4,026604
900	80	1,55	1,58	0,03	0,726	12,5162	1,000	0,726	0,0799	0,080	1,476556	5,468297
1100	80	1,69	1,73	0,04	0,700	13,0092	1,100	0,832	0,0927	0,090	1,556843	3,789560
1200	80	1,75	1,81	0,06	0,653	14,0216	1,200	0,889	0,0996	0,100	MÉDIA	5,305702
1300	80	1,86	1,88	0,02	0,578	15,9693	1,300	0,938	0,1058	0,110	TESTE DA EQ. - TAB (03)	
1400	80	1,94	1,94	0,00	0,531	17,4605	1,400	1,020	0,1161	0,120	A =	1,0539
1500	80	1,99	2,01	0,02	0,505	18,4243	1,500	1,097	0,1260	0,130	B =	-0,0035
1000	30	2,52	2,65	0,13	TESTE DO PARÂMETRO A						m_{EQ} (kg)	E (%)
1000	40	2,36	2,30	-0,06	TABELA (02)	EA (%) =	4,13				0,031457	4,855724
1000	50	1,99	2,07	0,08							0,036543	8,641287
1000	60	1,87	1,90	0,03	TABELA (03)	EA (%) =	5,39				0,053702	7,403320
1000	70	1,84	1,77	-0,07							0,061748	2,912827
1000	90	1,55	1,57	0,02	ERRO MÉDIO EM A (%) =		4,76				0,064030	8,528391
1000	100	1,50	1,50	0,00							0,080703	0,878440
1000	110	1,46	1,43	-0,03	ERRO MÉDIO NO TESTE DA EQUAÇÃO						0,094226	4,695263
1000	120	1,40	1,38	-0,02							0,101509	1,509341
1000	130	1,35	1,33	-0,02		E (%) =	4,60				0,107959	1,855488
VARIAÇÃO MÉDIA			0,01	0,57%							0,118850	0,958181
											0,129244	0,581804
											MÉDIA	3,892733

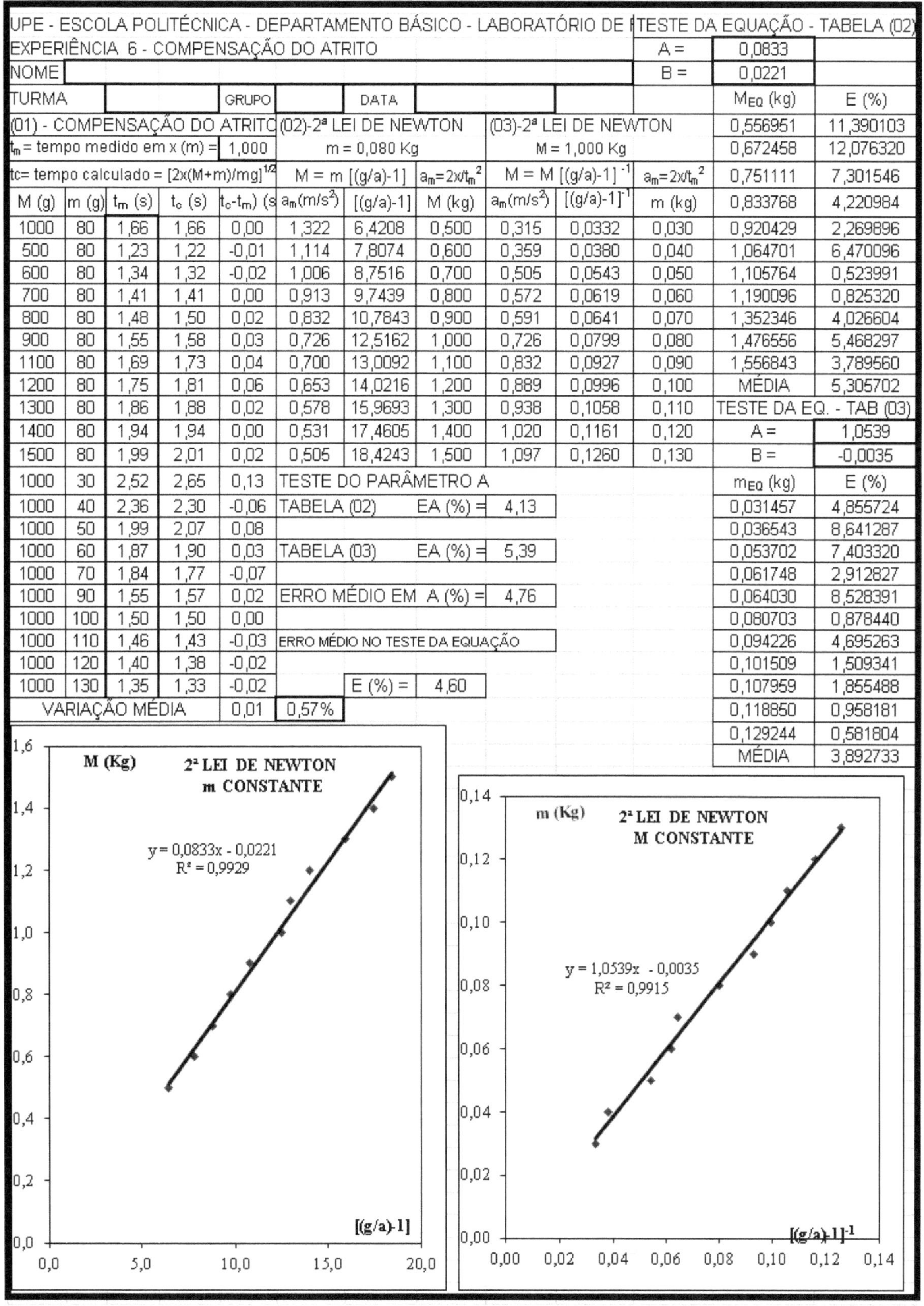

ANÁLISE

OBJETIVOS

Compensar o atrito das rodas e roldana de um carro num trilho. Estudar a natureza do atrito de rolamento.

A Tabela 01 de Compensação de Atrito, mostra uma variação média de 0,01 s sobre o tempo original de 1,66 s correspondente a 0,57 %.

Na Tabela 02 a força tracionadora é mantida com valor constante (m = 0,080 kg) investiga a possível variação do atrito de rolamento com a Normal (a massa do carro varia de 0,500 a 1,500 kg).

A fórmula $M = m\left(\frac{g}{a} - 1\right)$ é equação teórica elaborada para essa situação. O valor de m é o coeficiente angular do gráfico M versos $\left(\frac{g}{a} - 1\right)$. O valor experimental de m foi de 0,080 Kg e o do gráfico foi de 0,0833, com erro de 4,13 % diante de um valor aceitável até 10 %.

O coeficiente linear deveria ser próximo de zero e deu – 0,0221.

O coeficiente de correlação foi de 0,9929 (valor ideal é 1).

Na Tabela 03 a massa do carro é mantida com valor constante (m = 1,000 kg) investiga a possível variação do atrito de rolamento com a força tracionadora (varia de 0,030 a 0,130 kg).

A fórmula $m = M\left(\frac{g}{a} - 1\right)^{-1}$ é equação teórica elaborada para essa situação. O valor de M é o coeficiente angular do gráfico m versos $\left(\frac{g}{a} - 1\right)^{-1}$. O valor experimental de M foi de 1,000 Kg e o do gráfico foi de 1,0539, com erro de 4,76 % diante de um valor aceitável até 10 %.

O coeficiente linear deveria ser próximo de zero e deu – 0,0035.

O coeficiente de correlação foi de 0,9915 (valor ideal é 1).

EXPERIÊNCIA 7: Associações de Molas

OBJETIVOS

Comprovar as fórmulas de associação em série e paralelo de molas. testar a lei de Hooke e a fórmula do período nas oscilações com molas.

Testar a influência da massa da mola.

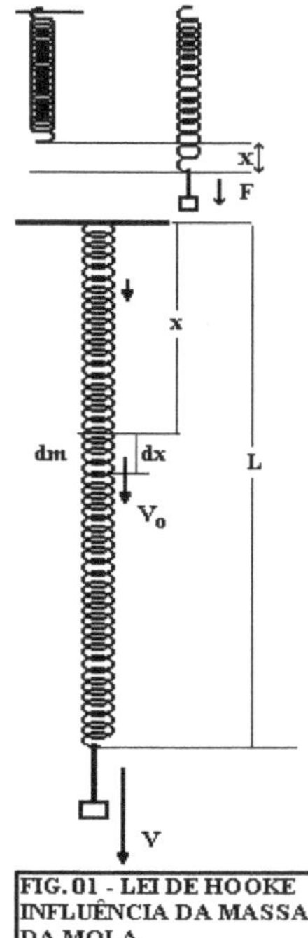

FIG.01 - LEI DE HOOKE
INFLUÊNCIA DA MASSA
DA MOLA

TEORIA

LEI DE HOOKE:

$$F = Kx \begin{cases} F = For\varsigma a\ aplicada\ \grave{a}\ mola \\ K = cons\,tan\,t\,e\ el\grave{a}stica\ da\ mola\ (01) \\ x = deforma\varsigma\tilde{a}o \end{cases}$$

OSCILAÇÕES NUMA MOLA - EQUAÇÃO DIFERENCIAL

$$m\frac{d^2x}{dt^2} = -Kx \rightarrow \frac{d^2x}{dt^2} + \frac{K}{m}x = 0 \qquad (02)$$

Possível solução: $x = A\cos(\omega t + \delta)$ (03)

Derivando (03) duas vezes e levando em (02):

$$\frac{dx}{dt} = -\omega A sen(\omega t + \delta) \rightarrow \frac{d^2x}{dt^2} = -\omega^2 A\cos(\omega t + \delta)$$

$$-\omega^2 A\cos(\omega t + \delta) + \frac{K}{m}A\cos(\omega t + \delta) = 0 \rightarrow$$

$$A\cos(\omega t + \delta)\left(-\omega^2 + \frac{K}{m}\right) = 0 \rightarrow \omega^2 = \frac{K}{m}$$

$$Periodo = 2\pi\sqrt{\frac{m}{K}} \quad \rightarrow \quad A = amlitude\ inicial$$

$$\delta\ = \hat{a}ngulo de fase\ inicial = 0\ \ quando ha'\ espa\varsigma o\ inicial$$

INFLUÊNCIA DA MASSA DA MOLA

Na porção dm: $dE_{CO} = \frac{1}{2}dm_0 V_0^2$ Hipóteses $\begin{cases} V = Cx \\ dm_0 = \lambda dx \end{cases}$

$$dE_{C0} = \frac{1}{2}\lambda C^2 x^2 dx \rightarrow E_{C0} = \frac{1}{2}\lambda C^2 \int_0^L x^2 dx = \frac{1}{2}\lambda C^2 \frac{x^3}{3}$$

$$E_{C0} = \frac{1}{2}\frac{m_0}{L}\frac{V^2}{L^2}\frac{L^3}{3} = \frac{1}{2}\left(\frac{m_0}{3}\right)V^2 = \text{energia cinética da mol}$$

$$E_{CT} = E_{Cm} + E_{C0} = \frac{1}{2}mV^2 + \frac{1}{2}\left(\frac{m_0}{3}\right)V^2 = \frac{1}{2}\left(m + \frac{m_0}{3}\right)V^2$$

Energia cinética total (massa + mola).

Aí vemos a participação da massa da mola nas oscilações: acréscimo de 1/3 na massa suspensa.

$$T = 2\pi\sqrt{\frac{m + \frac{m_0}{3}}{K}} \begin{cases} m = massa\ presa\ \grave{a}\ mola \\ m_0 = massa\ da\ mola \\ T = periodo \end{cases} \qquad (04)$$

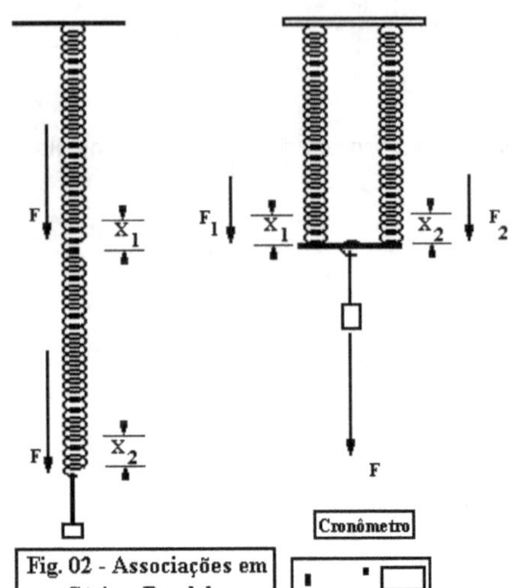

Fig. 02 - Associações em Série e Paralelo

MOLAS ASSOCIADAS EM SÉRIE (Fig. 02):

Na associação de molas em série a força é comum nas duas molas e a deformação total é a soma das deformações secundárias das duas molas:

$$x_1 = \frac{F}{K_1} \quad e \quad x_2 = \frac{F}{K_2} \qquad x = x_1 + x_2$$

$$\frac{F}{K_e} = \frac{F}{K_1} + \frac{F}{K_2} \qquad\qquad K_e = \frac{K_1 K_2}{K_1 + K_2} \qquad\qquad (05)$$

{K_e = Constante Elástica Equivalente}

Se $K_1 = K_2 = K$, $K_{eq} = K/2$

MOLAS ASSOCIADAS EM PARALELO:

A deformação é comum às duas molas e a força total é a soma das forças nas duas molas:

$$F = F_1 + F_2 = K_1 x + K_2 x = (K_1 + K_2)x$$

$$K_e x = (K_1 + K_2)x \qquad K_e = K_1 + K_2 \qquad (06)$$

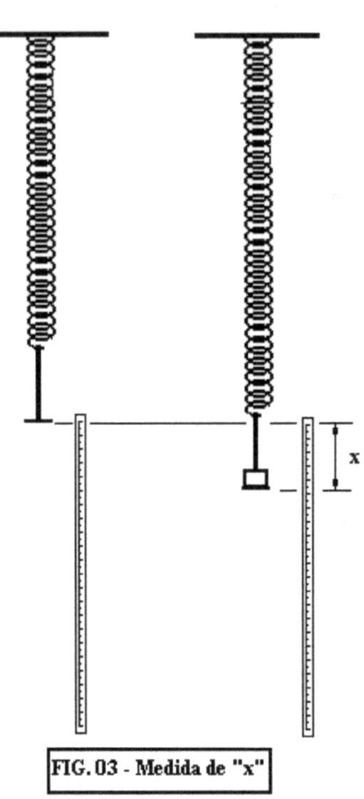

FIG. 03 - Medida de "x"

MONTAGEM

A fig.02 mostra as molas associadas em série e em paralelo. Para determinar x usa-se como referência a parte inferior do suporte dos pesos: 2 x 500; 2 x 200; 1 x 100g. Para determinar o período meça o tempo para 10 oscilações.

Faça uma contagem regressiva após produzir oscilações de pequena amplitude e tomando a parte inferior como referência.

PROCEDIMENTO

Para medir o período, produza oscilações e conte nos instantes de retorno da parte inferior do movimento:

3 - 2 - 1 - 0 (liga o cronômetro) - 1 - 2 - 3 - 4 - 5 - 6 - 7 - 8 - 9 - 10 (desliga o cronômetro).

Divida por 10 antes de anotar na tabela.

Comece as medidas com os pesos maiores para ir adquirindo habilidade na determinação de tempos menores.

Para medir as deformações proceda do seguinte modo (Fig. 03):

- Coloque uma régua sobre um banco ou no chão de modo que o zero coincida com a parte inferior do suporte dos pesos;

- Coloque o peso indicado na Tabela do relatório e verifique a posição da parte inferior do suporte dos pesos na mesma régua. O valor dessa medida é a deformação da mola sob ação desse peso.

MEDIDAS

UPE - ESCOLA POLITÉCNICA - DEPARTAMENTO BÁSICO - LABORATÓRIO DE FÍSICA I
EXPERIÊNCIA 7 - ASSOCIAÇÕES DE MOLAS

NOME										
TURMA		GRUPO		DATA						

(O1) - MEDIDAS DE x E T NUMA M(DETERMINAÇÃO DE K   **REGRESSÃO LINEAR - UMA MOLA - mg = f (x)**

m_0(Kg) = 0,134   UMA SÓ MOLA - g = 9,81 m/s²   REGRESSÃO LINEAR

m(Kg)	x (m)	T (s)	K_E (N/m)	K_D (N/m)	(Y) =	(X) =	XY	X^2	$(X - x)^2$	$(Y - y)^2$
0,200	0,060	0,566	32,70000	30,15037	1,962	0,060	0,118	0,00360	0,68890	754,49102
0,400	0,120	0,741	32,70000	31,97046	3,924	0,120	0,471	0,01440	0,59290	650,55604
0,600	0,175	0,885	33,63429	32,49372	5,886	0,175	1,030	0,03063	0,51123	554,31994
0,800	0,235	1,013	33,39574	32,49505	7,848	0,235	1,844	0,05523	0,42903	465,78272
1,000	0,300	1,122	32,70000	32,75991	9,810	0,300	2,943	0,09000	0,34810	384,94440
	MÉDIA		33,02601	31,97390	29,430	0,890	6,406	0,19385	2,57015	2810,09412
	DISPERSÃO		0,45430	1,05888	5,88600	0,178	<<MÉDIAS			
	PRECISÃO		0,14366	0,33485	SISTEMA E	DETERMINAÇÃO DOS PARÂMETROS				
	E(%) NA DISPERSÃO		1,37558	3,31169	29,43000	=	0,890	A +	5	B
	E(%) NA PRECISÃO		0,43500	1,04725	6,40593	=	0,194	A +	0,89000	B

m_0(Kg) = 0,268   DUAS MOLAS EM SÉRIE-g = 9,81 m/s²

m(Kg)	x (m)	T (s)	K_E (N/m)	K_D (N/m)						
					A = **32,94920**			B = **0,02104**		
0,200	0,120	0,876	16,35000	14,88473	EQUAÇÃO	Y =	32,94920	X +	0,02104	
0,400	0,235	1,106	16,69787	15,79230	COEFICIENTE DE CORRELAÇÃO: r = **0,9964686**					
0,600	0,360	1,309	16,35000	15,88184	REGRESSÃO LINEAR - DUAS MOLAS EM SÉRIE - mg = f (x)					
0,800	0,470	1,464	16,69787	16,38073	(Y) =	(X) =	XY	X^2	$(X - x)^2$	$(Y - y)^2$
1,000	0,600	1,640	16,35000	15,98909	1,962	0,120	0,23544	0,01440	0,05617	15,39778
	MÉDIA		16,48915	15,78574	3,924	0,235	0,92214	0,05523	0,01488	3,84944
	DISPERSÃO		0,19054	0,55147	5,886	0,360	2,11896	0,12960	0,00001	0,00000
	PRECISÃO		0,06025	0,17439	7,848	0,470	3,68856	0,22090	0,01277	3,84944
	E(%) NA DISPERSÃO		1,15553	3,49344	9,810	0,600	5,88600	0,36000	0,05905	15,39778
	E(%) NA PRECISÃO		0,36541	1,10472	29,430	1,785	12,85110	0,78013	0,14288	38,49444

M_0(Kg) = 0,268   DUAS MOLAS EM PARALELO

m(Kg)	x (m)	T (s)	K_E (N/m)	K_D (N/m)						
					5,88600	0,35700	<<MÉDIAS			
					SISTEMA E	DETERMINAÇÃO DOS PARÂMETROS				
0,400	0,060	0,559	65,4000000	61,8204118	29,43000	=	1,78500	A +	5	B
0,800	0,115	0,713	68,2434783	69,0615338	12,85110	=	0,78013	A +	1,78500	B
1,200	0,180	0,892	65,4000000	63,9714523						
1,600	0,235	1,008	66,7914894	65,6364367	A = **16,40950**			B = **0,02781**		
2,000	0,295	1,129	66,5084746	64,7098745	EQUAÇÃO	Y =	16,40950	X +	0,02781	
	MÉDIA		66,4686884	65,0399418	COEFICIENTE DE CORRELAÇÃO: r = **0,99972876**					
	DISPERSÃO		1,1768445	2,6525929						
	PRECISÃO		0,37215092	0,8388235						
	E(%) NA DISPERSÃO		1,77052468	4,078406						
	E(%) NA PRECISÃO		0,55988907	1,2897052						

REGRESSÃO LINEAR - DUAS MOLAS EM PARALELO - mg = f (x)

(Y) =	(X) =	XY	X^2	$(X - x)^2$	$(Y - y)^2$
3,924	0,060	0,23544	0,00360	0,68063	3017,96410
7,848	0,115	0,90252	0,01323	0,59290	2602,22414
11,772	0,180	2,11896	0,03240	0,49703	2217,27974
15,696	0,235	3,68856	0,05523	0,42250	1863,13090
19,620	0,295	5,78790	0,08703	0,34810	1539,77760
58,860	0,885	12,73338	0,19148	2,54115	11240,37648
11,77200	0,17700	<<MÉDIAS			

SISTEMA DETERMINAÇÃO DOS PARÂMETROS

58,86000	=	0,88500	A +	5	B
12,73338	=	0,19148	A +	0,88500	B

A = **66,47028**   B = **0,00676**

EQUAÇÃ(Y = 66,47028   X +   0,00676

COEFICIENTE DE CORRELAÇÃO: r = **0,99942972**

CÁLCULOS COM A INFLUÊNCIA DA MASSA DA MOLA.							
REGRESSÃO LINEAR - UMA MOLA - $[m+(m_0/3)]=[K/4\pi^2](T^2)$							
(Y) =	(X) =	XY	X^2	$(X-x)^2$	$(Y-y)^2$		
0,245	0,32036	0,07838	0,10263	0,21826	0,16000		
0,445	0,54908	0,24416	0,30149	0,05686	0,04000		
0,645	0,78323	0,50492	0,61344	0,00002	0,00000		
0,845	1,02617	0,86677	1,05302	0,05694	0,04000		
1,045	1,25888	1,31511	1,58479	0,22216	0,16000		
3,223	3,93772	3,00934	3,65537	0,55425	0,40000		
0,64467	0,787543	<<MÉDIAS					
SISTEMA	DETERMINAÇÃO DOS PARÂMETROS						
3,22333	=	3,93772	A	+	5	B	
3,00934	=	3,65537	A	+	3,93772	B	
A =	0,84949			B =	-0,02434		
EQUAÇÃO Y =		0,84949	X	+	-0,02434	COEFICIENTE DE CORRELAÇÃO: r =	0,99995329
REGRESSÃO LINEAR - DUAS MOLAS EM SÉRIE - $[m+(m_0/3)]=[K/4\pi^2](T^2)$							
(Y) =	(X) =	XY	X^2	$(X-x)^2$	$(Y-y)^2$		
0,289	0,767376	0,22202746	0,58886593	0,88364098	0,16000000		
0,489	1,223236	0,59857015	1,49630631	0,23441265	0,04000000		
0,689	1,713481	1,18115957	2,93601714	0,00003701	0,00000000		
0,889	2,143296	1,90610458	4,59371774	0,19000724	0,04000000		
1,089	2,689600	2,92987093	7,23394816	0,96472116	0,16000000		
3,447	8,536989	6,83773268	16,8488553	2,27281904	0,40000000		
0,68933	1,707398	<<MÉDIAS					
SISTEMA	DETERMINAÇÃO DOS PARÂMETROS						
3,44667	=	8,53699	A	+	5	B	
6,83773	=	16,84886	A	+	8,53699	B	
A =	0,41926			B =	-0,02651		
EQUAÇÃO Y =		0,41926	X	+	-0,02651	COEFICIENTE DE CORRELAÇÃO: r =	0,99939145
REGRESSÃO LINEAR - DUAS MOLAS EM PARALELO - $[m+(m_0/3)]=[K/4\pi^2](T^2)$							
(Y) =	(X) =	XY	X^2	$(X-x)^2$	$(Y-y)^2$		
0,489	0,312481	0,15290737	0,09764438	0,21992611	0,64000000		
0,889	0,508369	0,45210950	0,25843904	0,07456985	0,16000000		
1,289	0,795664	1,02587612	0,63308120	0,00020221	0,00000000		
1,689	1,016064	1,71647078	1,03238605	0,05504664	0,16000000		
2,089	1,274641	2,66314993	1,62470968	0,24324348	0,64000000		
6,447	3,907219	6,01051370	3,64626035	0,59298828	1,60000000		
1,28933	0,781444	<<MÉDIAS					
SISTEMA	DETERMINAÇÃO DOS PARÂMETROS						
6,44667	=	3,90722	A	+	5	B	
6,01051	=	3,64626	A	+	3,90722	B	
A =	1,64051			B =	0,00736		
EQUAÇÃO Y =		1,64051	X	+	0,00736	COEFICIENTE DE CORRELAÇÃO: r =	0,99871873

OBJETIVOS

Comprovar as fórmulas de associação em série e paralelo de molas. testar a lei de Hooke e a fórmula do período nas oscilações com molas.
Testar a influência da massa da mola.

RESUMO DOS RESULTADOS

Determinação das constantes elásticas pelos processos estático e dinâmico

UMA MOLA

UMA MOLA	K_E (N/m)	K_D (N/m)	ERRO (*)
K	33,03	31,97	3,19
PRECISÃO (%)	0,43	1,05	
CORRELAÇÃO	1,00		

DUAS MOLAS EM SÉRIE

DUAS MOLAS EM SÉRIE	K_E (N/m)	K_D (N/m)	ERRO (*)
K	16,49	15,79	4,27
PRECISÃO (%)	0,37	1,10	
CORRELAÇÃO	1,00		

DUAS MOLS EM PARALELO

DUAS MOLAS EM PARALELO	K_E (N/m)	K_D (N/m)	ERRO (*)
K	66,47	65,04	2,15
PRECISÃO (%)	0,56	1,29	
CORRELAÇÃO	1,00		

Molas em série : $K_e = \frac{K_1 K_2}{K_1 + K_2} = \frac{K}{2} = \frac{33,03}{2} = 16,51$

Molas em Paralelo: $K_e = K_1 + K_2 = 2K = 2 \times 33,03 = 66,06$

ANÁLISE DA INFLUÊNCIA DA MASSA DA MOLA COM REGRESSÃO LINEAR

UMA MOLA

A =	0,84949		B =	-0,02434		K =	33,53637665	
EQUAÇÃO	Y =	0,84949	X +	-0,02434	COEFICIENTE DE CORRELAÇÃO: r =			0,99995329

DUAS MOLAS EM SÉRIE

A =	0,41926		B =	-0,02651		K =	16,55171249	
EQUA-ÇÃO	Y =	0,41926	X +	-0,02651	COEFICIENTE DE CORRELAÇÃO: r =			0,99939145

DUAS MOLAS EM PARALELO

A =	1,64051		B =	0,00736		K =	64,76492456	
EQUA-ÇÃO	Y =	1,64051	X +	0,00736	COEFICIENTE DE CORRELAÇÃO: r =			0,99871873

A consideração da massa da mola melhora os resultados para os valores das constantes elásticas.

EXPERIÊNCIA 8: Ondas em Molas

OBJETIVOS

Comprovar a fórmula da velocidade de ondas longitudinais numa mola. determinar a constante elástica de uma mola de grande comprimento.

TEORIA

Velocidade das ondas longitudinais numa mola:

$$V = \sqrt{\frac{KL(L-L_0)}{m_0}} \qquad \begin{cases} L = comprimento\ da\ mola\ esticada \\ L_0 = comprimento\ da\ mola\ em\ repouso \\ m_0 = massa\ da\ mola \\ K = cons\tan te\ elastica\ da\ mola \end{cases} \qquad (01)$$

Constante Elástica da Mola, determinação pela Lei de Hooke: $\qquad K_e = \dfrac{F}{x} \qquad (02)$

F = Força deformadora aplicada à mola; x = deformação.

PROCEDIMENTO

MONTAGEM 1: ONDAS LONGITUDINAIS

Para determinar V, medimos o tempo de ida e volta de 5 pulsos longitudinais.
Recolha alguns elos da mola numa extremidade e, ao soltar, ligue o cronômetro. Observe o retorno do pulso e no 5º, desligue.

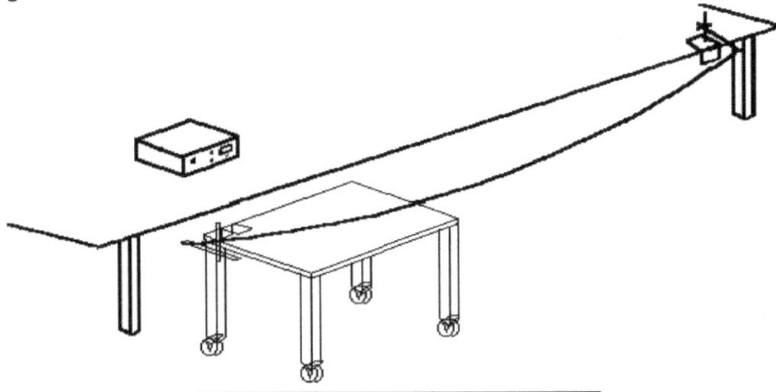

Para calcular a velocidade, use a fórmula:

$$V = \frac{2L}{T} \qquad (03)$$

Para conseguir comprimentos diferentes desloque a mesa móvel, à vontade, de modo a produzir grande diferença entre o menor e o maior comprimento para realização de dez medidas.

Faça cinco medidas do tempo para cada distância e anote a média dessas medidas na tabela 1 do relatório.
O comprimento da mola (L) é medido ao longo de sua estrutura e não se refere à distância entre seus suportes.
O comprimento natural da mola (L_0) é medido com a mola sobre a mesa.

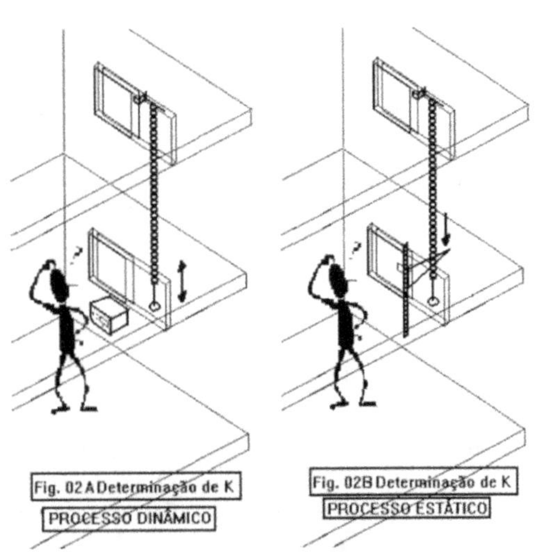

MONTAGEM 2

DETERMINAÇÃO DE K_e

A mola é esticada por um Peso.

Ela é suspensa da janela do pavimento superior e mede-se o deslocamento correspondente a cada força aplicada.

A mola apresenta-se "sempre fechada" de modo que é requerida uma força inicial para deslocá-la.

Assim para encontrar K_e (constante elástica determinada por um processo estático) usamos a fórmula:

$$K_e = \frac{F-F_0}{X-X_0} = \frac{\Delta F}{\Delta x} \qquad (04)$$

Faça o seguinte: coloque o suporte de 0,100 kgf à mola (F₀). Esse ponto corresponde ao deslocamento inicial, considerado nulo, da mola. A partir daí será medido o deslocamento Δx, mediante o uso do esquadro e da escala.

Escolha a parte inferior do suporte dos pesos da mola como ponto de referência colocando aí o zero da escala.

Coloque agora o peso de 0,100 kgf e meça o aumento de comprimento correspondente a esse aumento de força.

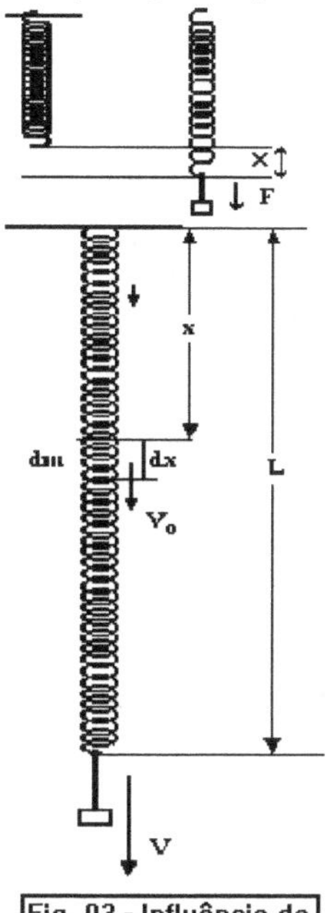

Coloque outros pesos de modo a efetuar todas as medidas da Tabela 2 do relatório.

INFLUÊNCIA DA MASSA DA MOLA

Na porção dm: $dE_{C0} = \frac{1}{2}dm_0 V_0{}^2$ Hipóteses $\begin{cases} V = Cx \\ dm_0 = \lambda dx \end{cases}$

$$dE_{C0} = \frac{1}{2}\lambda C^2 x^2 dx \rightarrow E_{C0} = \frac{1}{2}\lambda C^2 \int_0^L x^2 dx = \frac{1}{2}\lambda C^2 \frac{x^3}{3}$$

$$E_{C0} = \frac{1}{2}\frac{m_0}{L}\frac{V^2}{L^2}\frac{L^3}{3} = \frac{1}{2}\left(\frac{m_0}{3}\right)V^2 = \text{energia cinética da mola}$$

$$E_{CT} = E_{Cm} + E_{C0} = \frac{1}{2}mV^2 + \frac{1}{2}\left(\frac{m_0}{3}\right)V^2 = \frac{1}{2}\left(m + \frac{m_0}{3}\right)V^2$$

Energia cinética total (massa + mola).

Aí vemos a participação da massa da mola nas oscilações: acréscimo de 1/3 na massa suspensa.

DETERMINAÇÃO DE K_d

Usando os mesmos pesos do item anterior, coloque a mola para oscilar (pequena oscilação) e determine o período.

A fórmula do período considerando a influência da massa da mola é:

$$T = 2\pi\sqrt{\frac{m + \frac{m_0}{3}}{K_D}} \begin{cases} m = massa\ presa\ \grave{a}\ mola \\ m_0 = massa\ da\ mola \\ T = periodo \end{cases}$$

K_D = *constante elástica da mola determinada por um processo dinâmico.*

$$K_D = \frac{4\pi^2\left(m + \frac{m_0}{3}\right)}{T^2}$$

Faça medidas conforme as indicações da tabela 3.

UPE - ESCOLA POLITÉCNICA - DEPARTAMENTO BÁSICO - LABORATÓRIO DE FÍSICA I								
EXPERIÊNCIA 8 - ONDAS EM MOLAS								
NOME								
TURMA		GRUPO		DATA			TESTE DA EQUAÇÃO	
COMPRIMENTO INICIAL - L_0 (m) =		1,92	PESO INICIAL (Kgf) =		0,100		A =	4,48
(01)MEDIDA DA VELOCIDADE-m_0(Kg) =		0,788	(02)DETERMINAÇÃO DE K (=9,81F/x)				B =	16,29
Nº	T (s)(*)	L (m)	v (m/s)	K (N/m)	F (Kgf)	x (m)	K (N/m)	v^2_{EQ} (m²/s²)	ERRO(%)

Nº	T (s)(*)	L (m)	v (m/s)	K (N/m)	F (Kgf)	x (m)	K (N/m)	v^2_{EQ} (m²/s²)	ERRO(%)
1	4,980	3,4200	6,8675	7,2444	0,200	0,130	7,546	39,29389	20,02410
2	4,500	4,0000	8,8889	7,4834	0,300	0,255	7,694	53,59722	47,41875
3	4,450	4,2700	9,5955	7,2305	0,400	0,380	7,745	61,28469	50,23936
4	4,100	4,9000	11,9512	7,7079	0,500	0,505	7,770	81,76445	74,68674
5	4,050	5,2000	12,8395	7,6163	0,600	0,630	7,786	92,76769	77,70510
6	4,020	5,8500	14,5522	7,2583	0,700	0,755	7,796	119,37680	77,39431
7	3,900	6,4300	16,4872	7,3864	0,800	0,880	7,803	146,31906	85,77695
8	3,850	7,2600	18,8571	7,2277	0,900	1,005	7,809	190,12175	87,03375
9	3,750	8,0000	21,3333	7,3731	1,000	1,130	7,813	234,38403	94,17326
10	3,500	8,4400	24,1143	8,3269	1,100	1,255	7,817	263,03013	121,07687
(*)TEMPO	MÉDIA		7,4855	MÉDIA			7,758	MÉDIA	73,55292
PARA 5	DISPERSÃO		0,3397	DESVIO PADRÃO			0,083		
PULSOS	PRECISÃO		0,1074	PRECISÃO			0,026		
	E(%) NA DISPERSÃO		4,5375	E(%) NA DISPERSÃO			1,076		
	E(%) NA PRECISÃO		1,4349	E(%) NA PRECISÃO			0,340		

(03) - DETERMINAÇÃO DE K (PERÍODO)

m(Kg)	T(s)	K_D(N/m)
0,200	1,308	7,64556
0,300	1,476	7,81628
0,400	1,645	7,75166
0,500	1,790	7,77880
0,600	1,914	7,88118
0,700	2,027	7,98780
0,800	2,155	7,91718
0,900	2,256	7,99983
1,000	2,382	7,87101
1,100	2,466	7,99373
	MÉDIA	7,86430
	DESVPAD	0,11721
	PRECISÃO	0,03707
	E(%)DISPER	1,49043
	E(%)PRECIS	0,47132

TABELA PARA O GRÁFICO

L(L-L_0)(m²)	V²(m²/s²)
5,130	47,162
8,320	79,012
10,035	92,074
14,602	142,832
17,056	164,853
22,991	211,768
28,999	271,827
38,768	355,592
48,640	455,111
55,029	581,499

OBJETIVOS

Comprovar a fórmula da velocidade de ondas longitudinais numa mola.

Determinar a constante elástica de uma mola de grande comprimento.

Fórmula da velocidade de propagação das ondas numa mola:

$$V = \sqrt{\frac{KL(L - L_0)}{m_0}} \qquad \begin{cases} L = comprimento\ da\ mola\ esticada \\ L_0 = comprimento\ da\ mola\ em\ repouso \\ m_0 = massa\ da\ mola \\ K = cons\tan te\ elastica\ da\ mola \end{cases}$$

$$V^2 = \frac{KL(L - L_0)}{m_0} = \frac{K}{m_0}L(L - L_0)$$

A equação do gráfico foi $V^2 = 10{,}025\ L\ (L - L_0) - 10{,}033$.

O coeficiente angular deveria ser $\dfrac{K}{m_0} = \dfrac{7{,}8}{0{,}788} = 9{,}9$. Deu 10,025.

7,8 é o valor médio da constante elástica da mola determinada pelos processos estático e dinâmica.

Todos os indicadores de precisão e dispersão está satisfatórios.

EXPERIÊNCIA 9: Movimento Amortecido I

OBJETIVO

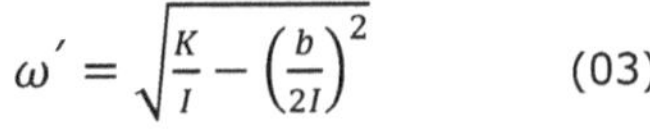

Fig. 01 - Movimento Amortecido - Oscilações

Determinar as características de um movimento oscilatório amortecido.

TEORIA

Equação diferencial do movimento oscilatório amortecido.

$$I\frac{d^2\theta}{dt^2} + b\frac{d\theta}{dt} + K\theta = 0 \qquad (01)$$

Inércia de rotação + Reação do atrito no mancal da roda + Reação elástica da mola = 0

Solução: $\theta = \theta_0 e^{-\frac{bt}{2I}} cos(\omega't + \delta)$ $\qquad$ (02)

θ = Ângulo ou amplitude no instante t (º);

θ_0 = Ângulo ou amplitude inicial (º);

b = Índice de amortecimento do mancal da roda (Nms);

I = Momento de inércia da roda (Kgm^2);

ω' = Frequência (rad/s);

δ = Ângulo de fase inicial = 0 (se o movimento começa com amplitude inicial).

Usando a equação (02) podemos encontrar a expressão para a frequência,

$$\omega' = \sqrt{\frac{K}{I} - \left(\frac{b}{2I}\right)^2} \qquad (03)$$

e a relação entre amplitudes sucessivas:

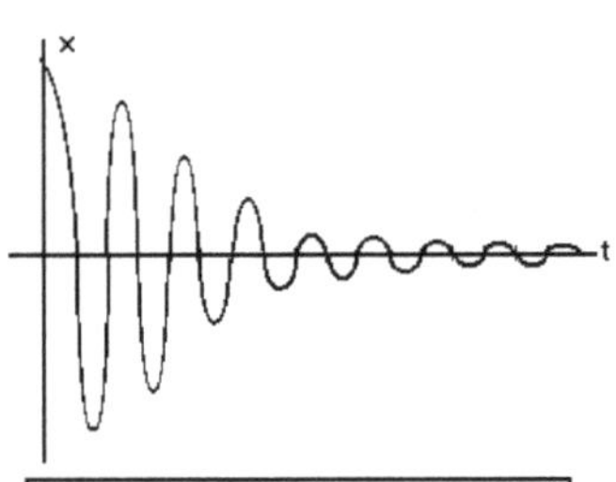

Fig. 02 - Gráfico do movimento amortecido

$$t = T \quad \rightarrow \quad \theta_1 = \theta_0 e^{-\frac{bT}{2I}}$$

$$t = 2T \rightarrow \quad \theta_2 = \theta_0 e^{-\frac{b2T}{2I}} \qquad \frac{\theta_1}{\theta_2} = e^{\left[-\left(\frac{bT}{2I}\right)+\left(\frac{b2T}{2I}\right)\right]} = e^{\left(\frac{bT}{2I}\right)} \qquad Ln\left(\frac{\theta_1}{\theta_2}\right) = \frac{bT}{2I} \qquad (04)$$

A equação (03) mostra que a frequência independe da amplitude: as amplitudes sucessivas vão diminuindo, mas a frequência se mantém constante. Essa é uma característica intrigante denotada pela primeira vez por Galileu, segundo relato em carta a um amigo. Ele teria observado o fenômeno nos lustres de uma Igreja que oscilavam com correntes de ar.

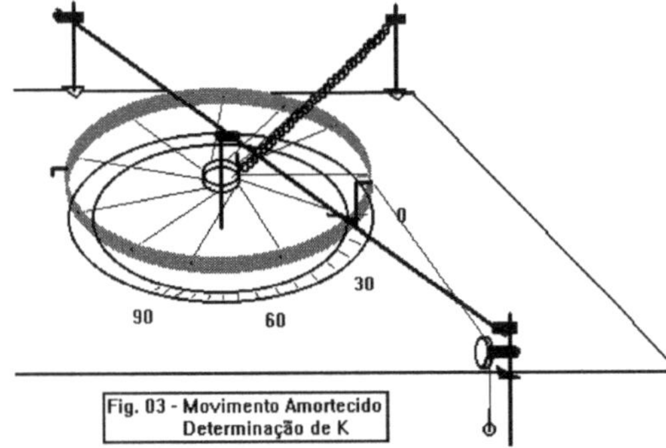

Fig. 03 - Movimento Amortecido Determinação de K

Determinamos experimentalmente os valores de ω',

$$Ln\left(\frac{\theta_1}{\theta_2}\right) \quad e \quad K.$$

Resolvendo o sistema de equações (03) e (04) podemos encontrar b e I.

MONTAGEM 1: DETERMINAÇÃO DE K

$$\tau = k\theta \rightarrow k = \frac{\tau}{\theta} = \frac{PR}{\theta}\left(\frac{Nm}{rad}\right) \qquad (05)$$

Colocamos pesos e determinamos θ (Fig. 03).

Na colocação dos pesos maiores pode ocorrer que o suporte toque o chão. Nesse caso, não dê nós no fio de nylon; segure a roda nessa posição e desloque o laço existente no fio até o outro ressalto existente na roda.

Observe que o fio deve estar tangenciando o aro da roda e disposto horizontalmente para que a força exercida fique perpendicular ao raio em seu ponto de saída. Se não for assim, o cálculo de K, usando a Eq. (05) estará errado.

Girar o transferidor, centralizado com o eixo da roda, para zerar a medida do ângulo quando não há torque externo.

MONTAGEM 2: MEDIDAS DA AMPLITUDE E DO PERÍODO.

Colocamos a roda de modo a um dos indicadores presos à mesma ficar em zero. Giramos de 90º no sentido horário. Soltamos e ligamos o cronômetro. Observamos as posições de retorno no mesmo lado e paramos o cronômetro na 5 ª oscilação completa. Repetimos o processo parando agora 10ª oscilação. Dividindo o tempo obtido por cinco ou dez, conforme o caso, encontramos o período. Comparando os períodos obtidos com 5 e 10 oscilações podemos verificar se fica invariável com a queda da amplitude.

PROCEDIMENTO

Na determinação das amplitudes sucessivas faça o seguinte:

Inicialmente, após ajustar o indicador em zero (girando o transferidor) gira-se a roda até 90º e depois libera-se.

A roda deve ser retida no primeiro retorno (1º período) e anotado o ângulo nessa posição.

Solta-se novamente a roda e repete-se o procedimento anterior para determinar os ângulos correspondentes às demais amplitudes.

Atenção para observar as amplitudes do lado correto (Fig. 04)!

Veja a sequência de figuras:

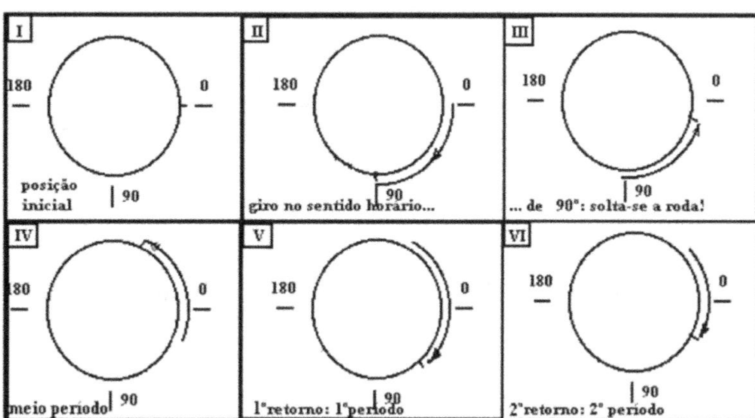

Fig. 04 - Determinação do período e das amplitudes sucessivas

UPE - ESCOLA POLITÉCNICA - DEPARTAMENTO BÁSICO - LABORATÓRIO DE FÍSICA I

EXPERIÊNCIA 9 - MOVIMENTO AMORTECIDO I

NOME

TURMA		GRUPO		DATA		

(01) - DETERMINAÇÃO DE K			(02) DETERMINAÇÃO DE AMPLITUDES, TEMPOS E PERÍODOS				t (s)	θ (°)
R (m) =	0,300	g=9,81 m/s²	θ_0 (°) =	90	T (s) =	2,900	0,00	90,0
m (g)	θ (°)	K (Nm/rad)	N	θ (°)	Δt (s)	t (s)	2,90	79,0
30	2,0	2,52932	1	79,0	1T	2,90	5,80	71,0
40	5,0	1,34897	2	71,0	2T	5,80	8,70	63,0
50	8,0	1,05389	3	63,0	3T	8,70	11,60	58,0
60	12,0	0,84311	4	58,0	4T	11,60	14,50	53,0
70	15,0	0,78690	5	53,0	5T	14,50	17,40	49,0
80	19,0	0,70999	6	49,0	6T	17,40	20,30	43,0
90	22,0	0,68982	7	43,0	7T	20,30	23,20	38,0
100	26,0	0,64854	8	38,0	8T	23,20	26,10	33,0
110	31,0	0,59833	9	33,0	9T	26,10	29,00	29,0
120	36,0	0,56207	10	29,0	10T	29,00		

MÉDIA	0,97709	(03) - DETERMINAÇÃO DE b E l: Resolvendo o sistema formado pelas duas equações do	
DISPERSÃO	0,59491	texto [w' = [(K/l) - (b²/2l)]^{0,5} e Ln (θ_N/θ_{N+1}) = bT/2l] encontramos b = [(B² + 4C)0,5 - B]/(2)	
PRECISÃO	0,18813	e l = (bT)/(2Ln(θ_N/θ_{N+1})) B = (4π^2)/(TLn(θ_N/θ_{N+1})) e	C = 2K
E (%) NA DISPERSÃO	60,88558	B = 120,20360	CÁLCULO DE Ln (θ_N/θ_{N+1}) (CONTINUAÇÃO)
E (%) NA PRECISÃO	19,25371	C = 1,95419	DESV.PAD 0,02234
CÁLCULO DE Ln (θ_N/θ_{N+1})		b = 0,01626	ERRO(%) 19,72169
		l = 0,20812	

CÁLCULO DE Ln (θ_N/θ_{N+1})	
θ_0/θ_1	0,13036
θ_1/θ_2	0,10677
θ_2/θ_3	0,11955
θ_3/θ_4	0,08269
θ_4/θ_5	0,09015
θ_5/θ_6	0,07847
θ_6/θ_7	0,13062
θ_7/θ_8	0,12361
θ_8/θ_9	0,14108
θ_9/θ_{10}	0,12921
MÉDIA	0,11325

TESTE DA EQUAÇÃO	
A =	-0,0375
B =	89,538
θ_{EQ} (°)	ERRO (%)
89,53800	0,51333
80,31152	1,66016
72,03579	1,45886
64,61284	2,56006
57,95478	0,07796
51,98281	1,91922
46,62622	4,84444
41,82161	2,74045
37,51208	1,28399
33,64664	1,95951
30,17951	4,06727
MÉDIA	1,91922
DESVPAD	1,41254652
PRECISÃO	0,42590
E(%)DISPER	73,59989
E(%)PRECIS	22,19120

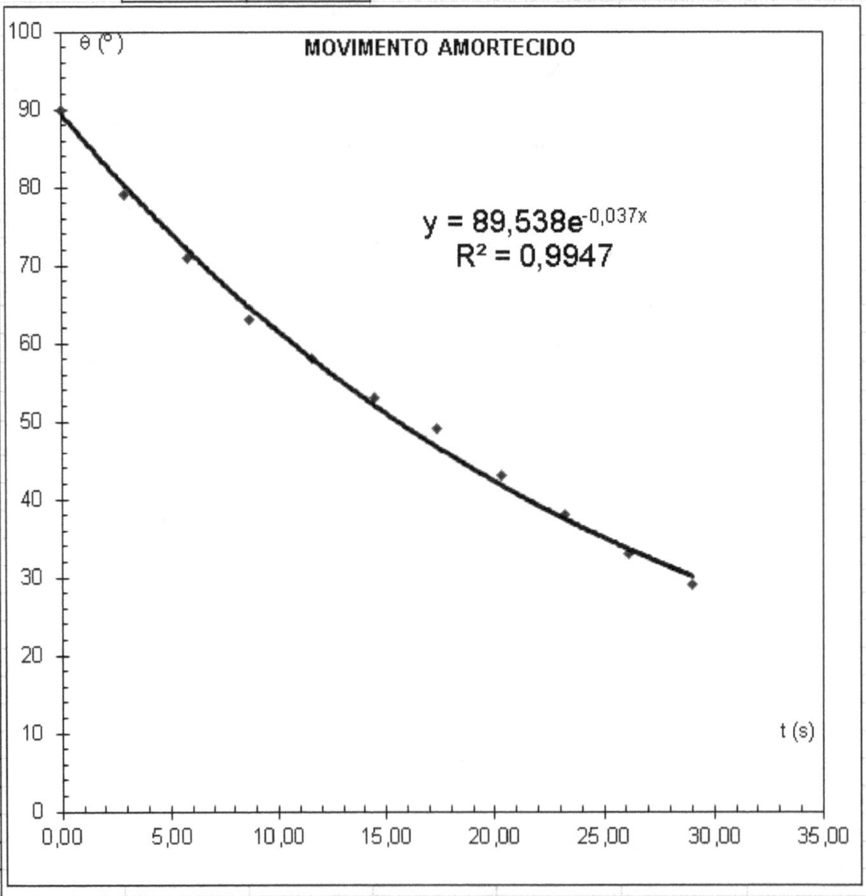

OBJETIVO

Determinar as características de um movimento oscilatório amortecido.

Resolvendo o sistema de equações $\quad \omega' = \sqrt{\frac{K}{I} - \left(\frac{b}{2I}\right)^2} \quad$ e $\quad Ln\left(\frac{\theta_N}{\theta_{N+1}}\right) = L = \frac{bT}{2I} \to \frac{b}{I} = \frac{2L}{T}$

$$\omega'^2 = \frac{K}{I} - \frac{b^2}{4I^2} \to \frac{b^2}{4I^2} = \frac{K}{I} - \omega'^2 \to \frac{b^2}{4I^2} = \frac{K}{I} - \frac{4\pi^2}{T^2} \to \frac{K}{I} = \frac{4\pi^2}{T^2} + \frac{L^2}{T^2} \to \frac{I}{K} = \frac{1}{\frac{4\pi^2}{T^2} + \frac{L^2}{T^2}} \to I = \frac{K}{\frac{4\pi^2}{T^2} + \frac{L^2}{T^2}} \to I = \frac{KT^2}{4\pi^2 + L^2} = 0,208\ Kg\ m^2$$

$$\frac{b}{I} = \frac{2L}{T} \to b = \frac{2LI}{T} = 0,016\ Kg\ m^2/s$$

O valor de $Ln\left(\frac{\theta_N}{\theta_{N+1}}\right) = L = 0,11325$ teve dispersão de 19,7 % (tolerável até 20 % conforme a natureza da experiência)

A equação do gráfico é $\theta_n = \theta_o e^{-\frac{bT}{2I}}$

O ângulo inicial foi 90º e o gráfico deu 89,5º

O expoente de e deu 0,037 no gráfico e 0,039 no cálculo de b/2I.

Todas as previsões foram confirmadas.

EXPERIÊNCIA 10: Pêndulo Reversível

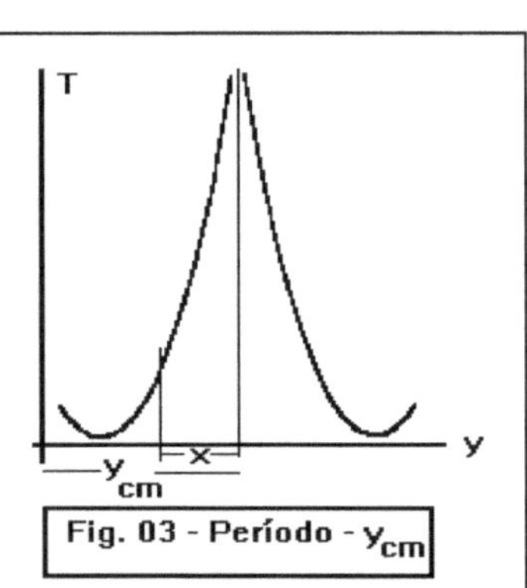

OBJETIVOS

Determinar a posição do centro de massa e o momento de inércia de um pêndulo físico.

TEORIA

2ª Lei de Newton aplicada ao Pêndulo:

Torque do peso:

$$-Mgx\,sen\theta = I\frac{d^2\theta}{dt^2}$$

$$I = I_{CM} + Mx^2 \quad (Teorema\ de\ Steiner)$$

$$I_{CM} = MK^2 \ \text{(Momento de Inércia relativo ao centro de massa)}$$

$$I = MK^2 + Mx^2 = M(K^2 + x^2) \qquad (K^2 = raio\ de\ gira\c{c}\~{a}o)$$

Para pequenos ângulos podemos confundir o seno com o próprio ângulo, desde que expresso em radianos.

$$\frac{d^2\theta}{dt^2} + \left(\frac{gx}{(K^2 + x^2)}\right)\theta = 0$$

Resolvendo esta equação diferencial obtemos a fórmula do período

$$T = 2\pi\sqrt{\frac{K^2 + x^2}{gx}}$$

y = distância entre uma extremidade e o centro de suspensão
x = distância entre o centro de suspensão e o centro de massa
y_{CM} = distância entre a extremidade e o centro de massa

Dessa expressão chegamos a uma relação que pode ser verificada experimentalmente:

$$T^2x = \frac{4\pi^2 K^2}{g} + \left(\frac{4\pi^2}{g}\right)x^2$$

Um gráfico com T^2x em função de x^2 (Figura 02) permitirá a determinação da aceleração da gravidade e do raio de giração através dos parâmetros da reta:

$$A = \frac{4\pi^2 K^2}{g} \ \ e \ B = \frac{4\pi^2}{g}$$

O conhecimento do raio de giração permitirá o cálculo do momento de inércia.

<u>OUTRAS PROPRIEDADES DO PÊNDULO FÍSICO</u>

FÓRMULA DO PERÍODO EM FUNÇÃO DA POSIÇÃODO CENTRO DE SUSPENSÃO:

Da fórmula do período, com $y_{CM} = x + y$

$$T = 2\pi\sqrt{\frac{K^2 + (y_{CM} - y)^2}{g(y_{CM} - y)}}$$

- DETERMINAÇÃO DA POSIÇÃO DO CENTRO DE MASSA:

No gráfico T x y (Fig. 03), para y = y_{cm} , T → ∞.

- DETERMINAÇÃO DO RAIO DE GIRAÇÃO:

$$T = 2\pi \sqrt{\frac{K^2 + x^2}{gx}} \to T = \frac{2\pi}{\sqrt{g}} \sqrt{\frac{K^2 + x^2}{x}} \to f(a) = \frac{K^2 + x^2}{x}$$

O valor mínimo do período, no gráfico T x y corresponde ao valor mínimo de $f(a)$:

$$f'(a) = \frac{x^2 - K^2}{x^2} \to \frac{x^2 - K^2}{x^2} = 0 \to x^2 - K^2 = 0 \to |x| = |K| \to f''(x) = \frac{2}{K} > 0$$

CONCLUSÃO: No ponto $x = K$ ocorre o mínimo da função $T = f(x)$

VALOR MÍNIMO DO PERÍODO:

O valor mínimo de T é obtido fazendo x = K na fórmula de T:

$$T_{MIN} = 2\pi \sqrt{\frac{2K}{g}} = \sqrt{\frac{8\pi^2 K}{g}}$$

OUTRO ASPECTO A SER VERIFICADO GRAFICAMENTE:

$$T^2 x = \frac{4\pi^2 K^2}{g} + \frac{4\pi^2}{g} x^2 \qquad x^2 - \frac{T^2 g}{4\pi^2} x + K^2 = 0$$

Chamando as raízes de x_1 e x_2:

$$x_1 + x_2 = \frac{T^2 g}{4\pi^2} \, e \, x_1 x_2 = K^2$$

Observação: $\frac{T^2 g}{4\pi^2}$ é chamado de _comprimento de pêndulo simples equivalente._

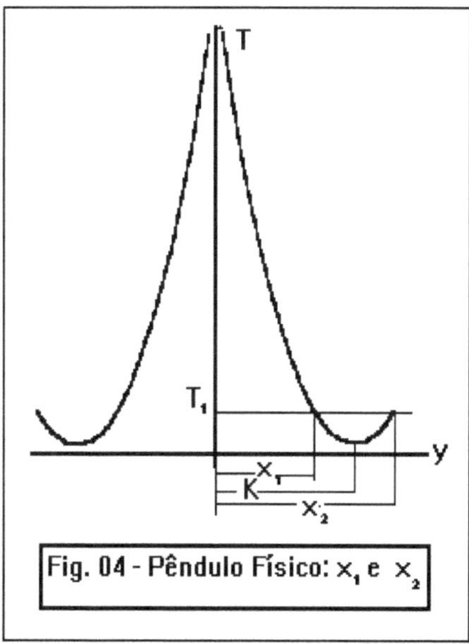

Fig. 04 - Pêndulo Físico: x_1 e x_2

MONTAGEM

Para medir y colocamos a régua sobre o pêndulo com o zero numa das extremidades e determinamos y até o ponto de suspensão. As medidas de y são efetuadas entre a extremidade e o centro de cada furo.

PROCEDIMENTO

(01) Medir y para todos os furos do pêndulo: coloque o pêndulo sobre a mesa e a régua sobre ele fazendo coincidir o "zero" com uma das extremidades (Fig. 02). Meça a distância entre essa extremidade e o centro de cada furo;

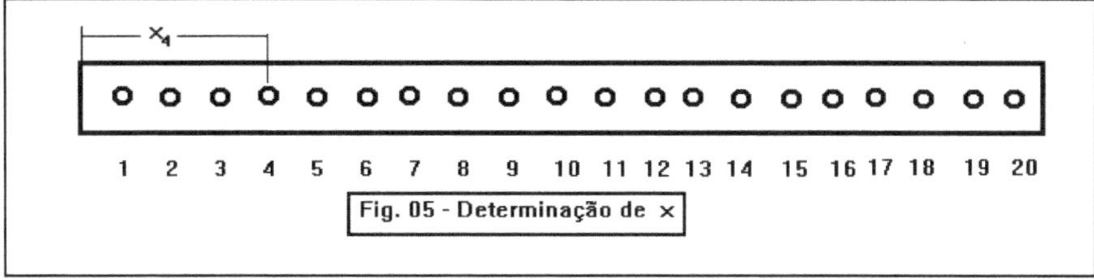

Fig. 05 - Determinação de x

(02) Para medir o período, determine o tempo para 10 oscilações fazendo contagem regressiva no ponto de retorno do pêndulo:

3 – 2 – 1 - 0 (liga o cronômetro) - 1 – 2 – 3 – 4 – 5 – 6 – 7 – 8 - 9 - 10 (desliga o cronômetro).

(03) - Atenção: Entre o 10º e o 11º pontos de suspensão ocorrerá a inversão da posição do pêndulo. Cuidado com acidentes !
Obs.: Nas medidas entre o 1º e o 10º períodos o pêndulo estará sendo elevado e o contrário acontece entre o 11º e o 20º.

(04) - Na medida do 10º e dos 11º períodos é possível que o pêndulo não efetue dez oscilações. Nesse caso, trabalhe com cinco oscilações!

UPE - ESCOLA POLITÉCNICA - DEPARTAMENTO BÁSICO - LABORATÓRIO DE FÍSICA I							TESTE DA EQUAÇÃO	
EXPERIÊNCIA 10 - PÊNDULO REVERSÍVEL							A =	4,1611
NOME							B =	0,3091
TURMA		GRUPO		DATA			$[T^2x\ (s^2m)]_{EQ}$	ERRO (%)
(01) - MEDIDAS DO PERÍODO		(03) - DETERMINAÇÃO DE y_{CM} NO GRÁFICO (cm) =			48,00		1,2088	2,8299
Nº	y (cm)	T (s)	(04) - PÊNDULO FÍSICO - FÓRMULA DO PERÍODO				1,1110	0,4866
1	1,5	1,590	Nº	$x = [y - y_{CM}]$	$x^2\ (m)^2$	$T^2x\ (s^2m)$	1,0223	0,4348
2	4,1	1,587	1	0,465	0,21623	1,17557	0,9323	0,6268
3	6,6	1,568	2	0,439	0,19272	1,10565	0,7540	2,2135
4	9,3	1,557	3	0,414	0,17140	1,01787	0,6124	1,4893
5	15,3	1,502	4	0,387	0,14977	0,93818	0,4891	0,4573
6	21,0	1,495	5	0,327	0,10693	0,73771	0,4027	1,2639
7	27,2	1,537	6	0,270	0,07290	0,60346	0,3421	0,2506
8	33,0	1,649	7	0,208	0,04326	0,49137	0,3128	1,6469
9	39,1	1,958	8	0,150	0,02250	0,40788	0,3128	3,1876
10	45,0	3,203	9	0,089	0,00792	0,34120	0,3428	3,0390
11	51,0	3,282	10	0,030	0,00090	0,30778	0,4027	0,2989
12	57,0	1,982	11	0,030	0,00090	0,32315	0,4926	4,1161
13	63,0	1,641	12	0,090	0,00810	0,35355	0,6102	2,1759
14	69,0	1,501	13	0,150	0,02250	0,40393	0,7622	1,7131
15	74,9	1,490	14	0,210	0,04410	0,47313	0,9453	1,5460
16	81,0	1,533	15	0,269	0,07236	0,59721	1,0292	1,5197
17	87,1	1,567	16	0,330	0,10890	0,77553	1,1220	1,9450
18	89,6	1,585	17	0,391	0,15288	0,96010	1,2127	0,4709
19	92,2	1,609	18	0,416	0,17306	1,04509	MÉDIA	1,5856
20	94,6	1,617	19	0,442	0,19536	1,14429	DESV.PAD.	1,1013
			20	0,466	0,21716	1,21845	E(%)DISPER	69,4593

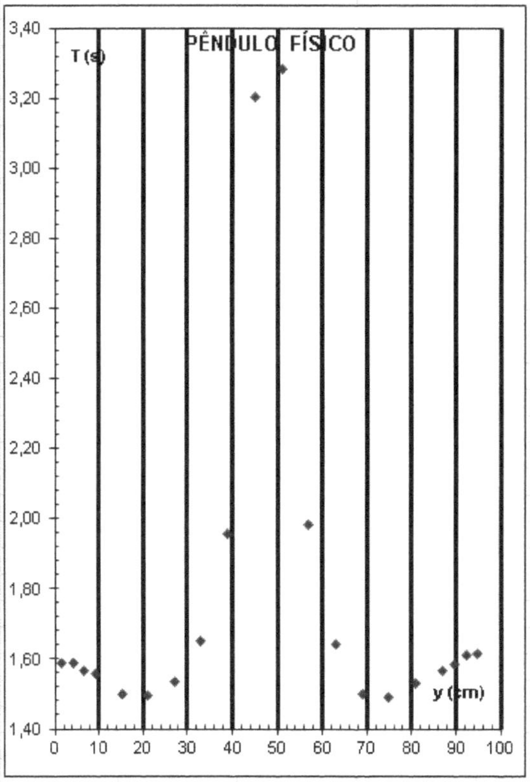

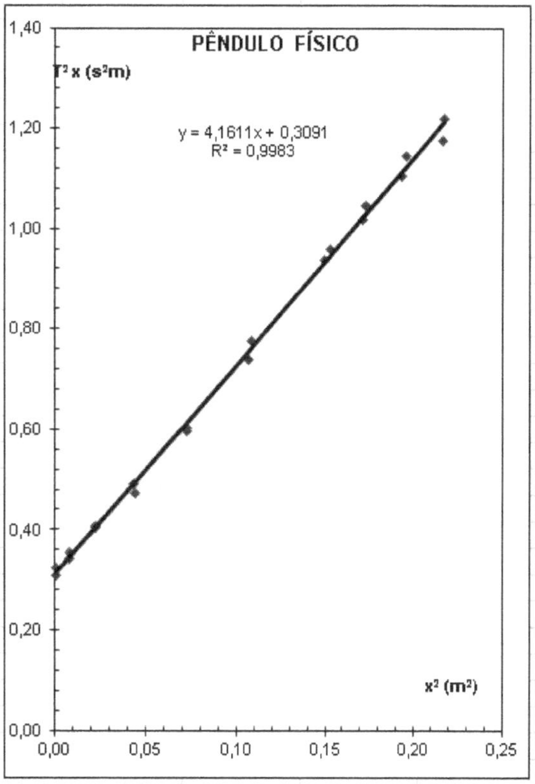

ANÁLISE

OBJETIVOS

Determinar a posição do centro de massa e o momento de inércia de um pêndulo físico.

O gráfico T versus y mostra o valor infinito na posição 48 cm.

O gráfico T² x versus x² com base na equação $T^2 x = \frac{4\pi^2 K^2}{g} + \frac{4\pi^2}{g} x^2$ teve o coeficiente angular de 4,1611 levando a

$\frac{4\pi^2}{g} = A \rightarrow g = \frac{4\pi^2}{A} = 9{,}49$ m/s² com erro de 3,3 %.

Desse modo, o coeficiente linear $\frac{4\pi^2 K^2}{g}$ deu 0,3091 levando ao valor do raio de giração de

$$\frac{4\pi^2 K^2}{g} = B \rightarrow K = \frac{1}{2\pi}\sqrt{g\,B} = 0{,}28 \; m$$

Outra forma de determinar o valor de K:

$$T_{MIN} = 2\pi \sqrt{\frac{2K}{g}} = \sqrt{\frac{8\pi^2 K}{g}} \rightarrow K = \frac{g\,T^2}{8\pi^2} = 0{,}28 \; m$$

OBJETIVOS

Determinar a relação entre a posição do acoplamento e o tempo de transmissão da energia.

TEORIA

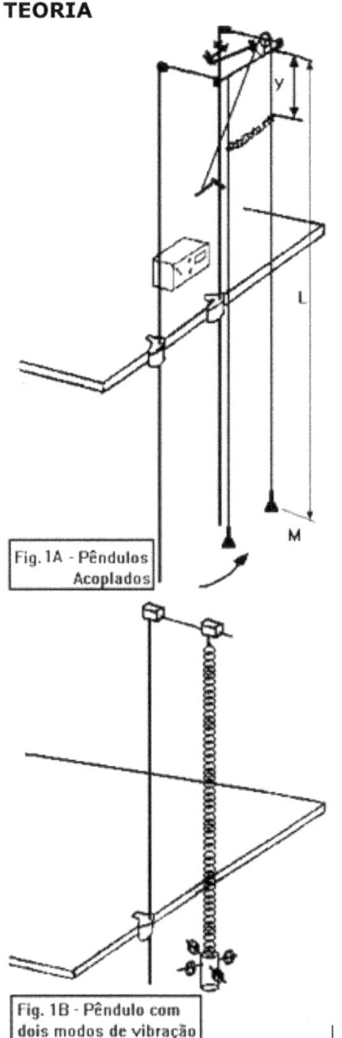

Fig. 1A - Pêndulos Acoplados

Fig. 1B - Pêndulo com dois modos de vibração

Dois pêndulos idênticos são acoplados por uma mola. Colocando-se um deles para oscilar a energia passa para o outro. O tempo de transferência depende da posição do acoplamento. A relação entre T e y é o nosso objetivo. É possível, embora bastante difícil, obter a relação teórica entre T e y. Nesta experiência, preferimos obter tal relação empiricamente.

PROCEDIMENTO

(01) Estabeleça o valor de y deslocando a mola, mas mantendo-a em posição horizontal. Meça o valor (L - y) e anote na tabela 1;

(02) Estabilize completamente os dois pêndulos;

(03) Desloque um deles cerca de 10 cm e solte (sem produzir perturbações laterais) ligando ao mesmo tempo o cronômetro;

(04) A energia de vibração do pêndulo colocado para oscilar inicialmente passará ao outro. Quando o 1º pêndulo parar, desligue o cronômetro: este é o tempo de transferência (T);

(05) Meça também o período (P) de um dos pêndulos (deslocando manualmente o suporte de fixação do fio e liberando a mola) para cada posição de acoplamento (determinado pela distância L – y determinada no item (01)). Isto permitirá avaliar também a relação entre o tempo de transmissão de energia e o período dos pêndulos;

(06) Observe um fenômeno semelhante no pêndulo de Wilberforce: (as oscilações verticais movimento de translação) transformam-se em oscilações horizontais de torção (movimento de rotação) e vice-versa.

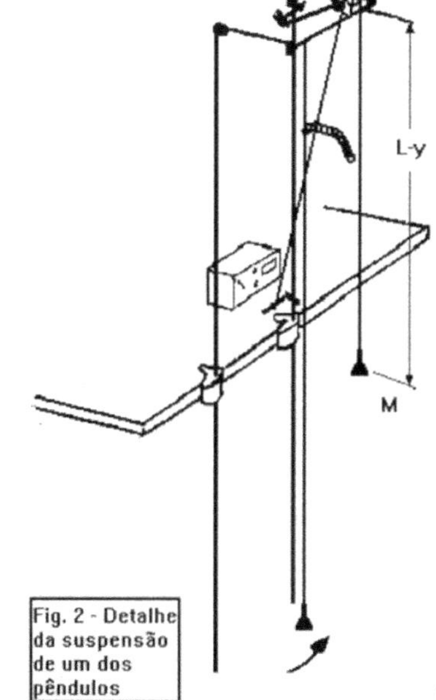

Fig. 2 - Detalhe da suspensão de um dos pêndulos

(07) Para verificar que a transmissão de energia ocorre com maior eficiência quando os pêndulos são iguais reduza pela metade o comprimento de um dos pêndulos e repita o procedimento para observar o que acontece. Substitua uma das massas de 2 Kg por uma de 1 Kg e observe o que acontece com a transmissão da energia.

(08) A mesma verificação pode ser realizada com o pêndulo de Wilberforce. Alterando-se radicalmente a posição dos quatro pesos laterais consegue-se também observar uma perda de eficiência na transmissão de energia do modo de torção para o modo de translação. Determine o período das oscilações verticais e das oscilações de torção para confirmar se são realmente iguais quando ocorre transmissão integral do movimento entre esses dois modos de vibração.

UPE - ESCOLA POLITÉCNICA - DEPARTAMENTO BÁSICO - LABORATÓRIO DE FÍSICA I
EXPERIÊNCIA 11 - PÊNDULOS ACOPLADOS

NOME			
TURMA		GRUPO	DATA

TABELA 1 - MEDIDAS

T (s)	y (m)
46,98	0,100
20,53	0,200
13,06	0,300
8,82	0,400
8,73	0,500
7,00	0,600
5,87	0,700
5,74	0,800
3,83	0,900
3,03	1,000

P (s)	(L - y) (m)
2,630	1,770
2,530	1,670
2,500	1,570
2,160	1,470
2,310	1,370
2,230	1,270
2,140	1,170
2,000	1,070
1,890	0,970
1,820	0,870

TESTE DA EQUAÇÃO-EXPONENCIAL

A =	-0,051
B =	0,8563

$[y (m)]_{EQ}$	ERRO(%)
0,0780	22,0053
0,3005	50,2715
0,4399	46,6353
0,5461	36,5248
0,5486	9,7223
0,5992	0,1308
0,6348	9,3197
0,6390	20,1269
0,7044	21,7377
0,7337	26,6307
MÉDIA	24,3105

POTENCIAL

A =	-0,8949
B =	3,1573

$[y (m)]_{EQ}$	ERRO(%)
0,1007	0,7212
0,2113	5,6401
0,3167	5,5692
0,4500	12,5009
0,4542	9,1694
0,5534	7,7670
0,6478	7,4527
0,6609	17,3818
0,9493	5,4797
1,1708	17,0773
MÉDIA	8,8759

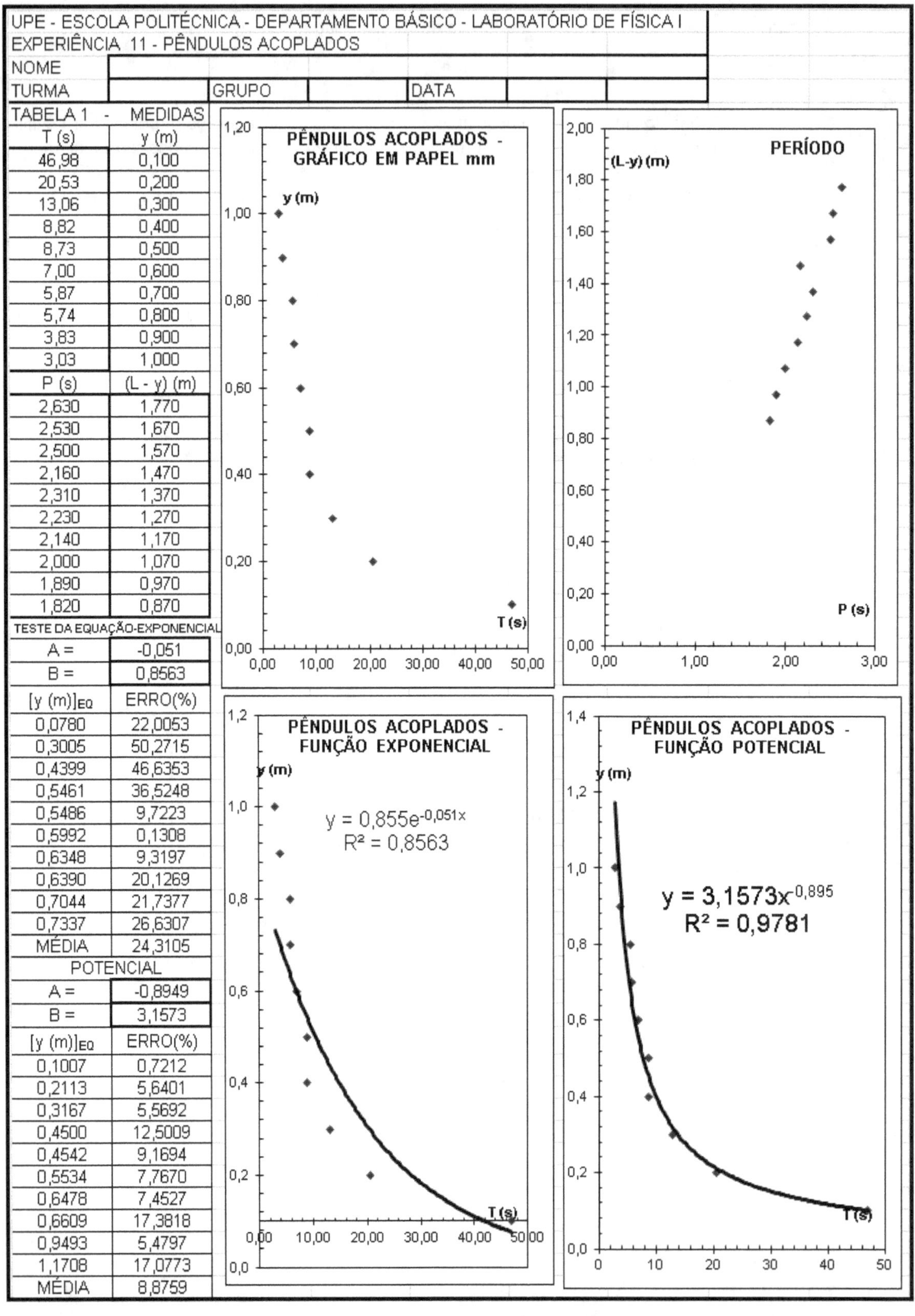

OBJETIVOS

Determinar a relação entre a posição do acoplamento e o tempo de transmissão da energia em Pêndulos Acoplados.

O gráfico mm de y versus T apresenta uma função decrescente do tipo potencial.

Dois gráficos foram elaborados para esclarecer.

No gráfico exponencial, o coeficiente de correlação deu 0,8563

O gráfico potencial deu 0,9781

Conclusão: a relação é potencial inversa.

EXPERIÊNCIA 12: Força Centrípeta II

OBJETIVOS

Efetuar uma medida direta da força centrípeta e testar a sua fórmula.

TEORIA

Força Centrípeta = $m\omega^2 r$

Para sua determinação usaremos o seguinte processo (Fig. 01):

Com o sistema em rotação os dois pesos "fogem" do centro e tracionam a mola com uma força: $2m\omega^2 r$ (01)

A reação elástica da mola é: Kx (02)

Com o dispositivo em repouso, a mola apresenta uma deformação mínima apenas para manter os fios ligeiramente esticados e o raio do movimento é X_0.

Em movimento, a mola distende de "x" porque cada peso se afasta do centro exatamente do valor "x". O raio passa a ser:

$$r = x_0 + x \qquad (03)$$

Como a força elástica faz o papel de força centrípeta, teremos:

$$2m\omega^2(x_0 + x) = Kx \qquad (04) \qquad \text{e, daí:} \qquad m\omega^2 = \frac{K}{2}\left(\frac{x_0}{x} + 1\right)^{-1} \qquad (05)$$

A equação (05) será analisada experimentalmente.

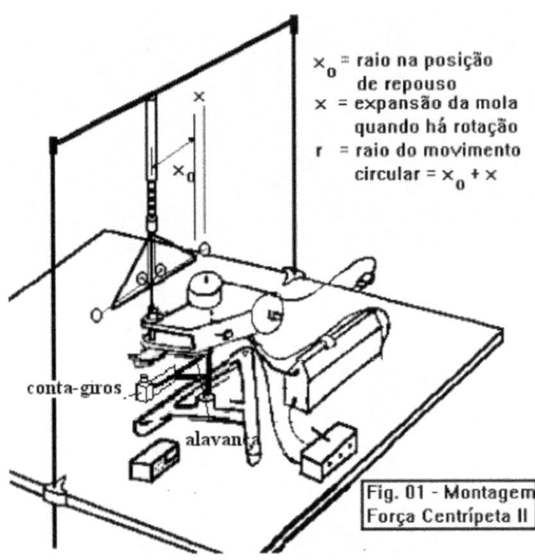

MONTAGEM

FIG. (01): MEDIDA DA FORÇA CENTRÍPETA ATRAVÉS DA DETERMINAÇÃO DE m, ω e r.

m = o dispositivo tem uma massa de 10 g e pequenas massas de 5 g podem ser adicionadas;

ω = para calcular a velocidade angular determinamos o tempo (t) para N voltas observadas no conta-giros. Este é "zerado" girando-se um parafuso existente na base. Há uma alavanca que, ao ser acionada acopla o conta-giros ao eixo do motor, onde está montado o equipamento. Aciona-se essa alavanca e o cronômetro simultaneamente. Depois de algum tempo, interrompe-se o cronômetro e libera-se a alavanca, ao mesmo tempo. Para encontrar a velocidade angular usaremos a fórmula:

$$\omega = \frac{2\pi N}{t} \qquad (06)$$

A velocidade do motor pode ser alterada deslocando-se o cursor do reostato. Em cada caso, deve-se escolher uma velocidade moderada de modo a limitar a distensão da mola.

r = determinado pela equação (03).

FIG (02): DETERMINAÇÃO DA CONSTANTE ELÁSTICA DA MOLA:

A mola é desacoplada do dispositivo e alguns pesos conhecidos são pendurados
para determinação da constante elástica da mola:

$$K = \frac{F}{x} \qquad (07)$$

PROCEDIMENTO:

DETERMINAÇÃO DA CONSTANTE ELÁSTICA DA MOLA

(01) - O dinamômetro possui uma espécie de capa cilíndrica deslizante que
pode ser ajustada para "zerar" a posição da mola (Fig. 03). Coloque os pesos
indicados na Tabela (Fig. 04) e determine a deformação da mola. Determina-se
K com a expressão (07) efetuando-se a média de cinco medidas.

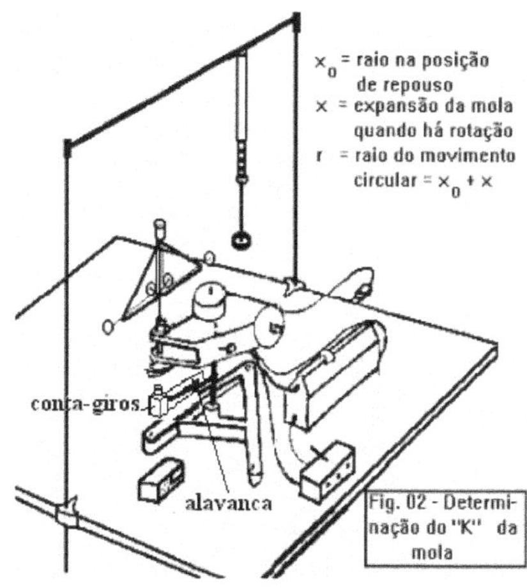

Fig. 02 - Determinação do "K" da mola

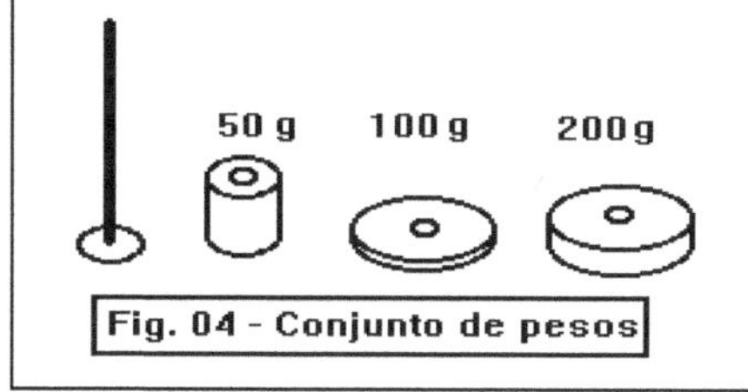

Fig. 04 - Conjunto de pesos

Fig. 03 - Determinação da deformação da mola

DETERMINAÇÃO DA FORÇA CENTRÍPETA

(02) - Antes de ligar o motor, posiciona-se o dispositivo de modo que os fios fiquem ligeiramente esticados;

(03) - Desloca-se a capa do dinamômetro para "zerar" a posição da mola;

(04) - Mede-se o valor de X_0;

(05) - Liga-se o motor e ajusta-se sua velocidade no potenciômetro; mede-se o tempo para N voltas,
indicadas no conta-giros acionado pela alavanca. No ajuste da velocidade do motor não se deve deixar
o suporte onde é colocada a mola encostar-se à base de apoio pois isso tirará a ação delas e prejudicará
a medida da força;

(06) – Meça o deslocamento da mola (x) simultaneamente com a medida do
tempo;

(07) - O processo é repetido para massas e velocidades diferentes.

MEDIAS

UPE - ESCOLA POLITÉCNICA - DEPARTAMENTO BÁSICO - LABORATÓRIO DE FÍSICA I								TESTE DA EQUAÇÃO	
EXPERIÊNCIA 12 - FÔRÇA CENTRÍPETA II								A =	23,74
NOME								B =	3,43
TURMA		GRUPO		DATA					
(01) - DETERMINAÇÃO DE k (DO DINAMÔMETRO				(02)-DETERMINAÇÃO DA FORÇA CENTRÍPETA				x_0 (cm) =	9,7
Nº	F (gf)	x (cm)	K (N/m)	Nº	m (g)	N (VOLTAS)	t (s) (*)	x (cm)	ω (rad/s)
1	200	2,4	81,75000	1	10	17	5,49	0,3	19,45613
2	250	5,1	48,08824	2	15	20	6,83	0,9	18,39879
3	300	7,3	40,31507	3	20	21	7,03	1,4	18,76912
4	350	9,1	37,73077	4	25	23	7,92	2,2	18,24662
5	400	10,3	38,09709	5	30	19	6,37	4,5	18,74106
		MÉDIA	49,19623	(03) - TABELA PARA O GRÁFICO			TESTE DA EQUAÇÃO		
		DISPERSÃO	18,67149	Nº	$[(x_0/x)+1]^{-1}$	$m\omega^2$ (Kg/s^2)	$[m\omega^2(Kg/s^2)]_{Eq}$	ERRO(%)	
		PRECISÃO	8,35014	1	0,03000	3,78541	4,1391	9,3435	
	E (%) NA DISPERSÃO		37,95309	2	0,08491	5,07773	5,4426	7,1849	
	E (%) NA PRECISÃO		16,97314	3	0,12613	7,04559	6,4211	8,8631	
				4	0,18487	8,32348	7,8158	6,0993	
(*) TEMPO PARA N VOLTAS				5	0,31690	10,53681	10,9501	3,9227	
							MÉDIA	7,0827	

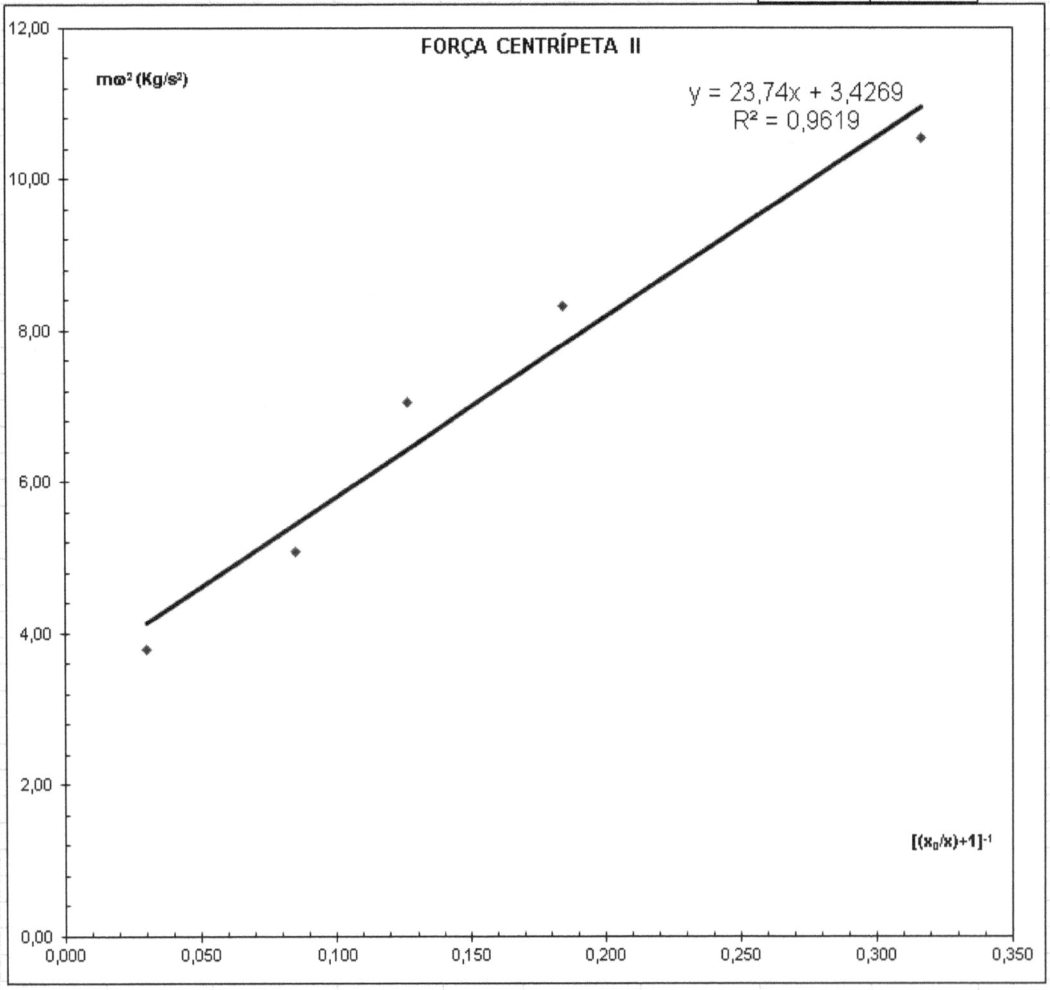

OBJETIVOS

Efetuar uma medida direta da força centrípeta e testar a sua fórmula.

Fórmula testada no gráfico $m\omega^2 = \dfrac{K}{2}\left(\dfrac{x_0}{x} + 1\right)^{-1}$

O valor do coeficiente angular, 23,74, deve ser metade da constante elástica da mola, 49,20.

O dobro de 23,74 é 47,48 com erro de 3,5 %.

O coeficiente de correlação do gráfico de $m\omega^2$ versus $\left(\dfrac{x_0}{x} + 1\right)^{-1}$ deu 0,96, bem próximo ao ideal, 1.

EXPERIÊNCIA 13: Movimento Amortecido II

OBJETIVOS: Análise de um movimento amortecido pelo atrito de deslizamento/rolamento.

TEORIA

Equação diferencial do movimento amortecido por uma força de atrito constante $F_{at} = - b\,v$ e restaurado por uma força elástica $F = - Kx$ e com massa m:

$$m\frac{d^2x}{dt^2} + b\frac{dx}{dt} + Kx = 0 \quad com\ solução \quad x = Ae^{-\frac{bt}{2m}}cos(\omega' t + \delta)$$

x = Posição no instante t (m);
A = Amplitude inicial (m);
b = Índice de amortecimento do atrito (Ns/m);
m = massa (Kg);
ω'= Frequência (Hz);
δ = Ângulo de fase inicial = 0 (se o movimento começa com amplitude inicial).

A frequência do movimento é:

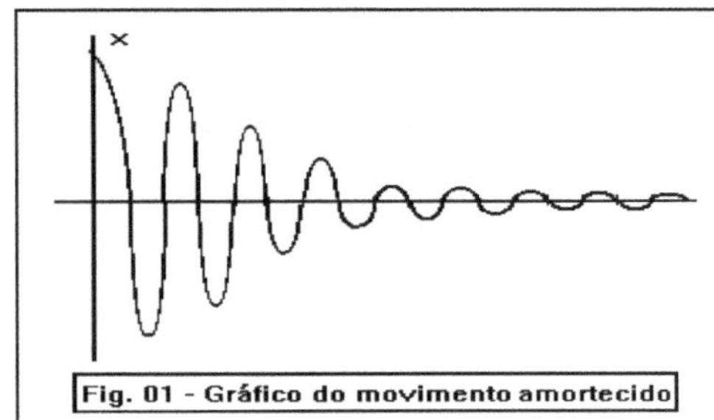

Fig. 01 - Gráfico do movimento amortecido

$$\omega' = \sqrt{\frac{K}{I} - \left(\frac{b}{2m}\right)^2} \qquad (01)$$

A equação (01) mostra que a frequência do movimento independe da amplitude (x): durante o movimento a amplitude vai diminuindo mas o período não muda:

$$T = \frac{2\pi}{\omega'} \qquad (02)$$

A equação (02) mostra que a frequência do movimento independe da amplitude (x): durante o movimento a amplitude vai diminuindo mas o período não muda.

$$Ln\left(\frac{x_1}{x_2}\right) = \frac{bT}{2m} \qquad (03)$$

A equação (03) revela que o Ln da relação entre amplitudes sucessivas é constante.

MONTAGEM

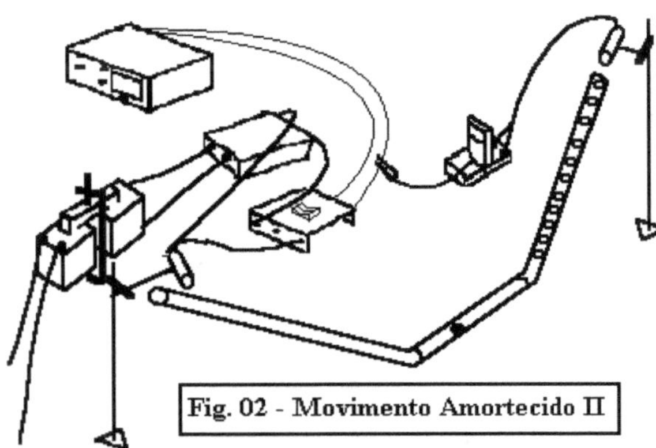

Fig. 02 - Movimento Amortecido II

Um tubo de PVC é o ambiente onde vai acontecer o movimento amortecido. Uma esfera é solta mediante um eletroímã dentro do tubo e realiza um movimento de vai e vem podendo ser lançada de cinco alturas diferentes.

A observação da posição a cada oscilação é realizada através da visão da esfera em furos espaçados igualmente. Nessa trajetória a esfera é iluminada por uma lâmpada.

Para comparar este movimento com o modelo apresentado pela teoria observemos o seguinte:

A força de atrito de deslizamento é constante mas a força de atrito de rolamento é proporcional à velocidade.

Assim, se a esfera descer o tubo de PVC girando,. a força de atrito será do tipo $F_{at} = -bv$ e nesse aspecto o movimento corresponde ao modelo teórico.

A força restauradora existe (componente do peso ao longo do plano) mas é constante e não diretamente proporcional ao deslocamento. Neste ponto, o movimento não corresponde ao modelo teórico.
A inércia atua igualmente ao modelo teórico.

Vamos poder analisar estes aspectos todos efetuando medidas do período em amplitudes iniciais e massas distintas [Eq. (02)] e observar amplitudes sucessivas [eq. (03)]. A tensão de alimentação do eletroímã pode ser regulada no transformador para garantir o mínimo de atração em cada lançamento.

Há cinco alturas de lançamento sendo a maior designada por 1 e as demais por 2, 3, 4 e 5.

Para determinar o período:

- A esfera é atraída pelo eletroímã quando pressionamos o contato duplo da chave de um dos lados;

- Ao soltar a esfera, pressionando-se rapidamente a chave elétrica (do lado contrário ao anterior), o cronômetro é ligado automaticamente sendo este o instante inicial;

- A partir deste momento quando a esfera retornar conte 1 e assim por diante nos retornos sucessivos;

- Pressione a chave novamente para parar o cronômetro.

Para determinar amplitudes sucessivas do mesmo lado:

- Use o lado iluminado pela lâmpada;

- Observe o ponto exato de parada da esfera olhando o número escrito na superfície do tubo de PVC;

- Nesse procedimento alguém observa as posições, anuncia em voz alta e outra pessoa anota.

PROCEDIMENTO

(01) - Usando cinco esferas de massas diferentes, solte-as da altura 5 e determine o período para cinco e dez oscilações completas;

(02) - Com a esfera de maior massa efetue lançamentos nas posições de 1 a 5 medindo o período para cinco e dez oscilações completas;

(03) - Com as cinco esferas determine seis amplitudes sucessivas do mesmo lado lançando-as todas do ponto 1.

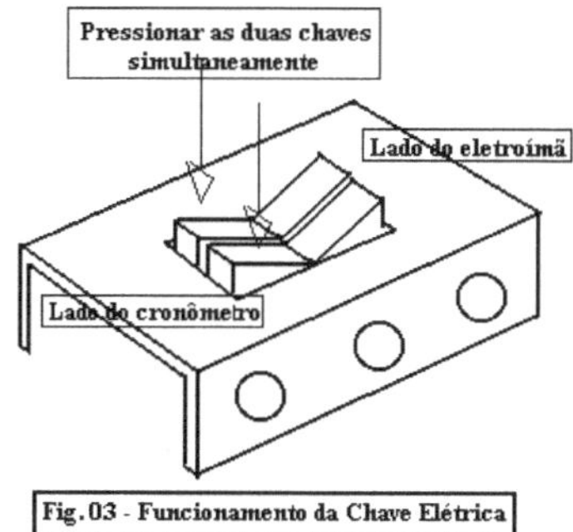

Fig.03 - Funcionamento da Chave Elétrica

MEDIDAS

UPE - ESCOLA POLITÉCNICA - DEPARTAMENTO BÁSICO - LABORATÓRIO DE FÍSICA I								
EXPERIÊNCIA 13 - MOVIMENTO AMORTECIDO II								
NOME								
TURMA		GRUPO		DATA				

TABELA 1 - PERÍODOS DAS CINCO ESFERAS					TABELA 2 - PERÍODOS DA ESFERA MAIOR			
N^o	m (g)	T_5 (s)	$T_{10}/2$ (s)	T_{10} (s)	N^o	T_5 (s)	$T_{10}/2$ (s)	T_{10} (s)
1	112,00	10,43	8,95	17,89	1	12,19	10,23	20,46
2	66,00	10,75	9,09	18,17	2	11,82	9,79	19,58
3	45,00	10,70	8,72	17,43	3	11,14	9,47	18,94
4	32,00	10,72	9,01	18,02	4	10,91	9,88	19,75
5	21,00	10,74	9,25	18,50	5	10,43	8,95	17,89
MÉDIA		10,66800	9,00100	MÉDIA		11,29800	9,66200	
DISPERSÃO		0,13442	0,19626	DISPERSÃO		0,70659	0,48356	
PRECISÃO		0,06012	0,08777	PRECISÃO		0,31600	0,21626	
E(%)NA DISPERSÃO		1,26007	2,18041	E(%)NA DISPERSÃO		6,25412	5,00478	
E(%)NA PRECISÃO		0,56352	0,97511	E(%)NA PRECISÃO		2,79693	2,23821	
$T_5 + T_{10}$	MÉDIA		9,83450	$T_5 + T_{10}$	MÉDIA		10,48000	
$T_5 + T_{10}$	DISPERSÃO		0,89278	$T_5 + T_{10}$	DISPERSÃO		1,03407	
$T_5 + T_{10}$	PRECISÃO		0,39927	$T_5 + T_{10}$	PRECISÃO		0,46245	
$T_5 + T_{10}$	E(%)NA DISPERSÃO		9,07808	$T_5 + T_{10}$	E(%)NA DISPERSÃO		9,86705	
$T_5 + T_{10}$	E(%)NA PRECISÃO		4,05984	$T_5 + T_{10}$	E(%)NA PRECISÃO		4,41268	

TABELA 3 - MEDIDAS DE SEIS AMPLITUDES SUCESSIVAS DO MESMO LADO DA LÂMPADA							
N^o	m (g)	X_1	X_2	X_3	X_4	X_5	X_6
1	112,00	26,0	21,0	17,0	13,0	11,0	9,0
2	66,00	26,0	21,0	17,0	14,0	9,0	7,0
3	45,00	26,0	21,0	17,0	14,0	11,0	8,0
4	32,00	25,0	20,0	16,0	14,0	11,0	9,0
5	21,00	26,0	21,0	17,0	15,0	13,0	10,0
	TEMPO (s)	1T	2T	3T	4T	5T	6T
	TEMPO (s)	9,83	19,67	29,50	39,34	49,17	59,01

TABELA PARA O GRÁFICO MONOLOG					
N^o	T (s)	m_1	m_2	m_3	m_4	m_5
1	9,83	26	26	26	25	26
2	19,67	21	21	21	20	21
3	29,50	17	17	17	16	17
4	39,34	13	14	14	14	15
5	49,17	11	9	11	11	13
6	59,01	9	7	8	9	10

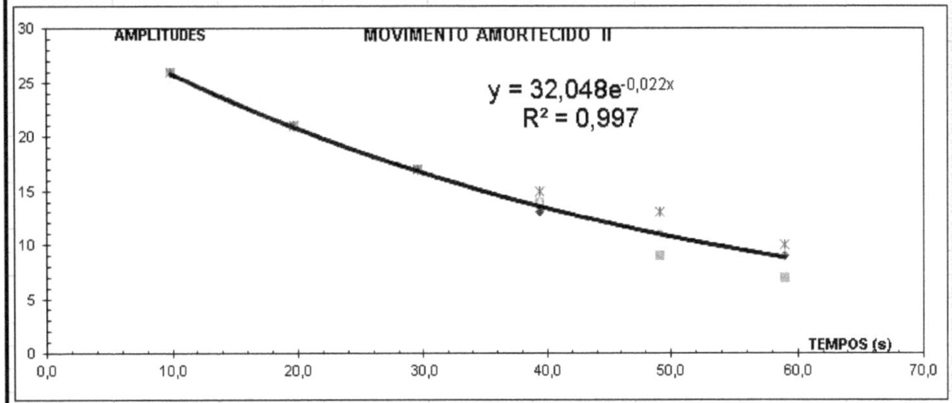

TABELA PARA TESTE DO GRÁFICO MONOLOG	- A =	-0,02	B =	30,05		
N^o	T (s)	ERRO(%)m_1	ERRO(%)m_2	ERRO(%)m_3	ERRO(%)m_4	ERRO(%)m_5
1	9,83	6,7319	6,7319	6,7319	3,0012	6,7319
2	19,67	6,8082	6,8082	6,8082	2,1486	6,8082
3	29,50	7,0951	7,0951	7,0951	1,2885	7,0951
4	39,34	1,9528	8,9562	8,9562	8,9562	15,0258
5	49,17	6,4861	14,2948	6,4861	6,4861	20,8728
6	59,01	7,7604	18,5937	3,7695	7,7604	16,9844
	MÉDIA	6,1391	10,4133	6,6412	4,9402	12,2530	MÉDIA>>	8,0774

OBJETIVOS: Análise de um movimento amortecido pelo atrito de deslizamento/rolamento.

O modelo de amortecimento supôs a força resistiva proporcional à velocidade.

O período deve se manter constante a despeito da diminuição da amplitude.

Na Tabela 1 a comparação do período medito até a quinta oscilação com o período determinado até a décima deu variação percentual de 0,97 %.

Na Tabela 2 essa análise é repetida para a esfera de grande diâmetro confirmando com precisão de 2,23 %.

Em relação a queda exponencial da amplitude o gráfico apresentou correlação de 0,997 (o ideal é 1)

EXPERIÊNCIA 14: Hidrodinâmica

OBJETIVOS

Analisar a Equação de Bernoulli no Tubo Venturi. Aprender a medir pressão e velocidade no escoamento do ar.

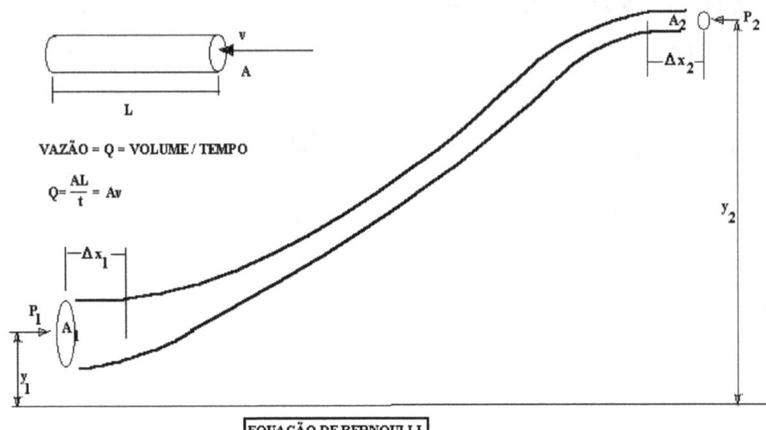

TEORIA: EQUAÇÃO DE BERNOULLI

Imagine o escoamento d'água entre dois pontos de uma tubulação, representados nas seções (1) e (2) da figura.

Vamos aplicar a essa figura alguns princípios da hidrodinâmica para obter a Equação de Bernoulli.

PRINCÍPIO DE CONSERVAÇÃO DA VAZÃO:

$$A_1 v_1 = A_2 v_2 \qquad (01)$$

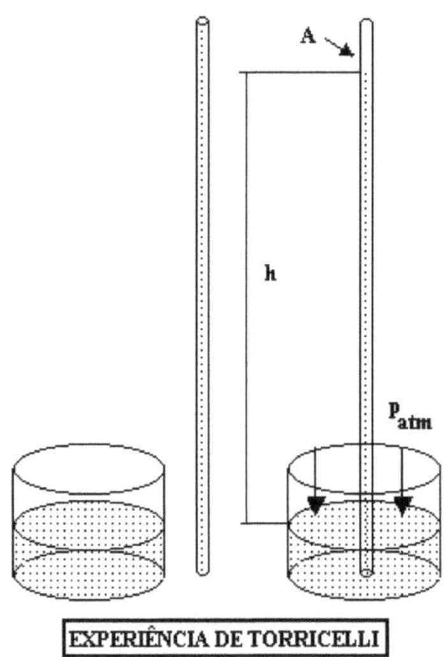

PRINCÍPIO DE CONSERVAÇÃO DA ENERGIA MECÂNICA TOTAL:

$$P_1 A_1 \Delta x_1 + mgy_1 + \frac{m v_1^2}{2} = P_2 A_2 \Delta x_2 + mgy_2 + \frac{m v_2^2}{2} + \Delta E \quad (02)$$

$PA\Delta x =$ Trabalho realizado pela pressão no deslocamento Δx

$mgy =$ energia potencial gravitacional

$\dfrac{m v^2}{2} =$ energia cinética

$\Delta E =$ energia consumida pelo atrito do movimento do líquido dentro da tubulação

Dividindo pelo volume:

$$P_1 + \rho g y_1 + \frac{\rho v_1^2}{2} = P_2 + \rho g y_2 + \frac{\rho v_2^2}{2} + \frac{\Delta E}{Vol} \qquad (03)$$

$P + \rho g y =$ pressão estática (segue o princípio de Pascal atuando igualmente em todas as direções) $\qquad (04)$

PRINCÍPIO DE PASCAL

ISOTROPIA DA PRESSÃO: *"Num fluido em equilíbrio a pressão é a mesma em qualquer direção"*

A pressão estática pode ser calculada com a Equação Fundamental da Hidrostática, deduzida por STEVIN, tomando por base a experiência de TORRICELLI:

$$P = P_a + \rho g h \qquad (05)$$

$\dfrac{\rho v^2}{2} =$ Pressão dinâmica (só ocorre na direção da velocidade) $\qquad (06)$

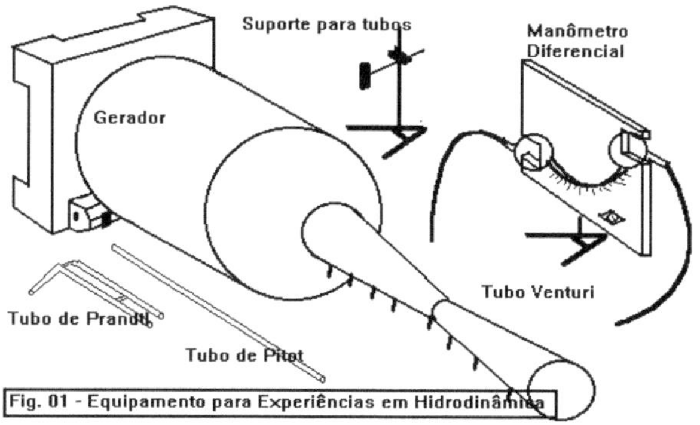

Fig. 01 - Equipamento para Experiências em Hidrodinâmica

Não ocorrendo perdas importantes por atrito a soma (PRESSÃO ESTÁTICA + PRESSÃO DINÂMICA) fica constante.

PRESSÃO ESTÁTICA + PRESSÃO DINÂMICA = PRESSÃO TOTAL

$$P_E + P_D = P_T \tag{07}$$

$$P_E = P_T - \frac{\rho v^2}{2} = P_T - \frac{\rho\left(\frac{Q}{A}\right)^2}{2} = P_T - \frac{\rho\,Q^2}{2\,A^2} \tag{08}$$

MONTAGEM

Na Fig. 01 temos os dispositivos que usaremos para determinar:
Pressão Estática;
Pressão Dinâmica;
Pressão Total;
Velocidade.
Os tubos usados para determinação da pressão ou velocidade são fixados num suporte para tubos com a finalidade de mantê-los na posição adequada para as medidas.
São tubos leves e confeccionados com material frágil.

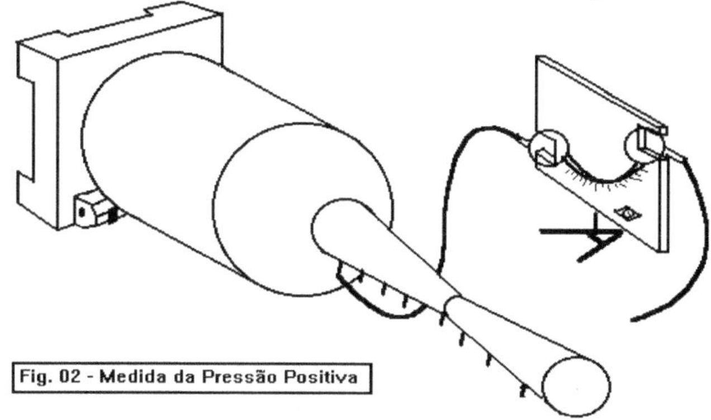

Fig. 02 - Medida da Pressão Positiva

O parafuso de fixação desses tubos não deve ser apertado exageradamente para não deixar marcas nos mesmos.

O Gerador de ar possui uma série de dispositivos internos para regularizar o fluxo do ar quebrando as turbulências que ocorrem no escoamento.

Um resistor variável permite alterar sua velocidade.

O cano de saída do Gerador tem uma curvatura suave de adaptação ao Tubo Venturi.

Este é um tubo usado pelos hidrólogos para determinar velocidades de escoamento de fluidos de forma prática e precisa.

O Manômetro Diferencial determina pressões pela diferença de nível em seus dois ramos e está calibrado em mm CA (mm de coluna de água).

Possui um nível, para melhorar a precisão, que deve ser ajustado pelos parafusos da base triangular de sua sustentação.

A Fig. (02) mostra que usando o ramo inferior do instrumento determinamos pressão superiores à atmosférica, estando a mangueira ligada ao ramo superior, livre.

Nas medidas devemos manter fechados os outros furos do tubo Venturi para evitar perdas de vazão que prejudicarão a precisão das avaliações.

A pressão medida assim é a pressão estática pois a tomada é efetuada perpendicularmente ao escoamento.

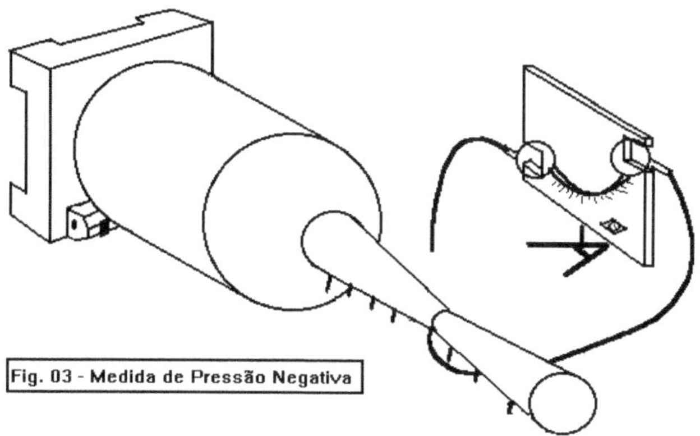

Fig. 03 - Medida de Pressão Negativa

No caso da pressão negativa (menor que a atmosférica) devemos ligar a mangueira inferior e colocar o sinal negativo nas leituras do instrumento (Fig. (03).

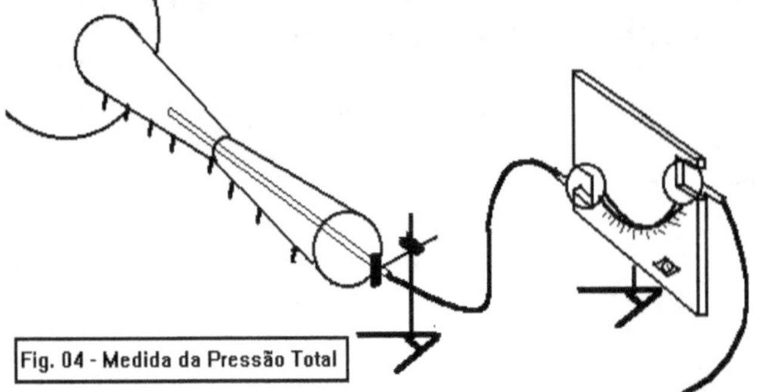

Fig. 04 - Medida da Pressão Total

Novamente os demais furos do tubo Venturi ficarão fechados na determinação de pressões negativas.

Na Fig. (04) temos a determinação da pressão total. Agora todos os furos do tubo Venturi ficam fechados.

O tubo usado nessa medida é denominado "Tubo de Pitot" e deve ficar rigorosamente paralelo á corrente de ar.

Para estabelecer esse paralelismo basta observar o valor indicado na escala do Manômetro e registrar o maior valor que é possível obter variando a posição do tubo.

O valor máximo ocorrerá quando o tubo estiver paralelo à direção do movimento do ar.

Para determinar velocidades do escoamento do ar usamos o "Tubo de Prandtl".

Um dos ramos desse tubo recolhe a pressão total (o ramo mais externo, na Fig. (05)) e o outro a pressão estática.

Um é ligado ao ramo inferior (pressão total) e o outro ao ramo inferior (pressão estática).

O Manômetro indica a diferença que é a pressão dinâmica.

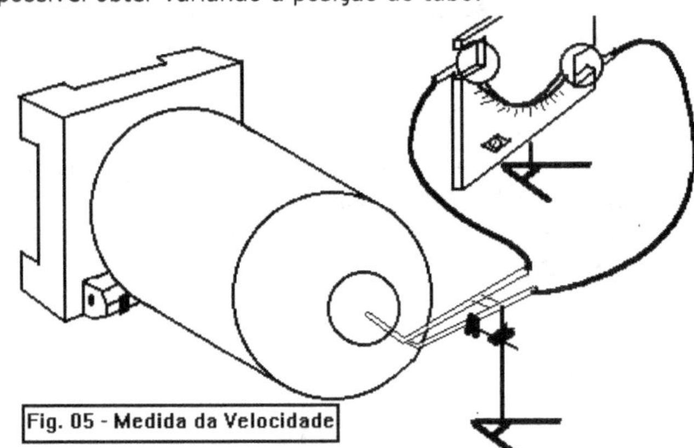

Fig. 05 - Medida da Velocidade

Observando a Eq. (06) é fácil ver como pode ser determinada a velocidade:

$$v = \sqrt{\frac{2P_d}{\rho}} \qquad (08)$$

A escala do Manômetro Diferencial faz a conversão indicada por essa fórmula automaticamente apresentando já a velocidade em m/s.

DETERMINAÇÃO DE VELOCIDADES COM O TUBO VENTURI

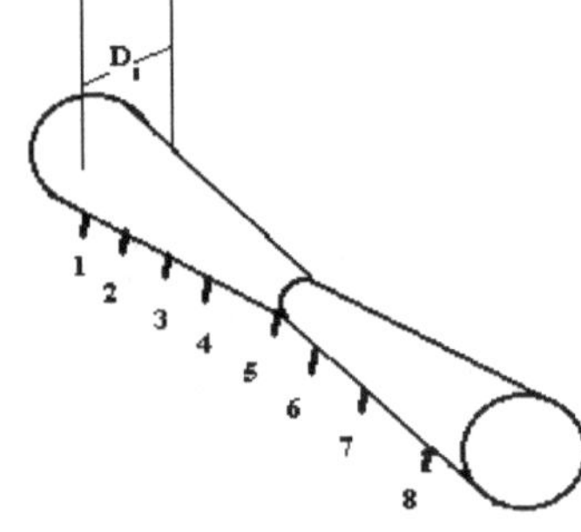

Fig. 06 - Dimensões do Tubo Venturi

Aplicando as Equações de Conservação da Vazão (01) e de Bernoulli (03) podemos facilmente deduzir a fórmula utilizada para determinação de velocidades com o tubo Venturi:

$$v_1 = \beta_{15}\sqrt{gP_{15}} \qquad (09)$$

onde:

$$\beta_{15} = \sqrt{\frac{2\left(\frac{\rho'}{\rho}-1\right)}{\left(\frac{A_1}{A_5}\right)^2 - 1}} \qquad (10)$$

ρ' = densidade do fluido manométrico = 1000 Kg/m³
ρ = densidade do fluido em movimento = 1,29 Kg/m³

A_1 = área do ponto 1, em cm²
A_5 = área do ponto 5, em cm²
P_1 = pressão estática no ponto 1, em mm CA
P_5 = pressão estática no ponto 5, em mm CA
g = 9,81 m/s²
v_1 = velocidade no ponto 1, em m/s

ÁREAS – TUBO VENTURI		
Nº	RAIO (cm)	ÁREA (cm²)
1	4,60	66,5
2	4,08	52,3
3	3,55	39,6
4	3,03	28,8
5	2,50	19,6
6	3,00	28,3
7	3,71	43,2
8	4,57	65,6

VALORES DE β	
β_{15}	12,1
β_{25}	15,9
β_{35}	22,4
β_{45}	36,5
β_{65}	37,9
β_{75}	20,1
β_{85}	12,3

Medindo-se a diferença de pressão estática entre dois pontos é possível determinar a velocidade num deles usando as Equações (09) e (10) e fazendo as adequadas conversões de unidades.

Na Eq. (10) podemos deixar as densidades e as áreas em quaisquer unidades porque os quocientes do numerador e denominador garantem a supressão dessas unidades.

Na Eq. (09) basta colocar a diferença entre as pressões em mCA e g em m/s² para obter a velocidade em m/s.
Entretanto, não é possível encontrar a velocidade no ponto 5 usando esse processo pois ocorrerá uma raiz irracional.

PROCEDIMENTOS

DETERMINAÇÃO DE PRESSÕES NO TUBO VENTURI PARA TESTAR A EQUAÇÃO DE BERNOULLI

Com a montagem das Figuras. (02) e (03) medimos as pressões estáticas nos oito pontos do tubo Venturi.

 O Manômetro Diferencial deve ser "zerado" retirando-se ou acrescentando-se o fluido manométrico (querosene) e nivelado ajustando-se os parafusos da base.

A leitura deve ser efetuada na escala indicada por mm WS (mm CA) e pelo ponto médio da superfície livre do líquido.

Colocar o sinal menos na medida efetuada com a mangueira ligada à tomada superior do Manômetro.

Com a montagem da Fig. (04) determinamos a pressão total nas posições internas do tubo Venturi correspondentes aos pontos de 1 a 8.

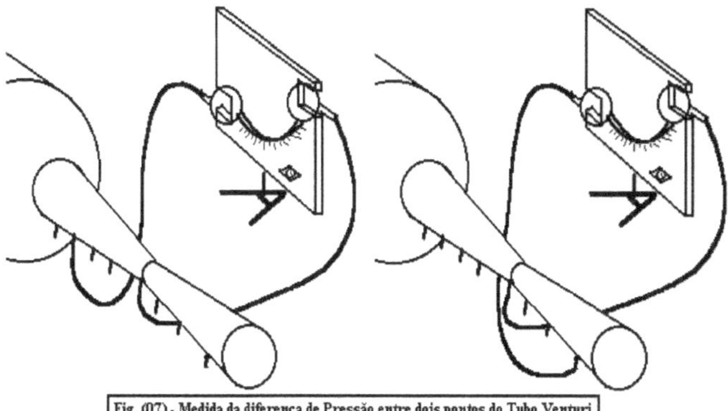

Fig. (07) - Medida da diferença de Pressão entre dois pontos do Tubo Venturi

O tubo de Pitot deve estar rigorosamente paralelo à direção do movimento do ar. Colocamos o tubo no suporte (apertar suavemente o parafuso para não machucá-lo) e mudar levemente a posição de modo a conseguir a indicação do valor máximo do deslocamento do líquido. Este é o valor a ser anotado como Pressão Total.

DETERMINAÇÃO DA DIFERENÇA DE PRESSÃO ENTRE DOIS PONTOS DO TUBO VENTURI

Na Fig. (07) observamos que a mangueira colocada na tomada superior fica sempre ligada no ponto 5, de pressão mais baixa.

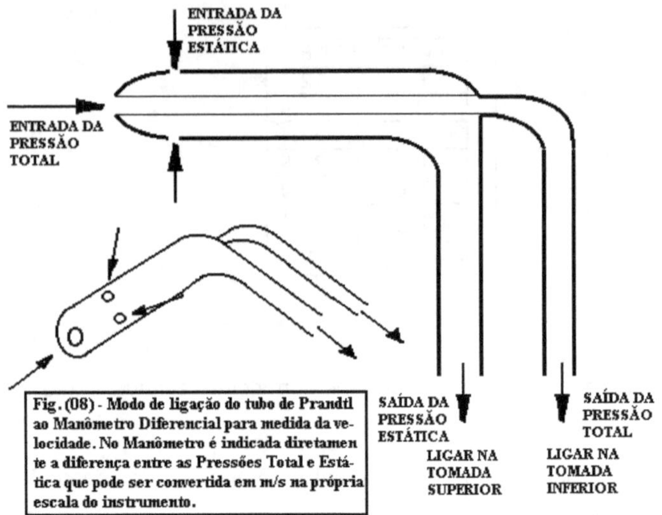

Fig. (08) - Modo de ligação do tubo de Prandtl ao Manômetro Diferencial para medida da velocidade. No Manômetro é indicada diretamente a diferença entre as Pressões Total e Estática que pode ser convertida em m/s na própria escala do instrumento.

Desse modo, a indicação do Manômetro é sempre positiva e podemos determinar todas as diferenças indicadas na tabela dos valores de β.

DETERMINAÇÃO DA VELOCIDADE USANDO O TUBO DE PRANDTL

Na Fig. (08) temos a forma de ligação do Manômetro Diferencial ao tubo de Prandtl para determinar a diferença de pressão (pressão total – pressão estática).

Essa diferença é a pressão dinâmica que permite o cálculo da velocidade, a qual é indicada diretamente em (m/s) na escala.

A Fig. (05) mostra o tubo de Prandtl montado no suporte para tubos.

Na medida, o tubo deve estar rigorosamente paralelo à corrente de ar.

Mudando-se levemente a posição do tubo é possível determinar a posição corresponde ao valor máximo de deslocamento do líquido na escala. Esse é o valor a anotar.

MEDIDAS

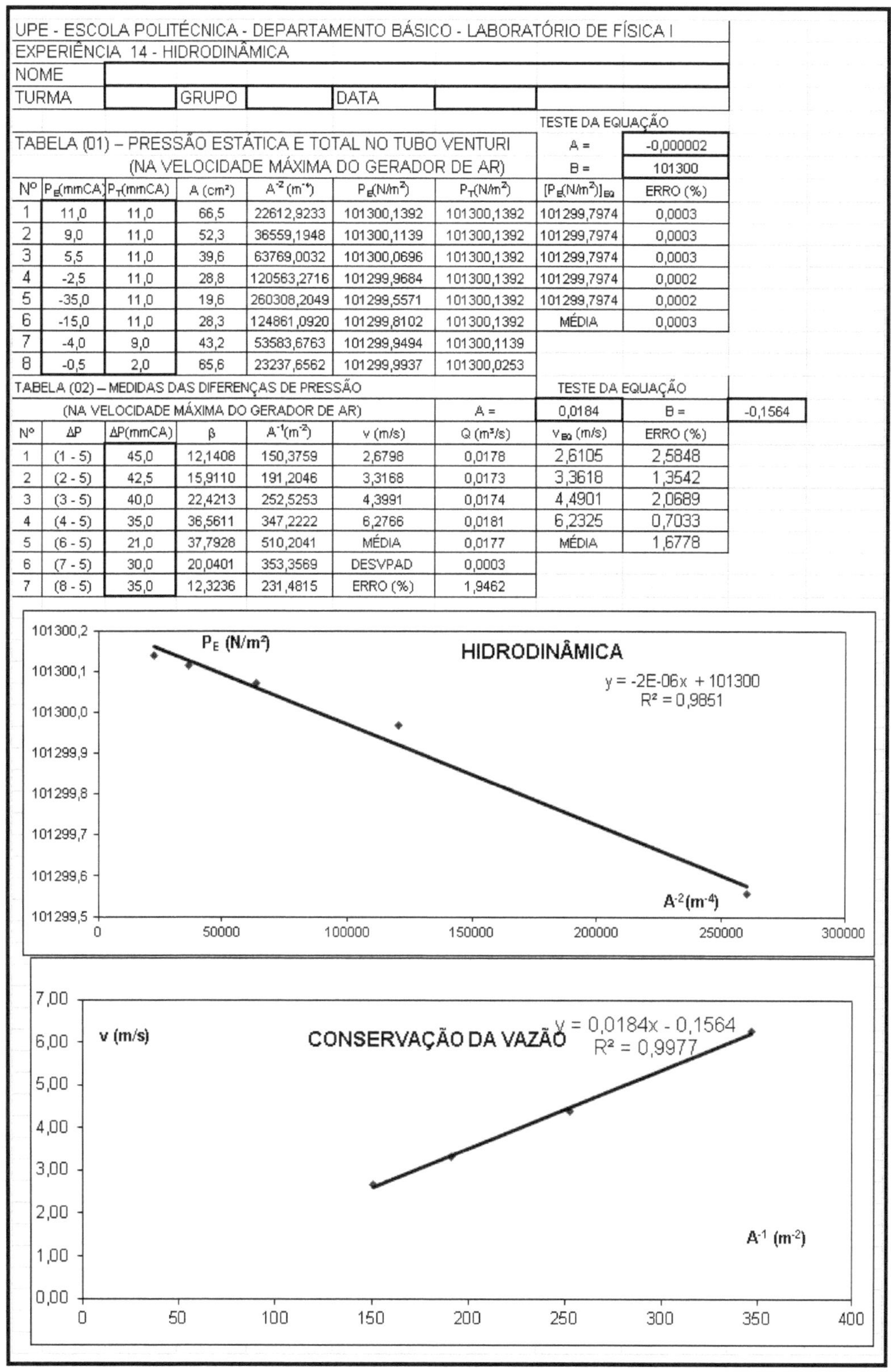

UPE - ESCOLA POLITÉCNICA - DEPARTAMENTO BÁSICO - LABORATÓRIO DE FÍSICA I
EXPERIÊNCIA 14 - HIDRODINÂMICA

| NOME | | | | | |
| TURMA | | GRUPO | | DATA | |

TABELA (01) – PRESSÃO ESTÁTICA E TOTAL NO TUBO VENTURI
(NA VELOCIDADE MÁXIMA DO GERADOR DE AR)

TESTE DA EQUAÇÃO
A = -0,000002
B = 101300

Nº	P_E(mmCA)	P_T(mmCA)	A (cm²)	A^{-2} (m⁻⁴)	P_E(N/m²)	P_T(N/m²)	$[P_E$(N/m²)$]_{EQ}$	ERRO (%)
1	11,0	11,0	66,5	22612,9233	101300,1392	101300,1392	101299,7974	0,0003
2	9,0	11,0	52,3	36559,1948	101300,1139	101300,1392	101299,7974	0,0003
3	5,5	11,0	39,6	63769,0032	101300,0696	101300,1392	101299,7974	0,0003
4	-2,5	11,0	28,8	120563,2716	101299,9684	101300,1392	101299,7974	0,0002
5	-35,0	11,0	19,6	260308,2049	101299,5571	101300,1392	101299,7974	0,0002
6	-15,0	11,0	28,3	124861,0920	101299,8102	101300,1392	MÉDIA	0,0003
7	-4,0	9,0	43,2	53583,6763	101299,9494	101300,1139		
8	-0,5	2,0	65,6	23237,6562	101299,9937	101300,0253		

TABELA (02) – MEDIDAS DAS DIFERENÇAS DE PRESSÃO
(NA VELOCIDADE MÁXIMA DO GERADOR DE AR)

TESTE DA EQUAÇÃO
A = 0,0184   B = -0,1564

Nº	ΔP	ΔP(mmCA)	β	A^{-1}(m⁻²)	v (m/s)	Q (m³/s)	v_{EQ} (m/s)	ERRO (%)
1	(1 - 5)	45,0	12,1408	150,3759	2,6798	0,0178	2,6105	2,5848
2	(2 - 5)	42,5	15,9110	191,2046	3,3168	0,0173	3,3618	1,3542
3	(3 - 5)	40,0	22,4213	252,5253	4,3991	0,0174	4,4901	2,0689
4	(4 - 5)	35,0	36,5611	347,2222	6,2766	0,0181	6,2325	0,7033
5	(6 - 5)	21,0	37,7928	510,2041	MÉDIA	0,0177	MÉDIA	1,6778
6	(7 - 5)	30,0	20,0401	353,3569	DESVPAD	0,0003		
7	(8 - 5)	35,0	12,3236	231,4815	ERRO (%)	1,9462		

ANÁLISE

OBJETIVOS

Analisar a Equação de Bernoulli no Tubo Venturi. Aprender a medir pressão e velocidade no escoamento do ar.

$$P_E = P_T - \frac{\rho\, Q^2}{2}\, A^{-2}$$

O gráfico apresentou equação

$$P_E = 101300 - 2 \times 10^{-6}\, A^{-2}$$

com coeficiente de correlação 0,9851 (muito próximo de 1, valor ideal)

A obtenção do coeficiente angular permite a determinação da vazão: $\frac{\rho\, Q^2}{2} = 2 \times 10^{-6} \rightarrow Q = \sqrt{\frac{4 \times 10^{-6}}{1,296}} = 0,001242\ m^3/s$

$$Q = 1,242\ \text{L/s}$$

Relativamente ao coeficiente linear, de 101300 N/m² que é a esperada pressão atmosférica.

Em relação a velocidade em função de área, no tubo Venturi, $v = \frac{Q}{A} = Q\, A^{-1}$

O gráfico v versus A^{-1} deu linear com correlação de 0,9977.

EXPERIÊNCIA 15: Variação da pressão do ar com a temperatura a volume constante.

OBJETIVOS

Analisar a variação da Pressão do ar com a Temperatura a Volume Constante.
Determinar o coeficiente de variação da pressão do ar com Temperatura a volume constante.

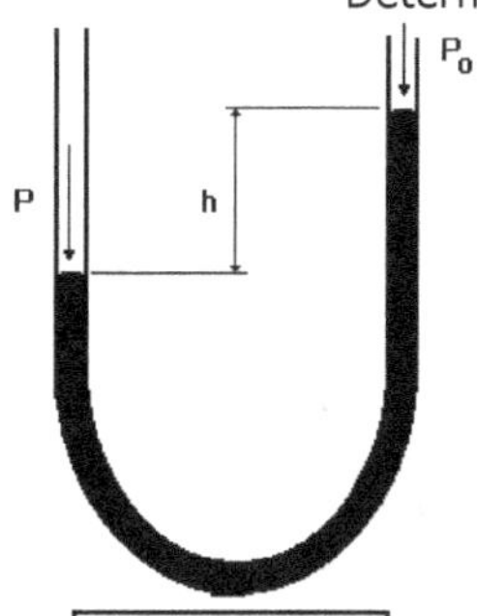

TEORIA

Num gás ideal $\qquad PV = nRT$

Com o volume constante: $P = \left(\dfrac{nR}{V}\right) T$

P varia linearmente com T: podemos definir o coeficiente de variação da pressão com a temperatura a volume constante:

$$\beta = \frac{\Delta P}{P_0 \Delta T} \qquad \begin{cases} P_0 = Pr\,ess\tilde{a}o\ inicial\ \grave{a}\ temperastura\ T_0 \\ P = Pr\,ess\tilde{a}o\ final\ \grave{a}\ temperatura\ T \\ \Delta P = P - P_0 \\ \Delta T = T - T_0 \end{cases}$$

CONCLUSÃO: $P = P_0(1 + \beta\Delta T)$ (β = 0,003661 k^{-1})

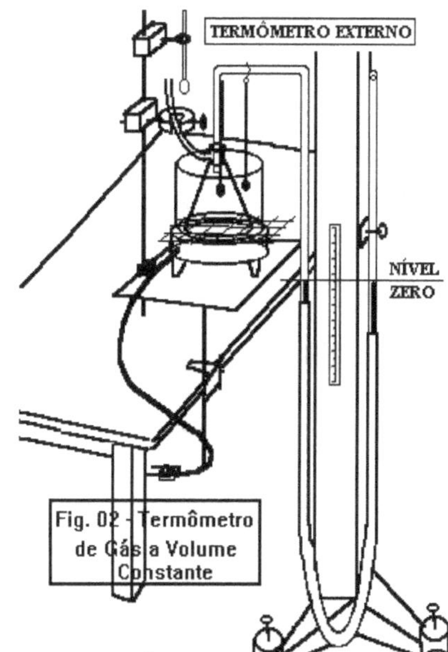

Na experiência mediremos a Pressão com um manômetro do tipo de tubo em forma de "U". Um dos ramos é aberto à atmosfera. Se o desnível for h, a pressão medida é:

$$P - P_0 = \rho g h \qquad P_0 = 1{,}013 \times 10^5\,N/m^2 \qquad g = 9{,}807\,{}^m\!/_{s^2} \qquad \rho = 13600\,{}^{kg}\!/_{m^3}$$

MONTAGEM

O manômetro em forma de "U" preenchido com Hg comunica-se no lado esquerdo a um kitazato fechado (mediante um estrangulador num tubo de borracha) e do lado direito à atmosfera. O kitazato é mergulhado na água contida no bequer até a marca de 1800 cm³.

Com o aquecimento, o ar se expande e empurra o Hg do lado esquerdo. Eleva-se o ramo direito e mantém-se o volume constante. A pressão é medida pelo desnível entre os dois ramos.

PROCEDIMENTO

(01) Verifique se o nível é igual nos dois lados e se ambos coincidem com o "zero" da escala. Se não, abra o estrangulador que pressiona a mangueira ligada ao "bico" do kitazato e desloque o lado direito do manômetro com cuidado até conseguir que o nível de mercúrio nos dois ramos do manômetro coincida com o zero da escala (quando afrouxar o parafuso que fixa o lado direito do manômetro segure a parte deslizante para evitar acidentes e derramamento de mercúrio. Veja na pág. 6 os cuidados com operação com mercúrio antes dessa experiência).

Feche o estrangulador da mangueira fixada ao Kitazato, antes de começar as medidas.

(02) Anote a temperatura ambiente, indicada pelo termômetro externo.

(03) Ligue o aquecedor (Evite o contato! Cuidado com queimaduras!) e mantendo o volume constante, determine o desnível a cada 5⁰ C de variação do termômetro instalado dentro do kitazato (o termômetro mergulhado na água é usado para controle);

(04) Aos 80⁰ C desligue o aquecedor e <u>não altere a posição da parte deslizante nem mexa na mangueira!!!</u>.

UPE - ESCOLA POLITÉCNICA - DEPARTAMENTO BÁSICO - LABORATÓRIO DE FÍSICA II								
EXPERIÊNCIA 15 - VARIAÇÃO DA PRESSÃO DO AR COM A TEMPERATURA A VOLUME CONSTANTE								
NOME								
TURMA		GRUPO		DATA				
TABELA 1-TEMPERATURA AMBIENTE			26,8	°C				
Nº	T_{INT} (°C)	T_{EXT} (°C)	h (cm)	ΔT (°C)	ΔP_m (N/m²)	TABELA	ΔP_o (N/m²)	ERRO (%)
1	35,0	47,5	3,2	8,2	4268,006	PARA	3491,986	18,182
2	40,0	54,5	3,8	13,2	5068,258	TESTE	5587,986	10,255
3	45,0	62,5	5,5	18,2	7335,636	DA	7683,986	4,749
4	50,0	70,0	7,5	23,2	10003,140	EQUAÇÃO	9779,986	2,231
5	55,0	76,5	8,5	28,2	11336,892		11875,986	4,755
6	60,0	82,0	10,5	33,2	14004,396		13971,986	0,231
7	65,0	88,0	12,0	38,2	16005,024		16067,986	0,393
8	70,0	93,0	14,0	43,2	18672,528		18163,986	2,723
9	75,0	98,5	15,2	48,2	20273,030		20259,986	0,064
10	80,0	100,0	16,7	53,2	22273,658		22355,986	0,370
EQUAÇÃO DO GRÁFICO:		A =	419,200	B =	54,546		MÉDIA	4,395
				DETERMINAÇÃO DE β =	0,0041382		ERRO (%) =	13,0347817

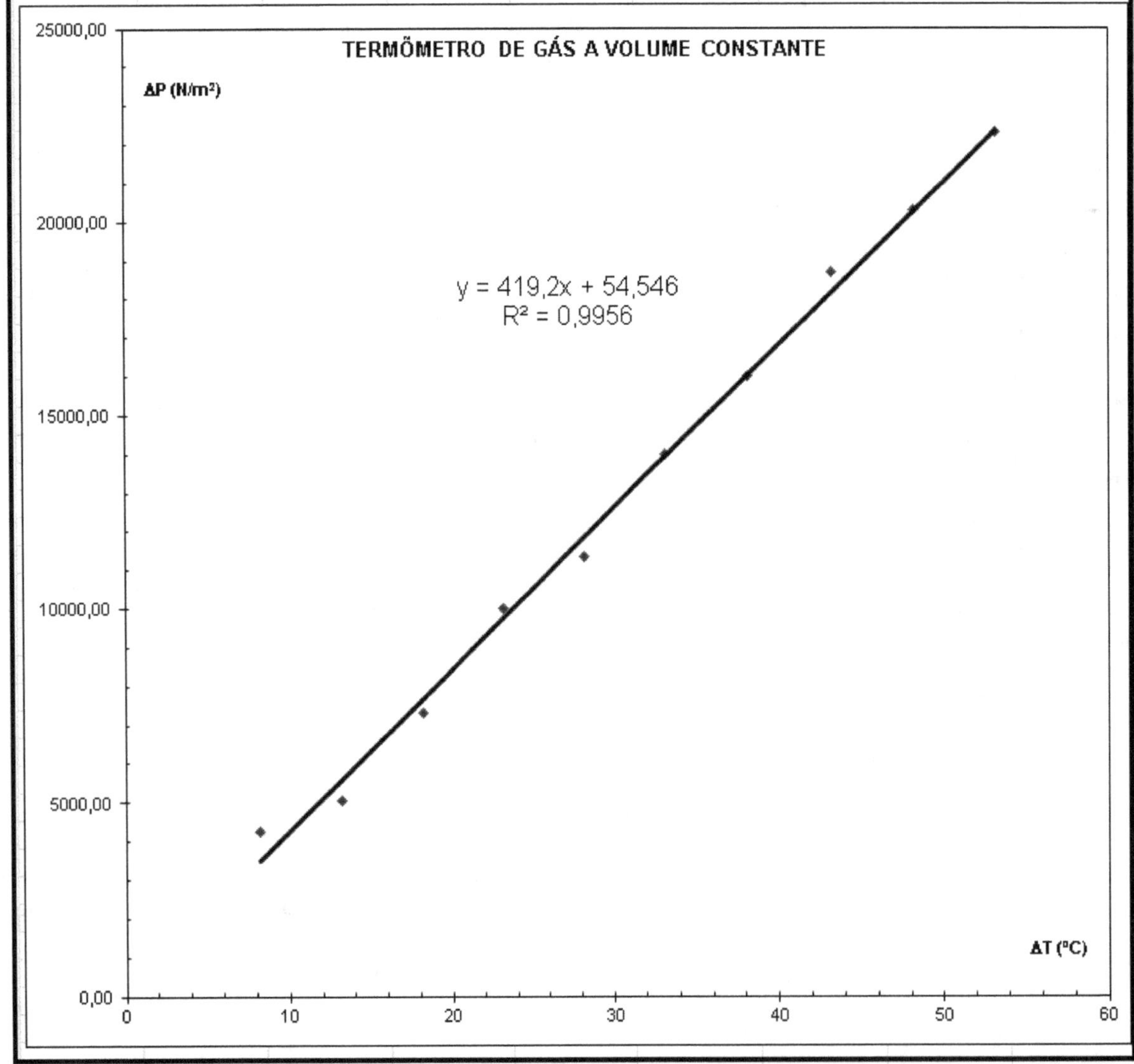

ANÁLISE

OBJETIVOS

Analisar a variação da Pressão do ar com a Temperatura a Volume Constante.

Determinar o coeficiente de variação da pressão do ar com Temperatura a volume constante.

$$\beta = \frac{\Delta P}{P_0 \Delta T} \rightarrow \Delta P = \beta\, P_0 \Delta T \qquad (\beta = 0{,}003661 \text{ k}^{-1})$$

Equação do gráfico: $\Delta P = 54{,}546 + 419{,}2\, \Delta T$

$$P_0 \beta = 419{,}2 \rightarrow \beta = 0{,}0041382$$

Erro de 13 %

Neste tipo de experiência de menor precisão a tolerância é 20 %.

A correlação deu 0,9956!

EXPERIÊNCIA 16: Pressão do vapor x temperatura

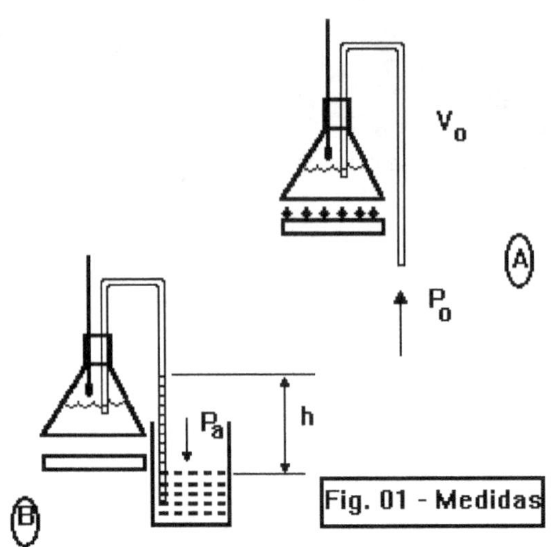

OBJETIVOS

Determinar a variação da pressão do vapor d'água com a temperatura.

Encontrar a fórmula empírica P = f (T).

TEORIA

Na experiência, a água é colocada em ebulição num recipiente e sai pelo tubo à direita (A). O volume do espaço ocupado pelo vapor é V_0 e a pressão P_a = 1 atmosfera.

Em seguida o tubo é colocado dentro do mercúrio (B) e o aquecedor é desligado.

Com o resfriamento a pressão diminui (P) e o mercúrio sobe a altura h:

$$P = P_A - \rho g h \qquad (1)$$

$$V = V_0 - Ah \qquad (2)$$

(A = área da seção circular do tubo).

$$\text{De (1):} \quad h = \frac{P_a - P}{\rho g} \qquad (3)$$

Tratando o vapor como um gás perfeito:

ρ = 13600 Kg/m³
g = 9,807 m/s²
A = 7,85.10⁻⁵ m²
V_0 = 2,00.10⁻⁴ m³
R = 8,31 J/mol K
P_a = 1,013.10⁵ N/m² = 760 mm Hg

$$PV = nRT \qquad (4)$$

$$P\left[V_0 - A\left(\frac{P_a-P}{\rho g}\right)\right] = nRT \qquad (5)$$

$$PV_0 - AP\left(\frac{P_a - P}{\rho g}\right) = nRT \rightarrow nRT = PV_0 - \frac{APP_a}{\rho g} + \frac{AP^2}{\rho g}$$

$$\text{T versus P:} \qquad T = \left(\frac{A}{\rho g n R}\right)P^2 - \frac{1}{nR}\left(V_0 - \frac{AP_a}{\rho g}\right)P \qquad (6)$$

$$PV_0 - AP\left(\frac{P_a - P}{\rho g}\right) = nRT \rightarrow PV_0 - \frac{APP_a}{\rho g} + \frac{AP^2}{\rho g} = nRT \rightarrow A P^2 + \rho g V_0 P - \rho g n R T = 0$$

$$A P^2 + \rho g V_0 P - \rho g n R T = 0 \rightarrow P = \frac{-\rho g V_0 \pm \sqrt{(\rho g V_0)^2 + 4 A \rho g n R T}}{2 A} \qquad (7)$$

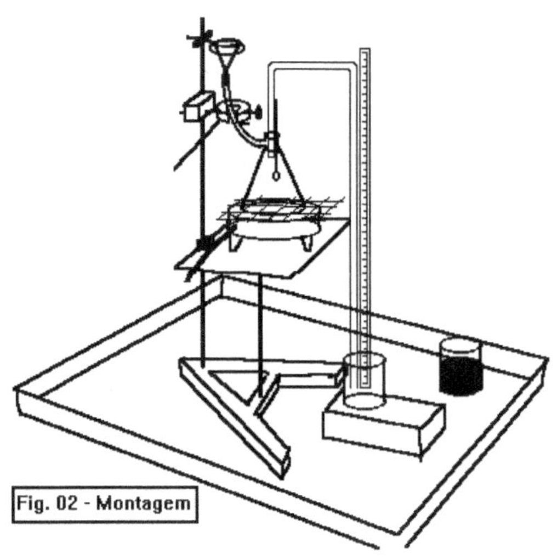

MONTAGEM

Um tubo de vidro em forma de "U" tem uma extremidade dentro de um KITAZATO (500 ml) e outra livre na atmosfera. Um termômetro mede a temperatura do vapor produzido quando a água entra em ebulição. O conjunto é vedado, mas abrindo-se o estrangulador na mangueira é possível completar a água do KITAZATO (na marca branca).

Inicialmente o vapor sai na parte inferior do tubo caindo no BÉQUER (H_2O).

Depois substitui-se pelo BÉQUER com Hg e quando o vapor "borbulhar" na superfície do Hg, desliga-se o aquecedor.

Com o resfriamento, cai a pressão dentro do KITAZATO enquanto a pressão na superfície do mercúrio do BÉQUER mantêm-se igual a uma atmosfera. Assim, mercúrio sobe no ramo do manômetro ligado ao KITAZATO.

A altura (h) é registrada para variações de 5° C.

PROCEDIMENTO

(01) - Verifique que o nível de água no KITAZATO esteja na marca branca (para completar, abra o estrangulador da mangueira e coloque água com o BÉQUER, através do funil. Feche o estrangulador firmemente);

(02) - Coloque o BÉQUER sem água na saída do tubo de vidro;

(03) - Ligue o aquecedor e aguarde a ebulição (*evite o contato com o aquecedor; cuidado com queimaduras!!!*);

(04) - Espere 5 (cinco) minutos de ebulição e substitua o BÉQUER pelo outro com Hg;

(05) - Desloque a escala metálica presa ao tubo de vidro de modo ao zero ficar na superfície do Hg;

(06) - Assim que a água borbulhar no Hg, desligue o aquecedor e ligue o ventilador (ele serve para apressar o processo de resfriamento e deve ser dirigido diretamente ao KITAZATO);

(07) - A partir daí, a cada variação de 5° C, anote a altura do Hg no tubo de vidro (h);

(08) - Ao terminar, abra *lentamente* o estrangulador da mangueira para fazer o Hg retornar ao BÉQUER.

(EM NENHUMA HIPÓTESE RETIRE O BEQUER COM MERCÚRIO ANTES DE ABRIR O ESTRANGULADOR PARA FAZER RETORNAR O MERCÚRIO)

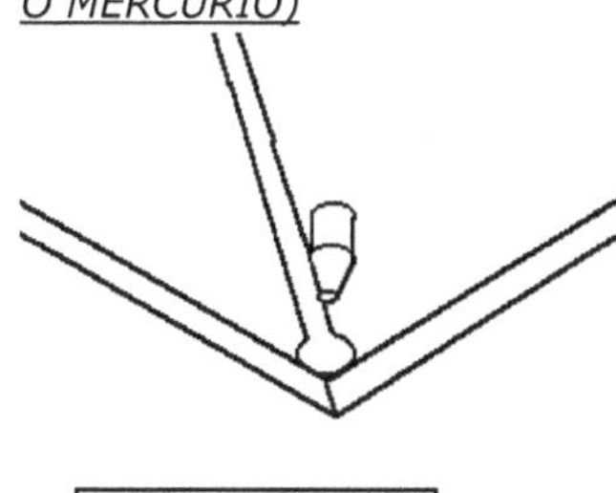

Fig. 03 - Bandeja para manipulação do mercúrio

ATENÇÃO:

O mercúrio é altamente tóxico se ingerido, inspirado ou colocado em contato com mucosas OU FERIDAS NA PELE. Evite seu derrame operando sempre com muito cuidado.

Realize todas as operações de modo que se houver derrame, ocorra na bandeja.

Ela possui cavidades que conduzem a um lado onde o Hg pode ser recolhido com a bisnaga de plástico.

Arraste o Hg com a esponja até os sulcos da bandeja e observe que num dos cantos há uma cavidade que facilita o recolhimento.

OBS: O contato com o mercúrio estraga joias de ouro.

ADVERTÊNCIA AO ALUNO:

Apesar dessas recomendações e a despeito de esperarmos atitudes mais sérias de estudantes universitários frequentemente observamos brincadeiras com gotas de mercúrio que eventualmente derramaram sobre a mesa do laboratório. O Professor deve supervisionar seis bancadas simultaneamente e com frequência precisa dar alguma assistência na sala do computador. Assim, insistimos que todos considerem seriamente sua responsabilidade na operação com o mercúrio.

MEDIDAS

UPE - ESCOLA POLITÉCNICA - DEPARTAMENTO BÁSICO - LABORATÓRIO DE FÍSICA II						TESTE DA EQUAÇÃO DO GRÁFICO POTENCIAL	
EXPERIÊNCIA 16 - PRESSÃO DO VAPOR X TEMPERATURA							
NOME						$A =$	2,7623
TURMA		GRUPO		DATA		$B =$	0,0019
Nº	h (mm Hg)	T_{INT} (ºC)	P (mm Hg)	TESTE DA	P_c (mm Hg)	ERRO (%)	P_c (mm Hg)	ERRO (%)
1	0	100	760	EQUAÇÃO	797,25	4,90	635,85	16,34
2	135	95	625	DO GRÁFI-	630,91	0,95	551,85	11,70
3	245	90	515	CO EXPO-	499,28	3,05	475,29	7,71
4	345	85	415	NENCIAL	395,11	4,79	405,87	2,20
5	435	80	325	A =	312,68	3,79	343,29	5,63
6	580	70	180	0,0468	195,81	8,79	237,39	31,89
7	640	60	120	B =	122,63	2,19	155,07	29,23
8	685	50	75	7,3977	76,80	2,40	93,72	24,96
9	710	40	50		48,09	3,81	50,60	1,19
10	730	30	30		30,12	0,40	22,86	23,81
					MÉDIA	3,51	MÉDIA	15,47

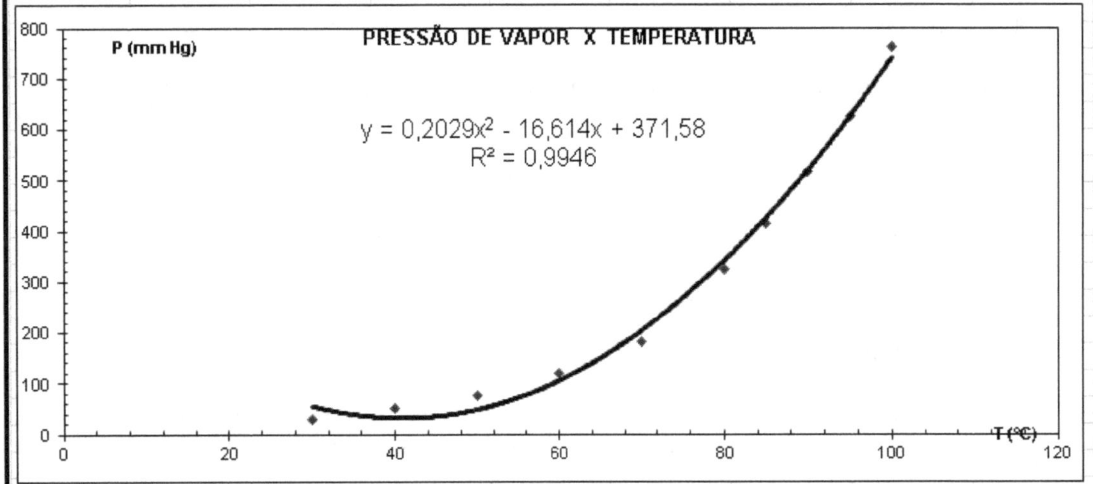

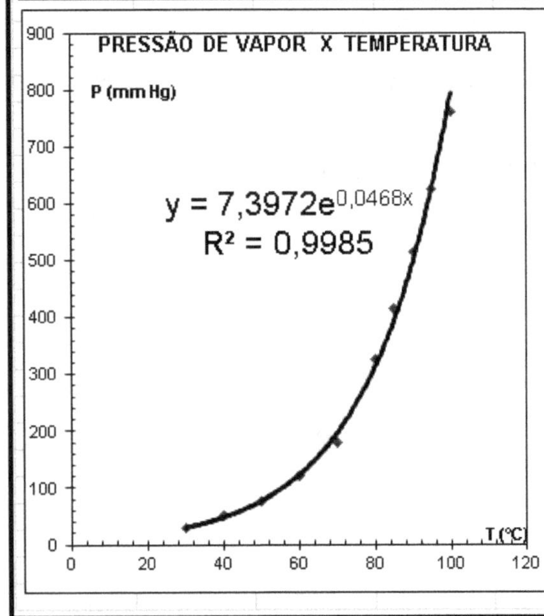

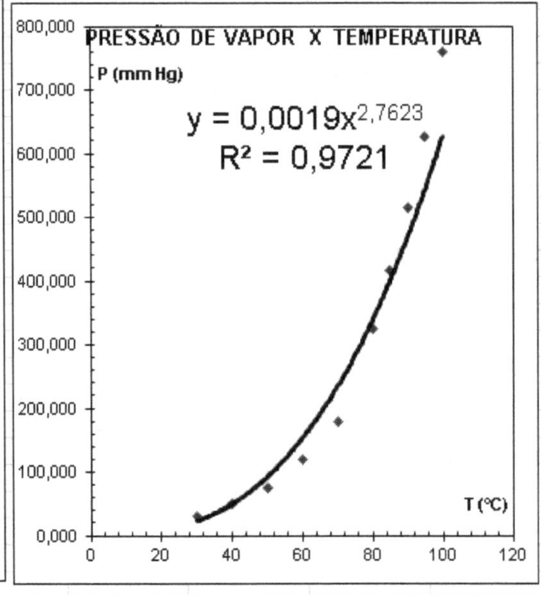

OBJETIVOS

Determinar a variação da pressão do vapor d'água com a temperatura.

Encontrar a fórmula empírica P = f (T).

A análise gráfica mostrou menor erro para a função exponencial.

Concluímos que efetivamente a lei dos gases ideais não se aplica ao ar atmosférico, mistura de gases.

A relação P versus T é: $P = \dfrac{-\rho g V_0 \pm \sqrt{(\rho g V_0)^2 + 4\,A\,\rho g n R T}}{2\,A}$

A relação T versus P é: $T = \left(\dfrac{A}{\rho g n R}\right) P^2 - \dfrac{1}{nR}\left(V_0 - \dfrac{A P_a}{\rho g}\right) P$

Eis o gráfico com a função potencial:

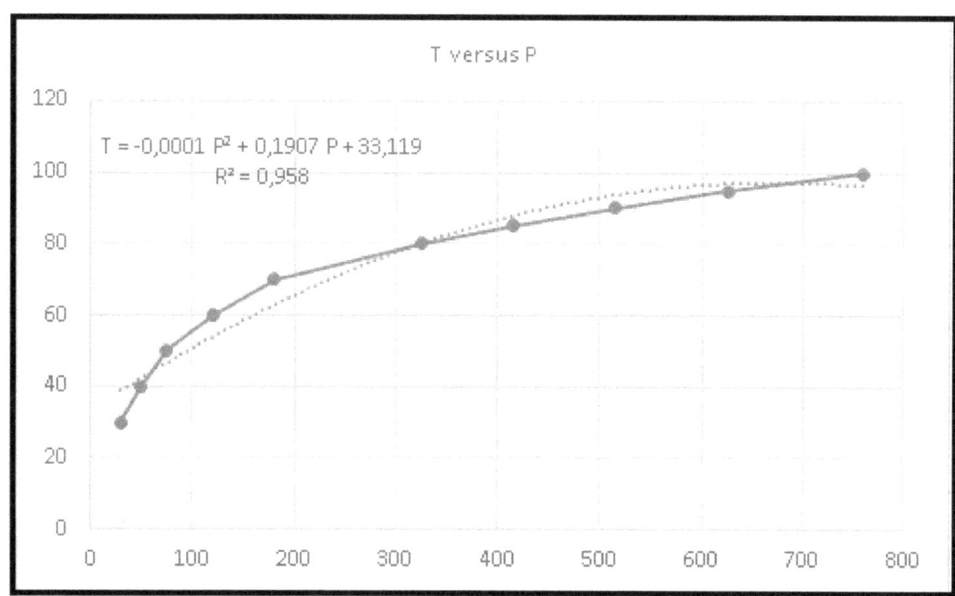

A equação do gráfico potencial P versus T dá P = 0,2029 T^2 - 16,614 T + 371,58

Com T = 0, P = 371,58.

A previsão teórica é a pressão atmosférica 360 mm Hg, com diferença percentual de 3,21 %.

Esta é efetivamente a equação para a relação entre pressão e temperatura no ar atmosférico:

P = 0,2029 T^2 - 16,614 T + 371,58

EXPERIÊNCIA 17: PV = n RT

OBJETIVOS

Verificar se a equação dos gases ideais $PV = nRT$ pode ser usada para o ar.

TEORIA

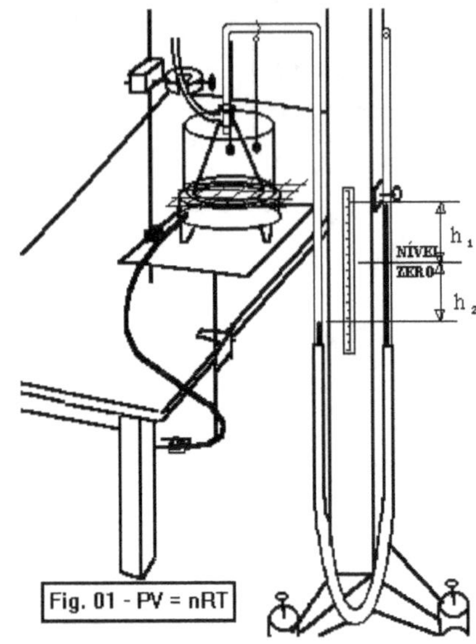

A teoria cinética dos gases ideais estabelece uma relação entre a pressão, o volume e a temperatura num gás ideal:

$$PV = nRT \qquad (01)$$

P = pressão medida pelo desnível entre as duas colunas de mercúrio do manômetro.

$$P = P_a + \rho g(h_1 + h_2) \qquad (02)$$

V= volume medido pelo deslocamento do mercúrio do lado esquerdo do manômetro.

$$V = V_0 + Ah_2 \qquad (03)$$

V_0 é o volume formado pela parte do tubo de vidro situada entre o kitazato e o nível zero de mercúrio (isto é, o volume inicial da experiência) e A é a área da seção reta desse tubo.

Para trabalhar com as expressões (01), (02) e (03), resumimos no quadro seguinte as constantes físicas necessárias:

ρ = 13600 Kg/m³
g = 9,807 m/s²
A = 7,85.10⁻⁵ m²
V_0= 5,00.10⁻⁴ m³
R = 8,31 J/mol K
P_a= 1,013.10⁵ N/m² = 760 mm Hg

MONTAGEM

No início da experiência, o mercúrio deve estar no mesmo nível dos dois lados. Para efetuar o nivelamento é necessário afrouxar o estrangulador da mangueira presa à saída do kitazato, além de elevar ou baixar o lado direito da mangueira que contém o mercúrio (com muito cuidado para evitar acidentes; segure o suporte deslizante ao soltar o parafuso de fixação. Veja agora as recomendações de segurança da pág. 6) . Depois, a mangueira presa ao kitazato deve ser hermeticamente fechada e não se deve alterar mais a posição do ramo direito do manômetro. O nivelamento deve ser feito no zero das duas escalas.

PROCEDIMENTO

(01) - Nivelar o manômetro e colocar o nível da água no Becker em 1800 ml;

(02) - Ligar o aquecimento (cuidado com o contato com o aquecedor: evitar queimaduras) e registrar o valor de h_1 e h_2 a cada 5º C (medindo no termômetro interno ao kitazato);

(03) - A temperatura indicada pelo termômetro imerso na água serve para controle;

(04) - Ao terminar, desligar o aquecedor e deixar o sistema retornar naturalmente ao estado inicial.

(Em nenhuma hipótese alterar a posição do suporte deslizante ou afrouxar o estrangulador da mangueira: estes procedimentos de ajuste só podem ser efetuados na temperatura ambiente!!!)

UPE - ESCOLA POLITÉCNICA - DEPARTAMENTO BÁSICO - LABORATÓRIO DE FÍSICA II
EXPERIÊNCIA 17 - PV = nRT

						TESTE DA EQUAÇÃO	
NOME							
TURMA		GRUPO		DATA		A =	0,0806
TABELA 1 - $PV = nRT$ $(T \times h)$				TABELA II - PV x T		B =	-2,858
N°	T_{INT} (°C)	h_1(cm)	h_2(cm)	T_{EXT} (°)	T_{INT} (K)	PV (Nm)	PV_c(Nm)	E (%)
1	35	2,0	3,0	50	308	54,24	21,9668	59,4997268
2	40	2,5	4,0	56	313	55,33	22,3698	59,5702135
3	45	3,0	5,0	62	318	56,42	22,7728	59,6402203
4	50	3,5	6,0	67	323	57,52	23,1758	59,709763
5	55	4,0	6,5	74	328	58,24	23,5788	59,5147975
6	60	4,3	7,2	80	333	58,98	23,9818	59,3379348
7	65	4,9	8,1	85	338	60,07	24,3848	59,4085621
8	70	5,3	8,5	89	343	60,65	24,7878	59,1308563
9	75	5,7	9,5	95	348	61,69	25,1908	59,1675873
10	80	6,1	10,0	100	353	62,35	25,5938	58,951716
							MÉDIA	59,3931378

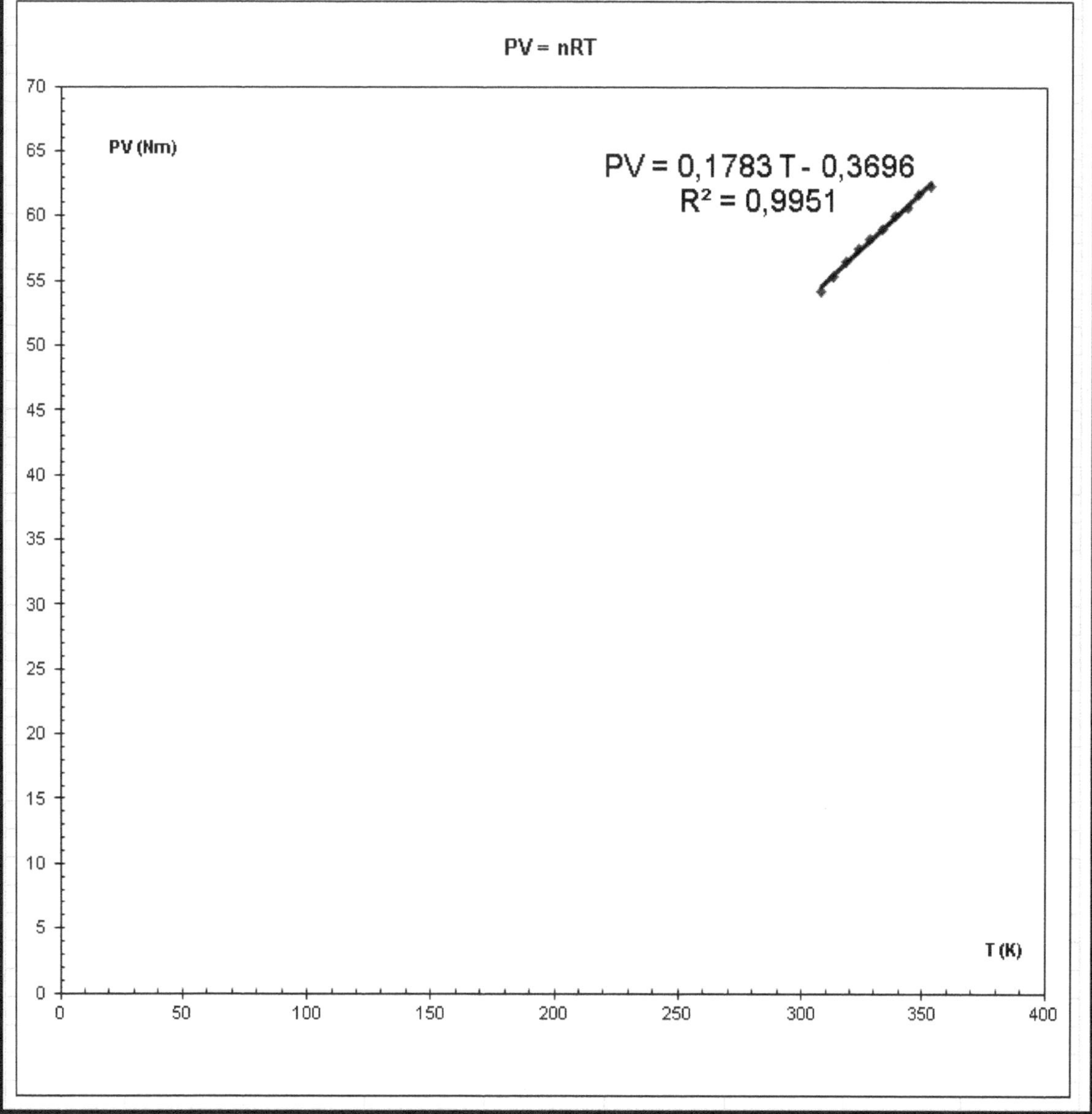

ANÁLISE

OBJETIVOS

Verificar se a equação dos gases ideais $PV = nRT$ pode ser usada para o ar.

O gráfico apresentou linearidade com correlação de 0,9951 (praticamente 1, valor para correlação perfeita) e resta tentar confirmar os parâmetros.

Equação do gráfico: PV = 0,1783 T - 0,3696

Vamos calcular n R.

n é o número de moléculas grama, resultante do quociente entre a massa e a massa molecular.

O ar é composto de 78% de Nitrogênio (N_2, massa molecular de 28 g) e 21% de Oxigênio (O_2, massa molecular de 32 g) e 1% de Argônio (Ar = massa molecular 39,95g).

Faremos uma estimativa do número de moléculas grama usando o conceito de média ponderada.

$$M_{AR} = \frac{78 \times 28 + 21 \times 32 + 1 \times 39,95}{78 + 21 + 1} = 28,96g$$

A densidade do ar é o quociente da massa pelo volume.

A massa do ar presente em determinado volume é $m = dV$

O número de moléculas grama contidos nesse volume de ar é

$$n = \frac{m}{M_{AR}} = \frac{dV}{M_{AR}}$$

Para o volume de 500 mL do Kitazato e a densidade de 1,2922 kg/m³ no nível do mar

$$n = \frac{dV}{M_{AR}} = \frac{1,2922 \times 10^3 (g/m^3) \times 5,00 \times 10^{-4} (m^3)}{28,96\,g} = 2,23 \times 10^{-2} moles$$

O produto n R é, então: 0,185 J/k

O coeficiente angular do gráfico foi de 0,178 J/K, com diferença percentual de 3,78 %.

O coeficiente linear deveria ser nulo e foi – 0,3696, valor insignificante diante da escala PV variando de 54 a 63 Nm.

EXPERIÊNCIA 18: Instrumentos de Medidas Elétricas

OBJETIVOS

Aprender a construir um Amperímetro, Voltímetro e Ohmímetro, a partir de um Galvanômetro.

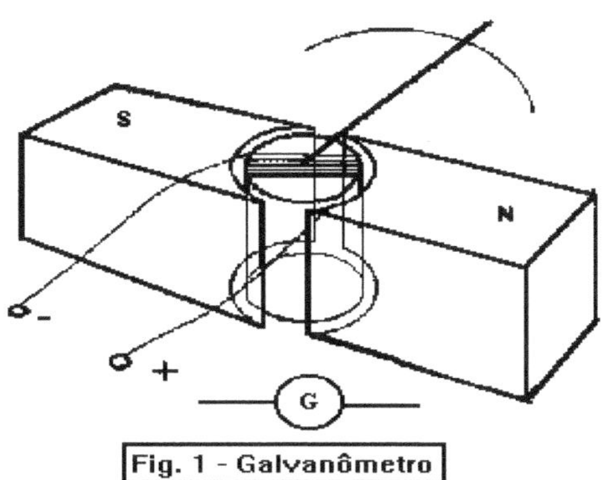

Fig. 1 - Galvanômetro

TEORIA

Apresentamos na Fig. 01 o instrumento conhecido como GALVANÔMETRO e que serve de base para construção de vários instrumentos de medida, inclusive o MULTÍMETRO.

O cilindro onde está fixado o ponteiro tem uma bobina de fios enrolados em sua superfície lateral.

As extremidades deste enrolamento comunicam-se ao exterior mediante dois fios flexíveis indicados Por (+) e (-).

O conjunto é colocado e pode girar livremente dentro da cavidade de um ímã natural constituindo uma espécie de motor elétrico.

Quando há corrente circulando entre (+) e (-) o ponteiro gira e sua deflexão indica a intensidade dessa corrente.

No eixo da bobina há uma mola (não representada na Fig. 1) com o objetivo de controlar o movimento do ponteiro.

Quando há equilíbrio entre a ação eletromagnética e reação dessa mola o ponteiro pára indicando pela deflexão a intensidade da corrente elétrica.

Duas características são importantes nas aplicações do GALVANÔMETRO:

R_g = Resistência interna	i_g = Corrente máxima no Galvanômetro

A Resistência interna representa a resistência elétrica do fio enrolado na bobina.

A corrente máxima é aquela que produz a deflexão máxima do ponteiro.
Precisamos do conhecimento dessas duas grandezas para entender a utilização do Galvanômetro como Amperímetro, Voltímetro e Ohmímetro.

Todos requerem o máximo cuidado e em sua operação usaremos sempre o teste de polaridade já conhecido em experiências anteriores:

Deixamos o fio que vai ser ligado ao polo positivo da fonte em aberto e após a montagem de todo o circuito tocamos a ponta no polo positivo observando o(s) ponteiro(s) do(s) instrumento(s). Se tudo estiver em ordem fazemos a conecção definitiva deste fio.

(I) - DETERMINAÇÃO DA RESISTÊNCIA INTERNA DO GALVANÔMETRO

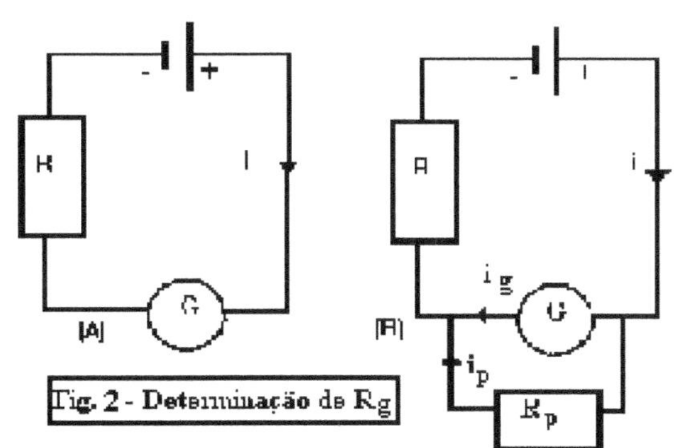

Fig. 2 - Determinação de R_g

Observe a parte (A) da Fig. 02:

(1) - Ajustamos a tensão na fonte e o valor de R até que o valor de c próximo ao valor máximo (i);

(2) - Na parte (B) introduzimos uma resistência e a ajustamos até que a corrente ig chegue a metade do valor anterior (i/2);

(3) - Quando isto acontecer: R_p = R_g.

(4) - Por outro lado se medirmos a tensão da fonte poderemos calcular a corrente máxima que pode circular no Galvanômetro (i_g).

(II) - USO DO GALVANÔMETRO COMO AMPERÍMETRO.

(5) - A ideia de usar o Galvanômetro como Amperímetro está na Fig. 02.

(6) - Suponha que desejamos medir uma corrente maior do que a corrente máxima do Galvanômetro (I). Podemos calcular o valor de R_p de tal modo que quando a corrente i se dividir em i_g e i_p o valor de i_g seja a corrente máxima do Galvanômetro.

(7) - É fácil mostrar que o valor de Rp que atende a esta situação é: $\quad R_p = \dfrac{R_g i_g}{(i - i_g)}$ $\quad$ (01)

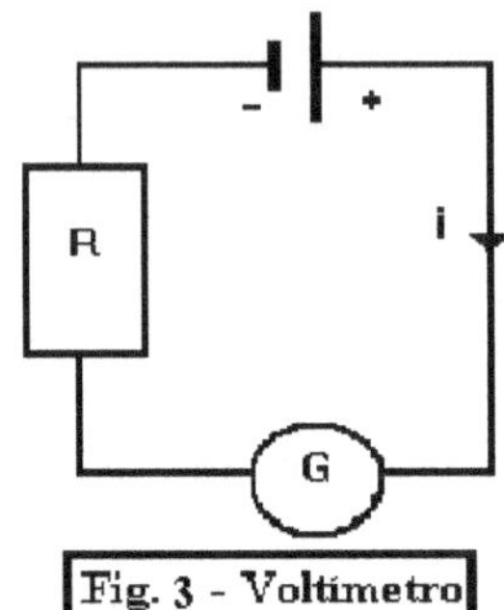

Fig. 3 - Voltímetro

QUANDO O GALVANÔMETRO FOR LIGADO COM R_p FUNCIONARÁ COMO AMPERÍMETRO CUJO MÁXIMO É I.

(III) - USO DO GALVANÔMETRO COMO VOLTÍMETRO.

(8) - Para transformar um Galvanômetro em Voltímetro basta calcular o valor de R_s de tal modo que i seja a corrente máxima do Galvanômetro.

(9) - Observando a Fig. (4) é fácil ver que o valor adequado de R_s é dado Por:

$$R_s = \frac{V}{i} - R_g \qquad (02)$$

QUANDO O GALVANÔMETRO FOR LIGADO COM R_s FUNCIONARÁ COMO VOLTÍMETRO DE VALOR MÁXIMO V.

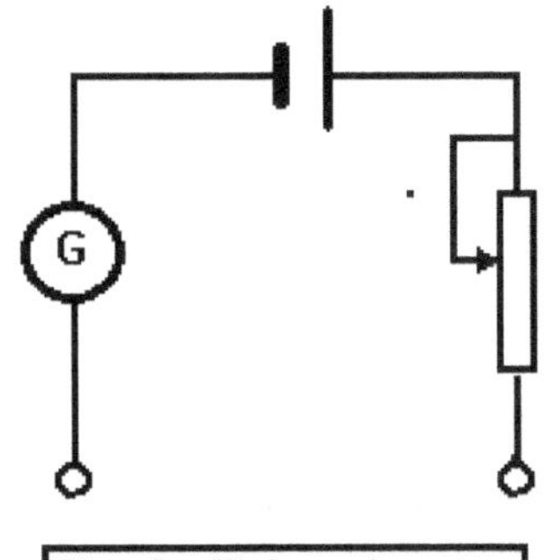

Fig. 4 - Galvanômetro como Ohmímetro

(IV) - USO DO GALVANÔMETRO COMO OHMÍMETRO.

(10) - Para fazer funcionar o Galvanômetro como medidor de Resistências (Ohmímetro) usamos o circuito da Fig. (4);

(11) - Usamos uma Resistência Variável;

(12) - Colocamos em curto circuito os dois fios que estão desligados e ajustamos o Resistor Variável para que ocorra a corrente máxima no Galvanômetro: isto corresponde a uma Resistência nula liga entre estes dois pontos;

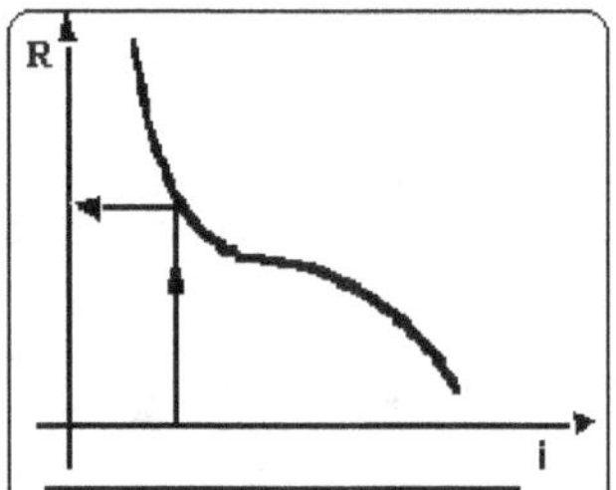

(13) - Agora colocamos uma resistência de valor conhecido (veja a Fig. 4) e anotamos o valor da corrente. Podemos repetir para várias resistências conhecidas e construir uma tabela e um gráfico de calibração;

Fig. 5 - Gráfico de Calibração do Ohmímetro

(14) - Quando colocarmos um resistor de valor desconhecido podemos deduzir o seu valor sabendo o valor da corrente e usando o gráfico de calibração;

QUANDO O GALVANÔMETRO É LIGADO NESTE CIRCUITO PASSA A FUNCIONAR COMO OHMÍMETRO ATRAVÉS DO USO DO GRÁFICO DE CALIBRAÇÃO.

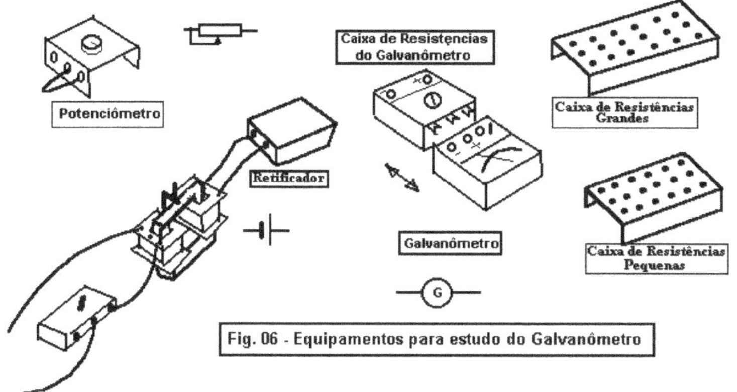

Fig. 06 - Equipamentos para estudo do Galvanômetro

MONTAGEM

Na Fig. (06) apresentamos os equipamentos que vamos utilizar nos estudos da transformação do Galvanômetro em Amperímetro, Voltímetro e Ohmímetro.

A fonte de energia é constituída por um transformador com várias derivações no secundário (Fig. 07) e um retificador. Uma chave elétrica colocada no primário deve

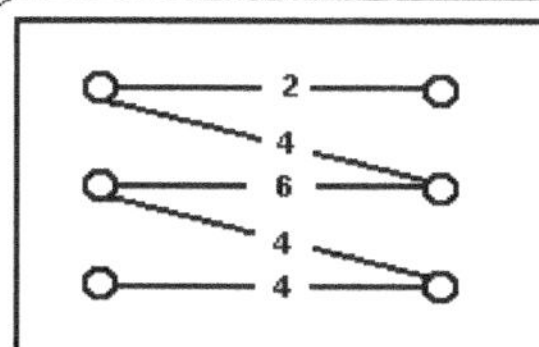

Fig. 07 - Parte frontal do secundário do transformador. Ligando-se os fios nos terminais, temos as tensões aí indicadas.

ser usada para desligar a fonte sempre que não estiver em uso.

Na mudança da tensão de saída do transformador a chave deve estar desligada. Em funcionamento o transformador apresenta um "ruído" de baixa frequência, que é normal.

A saída do retificador é de corrente contínua e os polos estão identificados (+ = vermelho; - = preto).

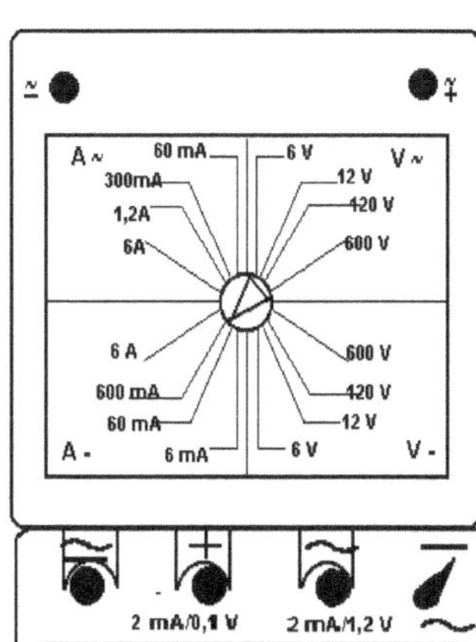

Fig.08- Multímetro

O multímetro (Fig. 08) é constituído por duas partes: o Galvanômetro (parte inferior) e a Caixa de Resistências.

Quando estas partes estão acopladas a ligação elétrica é feita nos bornes da parte superior tanto para corrente contínua como alternada. A chave existente na caixa do Galvanômetro seleciona essas funções. Na Fig. (08) está colocada para corrente contínua e assim deve permanecer em toda a experiência.

A Caixa de Resistências possui quatro setores distintos para Corrente Alternada (A~), Corrente Contínua (A-), Tensão Alternada (V~) e Tensão Contínua (V-). Vamos trabalhar nos setores de tensão e corrente contínuas.

Na Fig. (08) está selecionada a escala de corrente contínua com valor máximo de 600 mA. Para leitura imaginamos o valor 60, na escala inferior do ponteiro, como 600.
Nas escalas que não são múltiplos ou submúltiplos de 60 temos de fazer a conversão. Por exemplo: na escala de 12 V, imaginamos o 60 como 6 e multiplicamos por 2.
Na escala de 6 mA ou 6 V o 60 é imaginado como 6.

Quando o Galvanômetro está desacoplado da Caixa de Resistências os bornes indicados por (-) e (+) são usados para conexão de correntes contínuas. Próximo a eles está a indicação das características do Galvanômetro: 2 mA/0,1 V.

Com estes valores podemos calcular R_G:

$$R_G = \frac{V}{I} = \frac{0,1}{0,002} = 50\,\Omega \qquad (03)$$

Fig. (09): Duas caixas de resistores serão usadas para conseguir valores de resistências adequadas ao funcionamento do Galvanômetro como Amperímetro, Voltímetro e Ohmímetro.

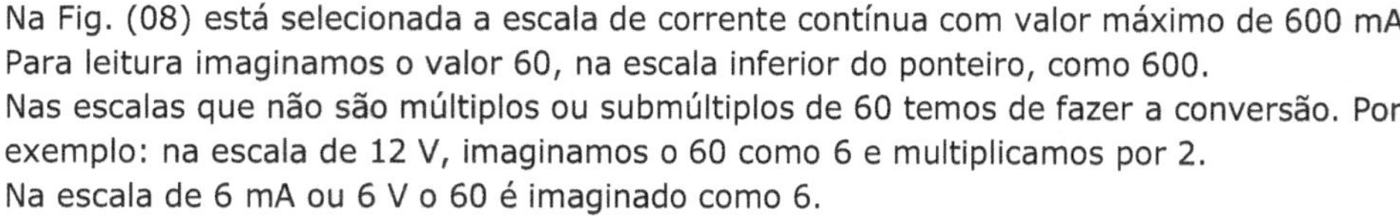

Fig. 09 - Caixa de Resistores

Vemos nessa figura as ligações em série (A) e em paralelo (B) para obtenção da soma dos resistores ou de metade de seu valor, quando necessário.

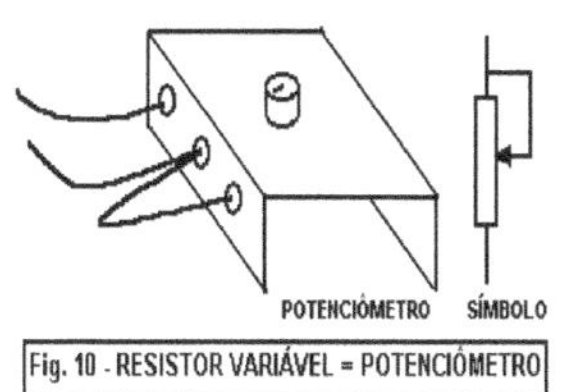

Fig. 10 - RESISTOR VARIÁVEL = POTENCIÔMETRO

Para variar continuamente o valor de uma resistência, usaremos o potenciômetro (Fig. 10).

PROCEDIMENTO I: O GALVANÔMETRO COMO AMPERÍMETRO

(01)-Verifique se a chave do Transformador está desligada;

(02)- Coloque o botão do Potenciômetro no meio de seu curso;

(03)- Coloque o Multímetro em 6 mA – A- (corrente contínua);

(04)- Coloque a chave seletora do Galvanômetro em Corrente Contínua (símbolo = -);

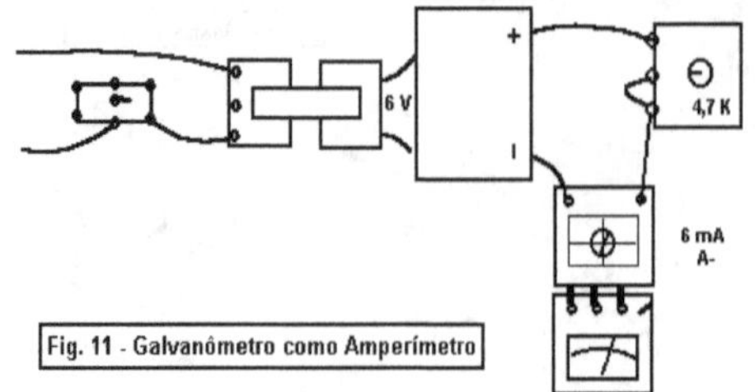

Fig. 11 - Galvanômetro como Amperímetro

(05)- Coloque os fios do secundário do Transformador em 6 V e ligue a chave (faça o teste recomendado logo após a Fig. 1);

(06)- Ajuste o Potenciômetro lentamente e com cuidado na corrente de 4 mA (40 na escala inferior do ponteiro);

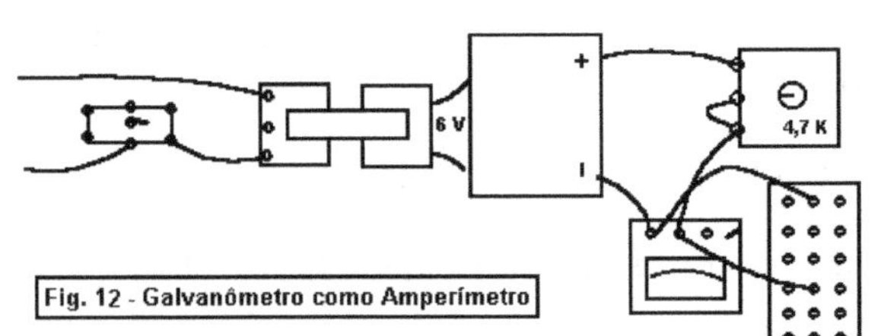

Fig. 12 - Galvanômetro como Amperímetro

<u>Vamos calcular a R_p para essa situação:</u> (Eq. 01)

$$R_p = \frac{50 \times 2}{6-2} = 25\Omega$$

Vamos testar esse valor.

(07)- Desligue a chave e, sem alterar o ajuste do Potenciômetro (isso é muito importante!) desacople cuidadosamente o Galvanômetro da Caixa de Resistências;

(08)- Monte o circuito da Fig. (12) onde a resistência a ser ligada em paralelo com o Galvanômetro é de 25 Ω;

(09)- Depois de verificar cuidadosamente as ligações e polaridades ligue a chave, fazendo o teste citado anteriormente;

(10)- O valor indicado no Galvanômetro deve ser de 4 mA provando ser esta a resistência ligada na caixa de resistências do Galvanômetro quando a escala de 6 mA é selecionada.

Qual deve ser o R_p para 10 mA? Faça e teste!!! Aumente a tensão da fonte se necessário.

PROCEDIMENTO II: O GALVANÔMETRO COMO VOLTÍMETRO

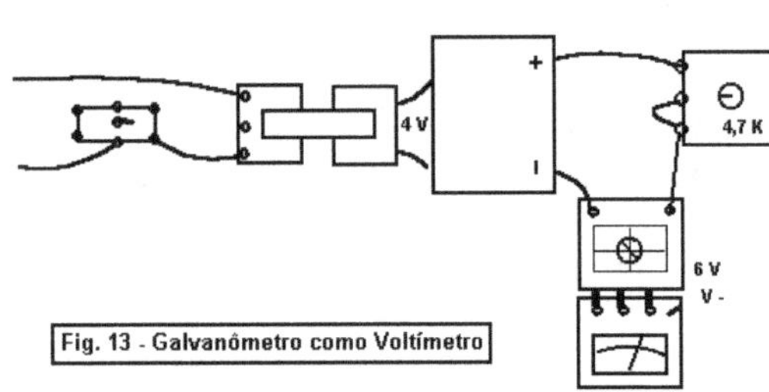

Fig. 13 - Galvanômetro como Voltímetro

(01)-Verifique se a chave do Transformador está desligada;

(02)- Coloque o botão do Potenciômetro no meio de seu curso;

(03)- Coloque o Multímetro em 6 V – V- (tensão contínua);

(04)- Coloque a chave seletora do Galvanômetro em Corrente Contínua (símbolo = -);

(05)- Coloque os fios do secundário do Transformador em 6 V e ligue a chave (faça o teste recomendado logo após a Fig. 1);

(06)- Ajuste o Potenciômetro lentamente e com cuidado na tensão de 5 V (50 na escala inferior do ponteiro);
<u>Vamos calcular a R_S para essa situação:</u> (Eq. 02)

$$R_S = \frac{6}{0,002} - 50 = 2950\Omega$$

Vamos testar esse valor.

(07)- Desligue a chave e, sem alterar o ajuste do Potenciôme-tro (isso é muito importante!) desacople cuidadosamente o Galvanômetro da Caixa de Resistências;

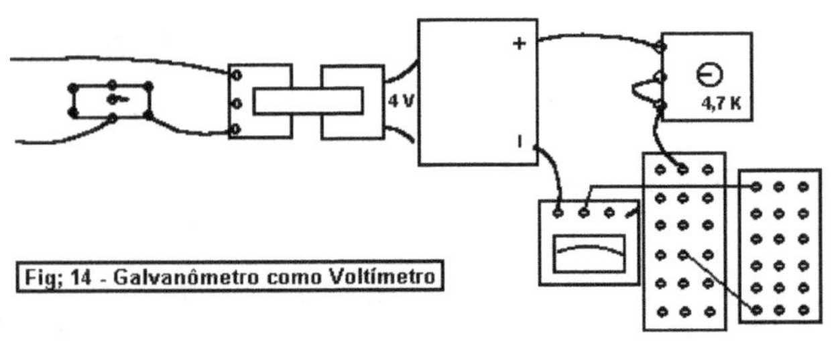

Fig; 14 - Galvanômetro como Voltímetro

(08)- Monte o circuito da Fig. (14) onde a resistência a ser li-gada em série com o Galvanômetro é de 2950 Ω (vamos asso-ciar as duas caixas de resistores);

(09)- Depois de verificar cuidadosamente as ligações e polaridades ligue a chave, fazendo o teste citado anteriormente;

(10)- O valor indicado no Galvanômetro deve ser de 5 mA provando ser esta a resistência ligada na caixa de resistências do Galvanômetro quando a escala de 6 V é selecionada.

Qual deve ser o R_S para 10 V? Faça e teste!!! Altere adequadamente a tensão da fonte!!!

PROCEDIMENTO III: O GALVANÔMETRO COMO OHMÍMETRO

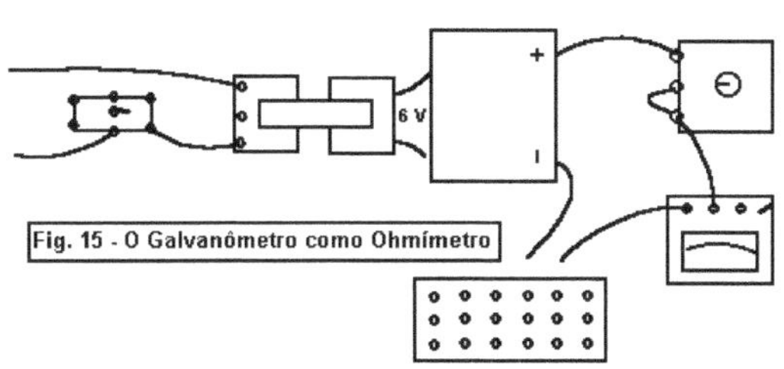

(01)-Verifique se a chave do Transformador está desligada;

(02)- Coloque o botão do Potenciômetro no meio de seu curso;

(03)- Coloque a chave seletora do Galvanômetro em Corrente Contínua (símbolo = -);

(04)- Coloque os fios que saem do polo negativo do retificador e do polo negativo do Galvanômetro em curto;

(05)- Coloque os fios do secundário do Transformador em 6 V e ligue a chave (faça o teste recomendado logo após a Fig. 1);

(06)- Ajuste o Potenciômetro lentamente e com cuidado até o valor de 60 na escala inferior do ponteiro;

(07)- Não altere ao ajuste do Potenciômetro;

(08)- Desfaça o curto e ligue esses dois fios as resistências indicadas na Tabela 1 do Relatório, usando as caixas de resistores. Anote as correntes obtidas (com esses valores podemos traçar a curva de calibração do ohmímetro);

(09)- Para testar, meça as correntes para os valores fracionários de resistências indicadas na Tabela 2 do Relatório. Com essas correntes e a curva de calibração podemos obter os valores dessas resistências e comparar.

UPE - ESCOLA POLITÉCNICA - DEPARTAMENTO BÁSICO - LABORATÓRIO DE FÍSICA II
EXPERIÊNCIA 18 - INSTRUMENTOS DE MEDIDAS ELÉTRICAS

NOME						
TURMA		GRUPO		DATA		

TAB 1 - CALIBRAÇÃO

Nº	I (UD*)	R (KΩ)	Nº	R (KΩ)(**)	I (UD***)	R (KΩ)(****)	ERRO (%)
1	60	0,0			TABELA 2 - TESTE DA CALIBRAÇÃO		
2	54	0,5	1	2,5	38,0	2,5	0,0000
3	49	1,0	2	4,5	29,0	5,0	11,1111
4	41	2,0	3	7,5	22,0	7,5	0,0000
5	36	3,0	4	12,5	15,0	12,5	0,0000
6	31	4,0	5	25,0	9,0	26,5	6,0000
7	28	5,0		VALOR MÉDIO DO ERRO			3,4222
8	18	10,0	(*) Unidades relativas na escala do Galvanômetro				
9	11	20,0	(**) Valor nominal da resistência montada nas caixas de resistores.				
10	8	30,0	(***) Corrente medida para cada resistência em teste				
11	6	40,0	(****) Valor obtido na curva de calibração				
12	4	50,0					
13	2	100,0					

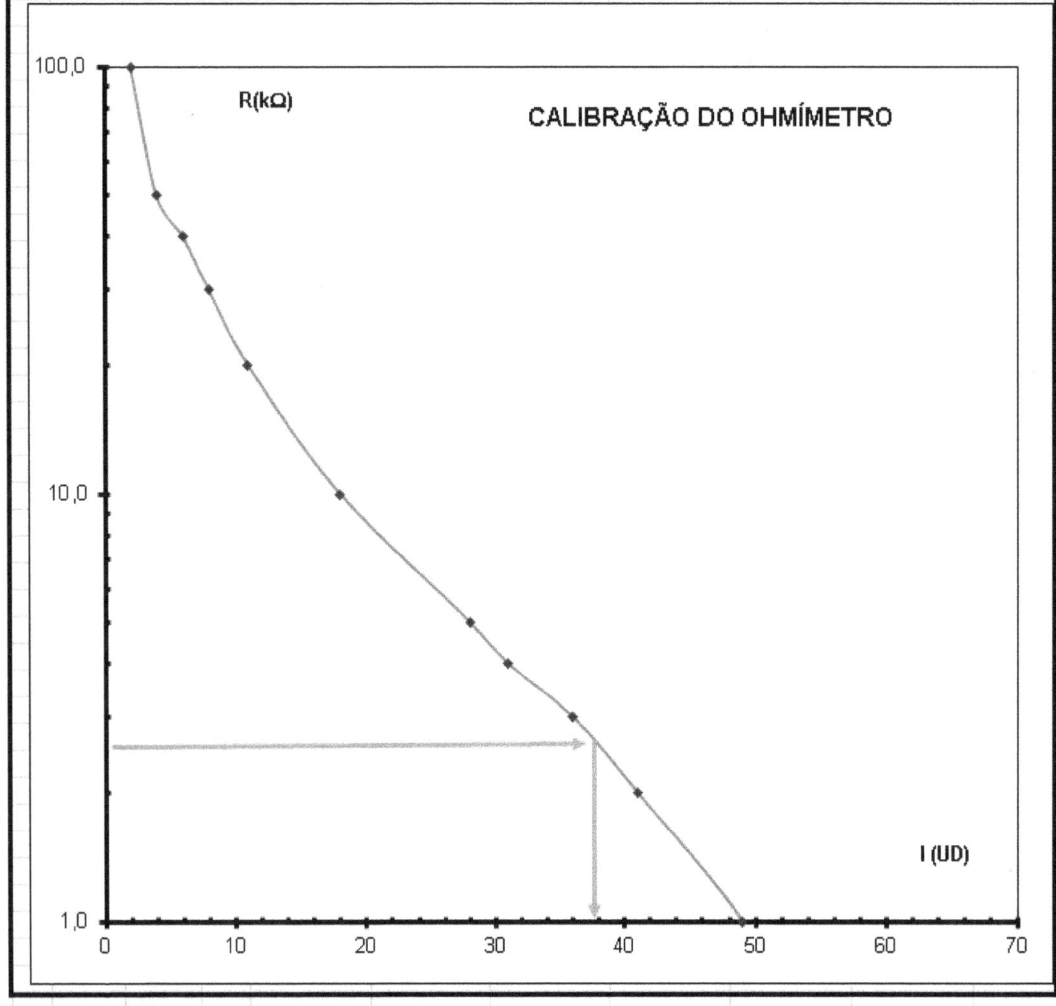

Confirmações experimentais:

PROCEDIMENTO I: O GALVANÔMETRO COMO AMPERÍMETRO

(10)- O valor indicado no Galvanômetro deve ser de 4 mA ... encontramos 3,8 mA.

PROCEDIMENTO II: O GALVANÔMETRO COMO VOLTÍMETRO

(10)- O valor indicado no Galvanômetro deve ser de 5 mA ... encontramos 5,2 mA

PROCEDIMENTO III: O GALVANÔMETRO COMO OHMÍMETRO

O gráfico refere-se à construção do Ohmímetro. O gráfico de calibração aplicado na medida de 5 resistências apresentou erro de 3,42 %.

O valor da resistência de 2,5 K é representado no gráfico por setas.

EXPERIÊNCIA 19: Circuito RC

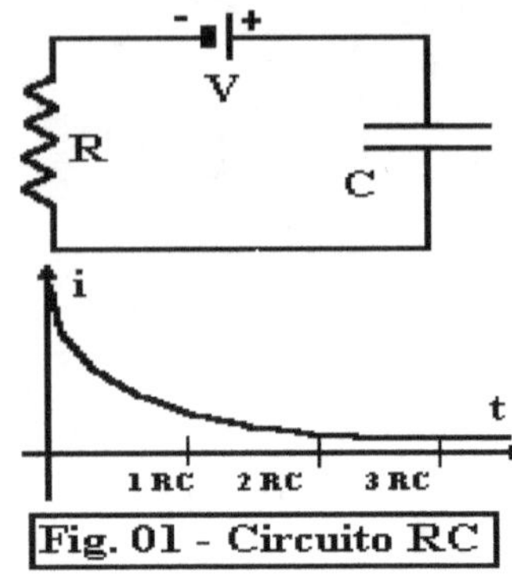

Fig. 01 - Circuito RC

OBJETIVOS

Determinar a variação exponencial da corrente com o tempo e a constante de tempo do circuito RC.

TEORIA

No circuito RC, quando a chave é ligada, o capacitor está descarregado($q = 0$, $t = 0$, $i = 0$) e começa o carregamento com corrente máxima. A carga vai aumentando e a corrente diminuindo até que a diferença de potencial entre as placas do capacitor seja igual à da fonte de corrente contínua.

Durante o carregamento do capacitor $i = \dfrac{V}{R} e^{-t/RC}$.

Para $t = RC \rightarrow i = 0{,}37\,\dfrac{V}{R}$, e $\tau_C = RC$ é a "Constante de Tempo Capacitiva".

Para $t = 5RC \rightarrow i = 0{,}0067\,\dfrac{V}{R}$ "O Capacitor está praticamente carregado".

MONTAGEM A: Medida da corrente na descarga

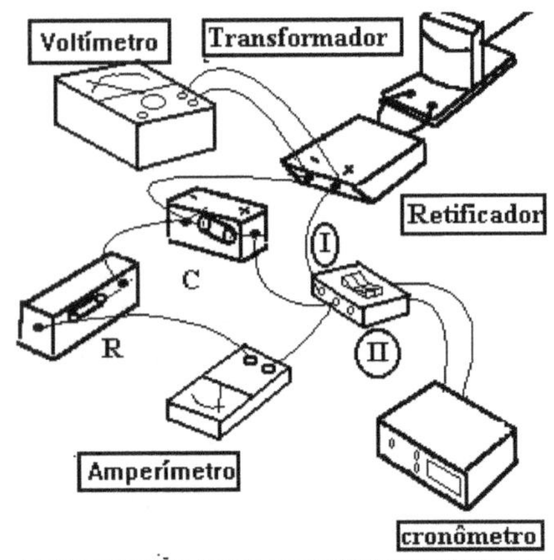

Fig. 03 - Circuito A   - Medida na descarga

O circuito usa uma chave elétrica de duas posições e duas seções: numa delas comanda-se o circuito e na outra o cronômetro.

Em (I) a fonte carrega o capacitor enquanto pode-se observar a corrente máxima do circuito; em (II) o capacitor é descarregado enquanto o Amperímetro mede a corrente e o cronômetro marca o tempo de descarga. O carregamento do capacitor é praticamente instantâneo neste circuito mas fixaremos um tempo de 15 s para uniformizar. O Voltímetro mede a tensão da fonte de corrente contínua.

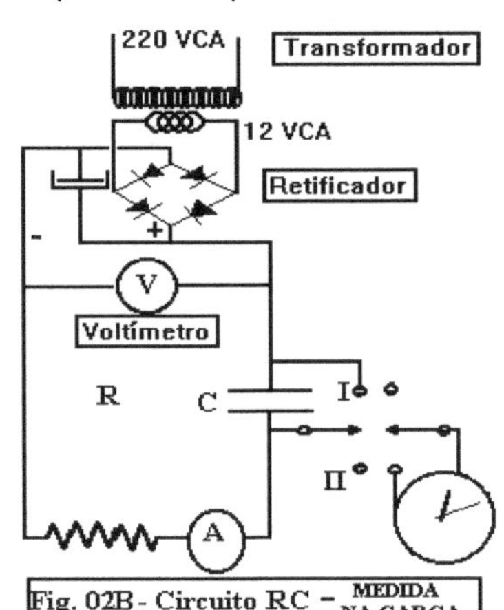

Fig. 02A- Circuito RC – MEDIDA NA DESCARGA

Fig. 02B - Circuito RC – MEDIDA NA CARGA

PROCEDIMENTO:

Confira as ligações do circuito;

(02) Coloque a chave em (I) (15s) e "zere" o cronômetro;

(03) Passe a chave a (II) e quando o Amperímetro indicar a 1ª corrente da tabela volte a (I);

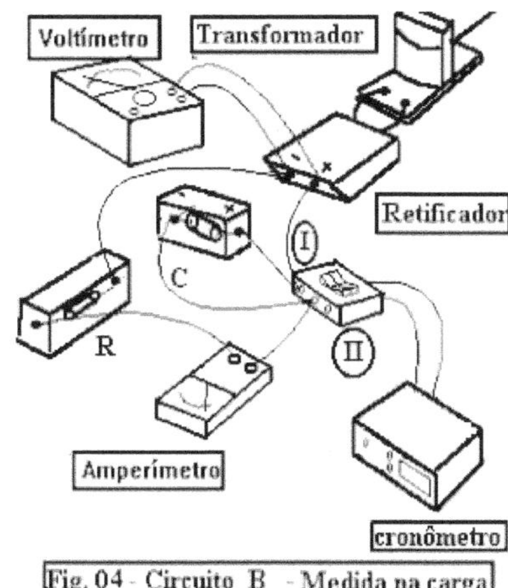

Fig. 04 - Circuito B - Medida na carga

(04) Anote o tempo indicado no cronômetro;

(05) Repita para as outras correntes.

MONTAGEM B: Medida da corrente na carga

O circuito usa uma chave elétrica de duas posições e duas seções: numa delas comanda-se o circuito e na outra o cronômetro.

Em (I) o capacitor está em curto-circuito e o amperímetro indica a corrente máxima; em (II) a fonte carrega o capacitor enquanto o Amperímetro mede a corrente e o cronômetro marca o tempo de carga; voltando a (I) o capacitor é descarregado. O descarregamento do capacitor é praticamente instantâneo neste circuito. O Voltímetro mede a tensão da fonte de corrente contínua.

PROCEDIMENTO:

(01) Confira as ligações do circuito;

(02) Coloque a chave em II;

(03) "Zere" o cronômetro e coloque a chave em (I);

(04) Passe a chave a (II) e quando o Amperímetro indicar a 1ª corrente da tabela volte a (I);

(05) Anote o tempo indicado no cronômetro;

(06) Repita para as outras correntes.

OBSERVAÇÕES SOBRE O ACIONAMENTO DA CHAVE ELÉTRICA

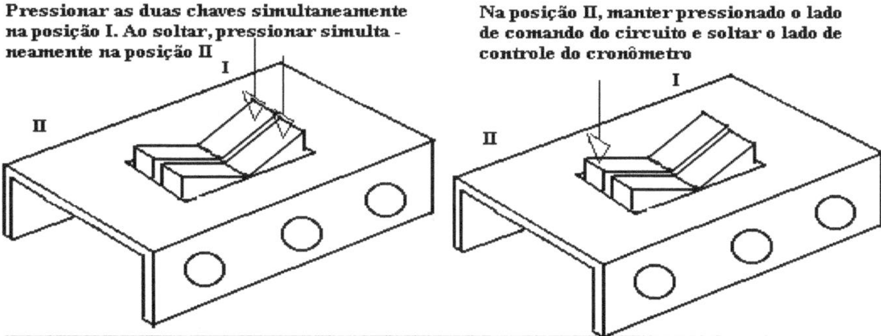

FIG. 05 - Funcionamento da Chave Elétrica no circuito de descarga. No caso da carga, inverter as posições I e II. Manter o lado do circuito pressionado durante a medida do tempo. Ao soltar, voltar a pressionar o lado de comando do cronômetro para desligá-lo

MEDIDAS

UPE - ESCOLA POLITECNICA - DEPARTAMENTO BASICO - LABORATORIO DE FISICA II								
EXPERIÊNCIA 19 - CIRCUITO RC								
NOME								
TURMA		GRUPO		DATA				
TABELA- DESCARGA RC		PARÂMETROS	TESTE DA EQUAÇÃO		TABELA - CARGA RC		TESTE DA EQUAÇÃO	
t (s)	i (μA)	(DESCARGA)	i_{EQ} (μA)	ERRO (%)	t (s)	i (μA)	i_{EQ} (μA)	ERRO (%)
13,23	250	A =	247,165458	1,13381683	15,29	250	245,847747	1,6609012
18,29	230	-0,013	231,430123	0,62179251	20,73	230	229,061936	0,40785394
25,43	210	B =	210,915585	0,43599287	26,99	210	211,159217	0,55200787
32,34	190	293,55	192,795103	1,47110685	33,18	190	194,832931	2,54364814
40,43	170	(CARGA)	173,548653	2,08744311	41,08	170	175,81678	3,42163525
49,16	150	A =	154,92916	3,28610691	49,82	150	156,933544	4,62236272
60,34	130	-0,013	133,971619	3,0550919	61,13	130	135,475719	4,21209164
73,67	110	B =	112,655894	2,41444865	75,59	110	112,259419	2,05401683
89,81	90	299,91	91,3287818	1,47642426	91,37	90	91,4390317	1,59892408
			ERRO MÉDIO	1,7758			ERRO MÉDIO	2,34149

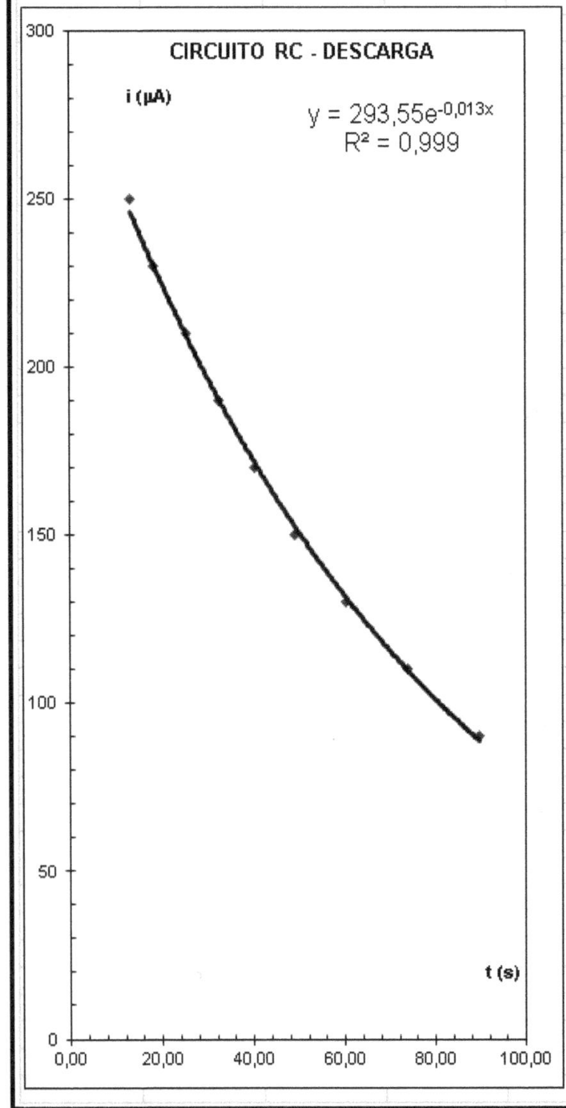

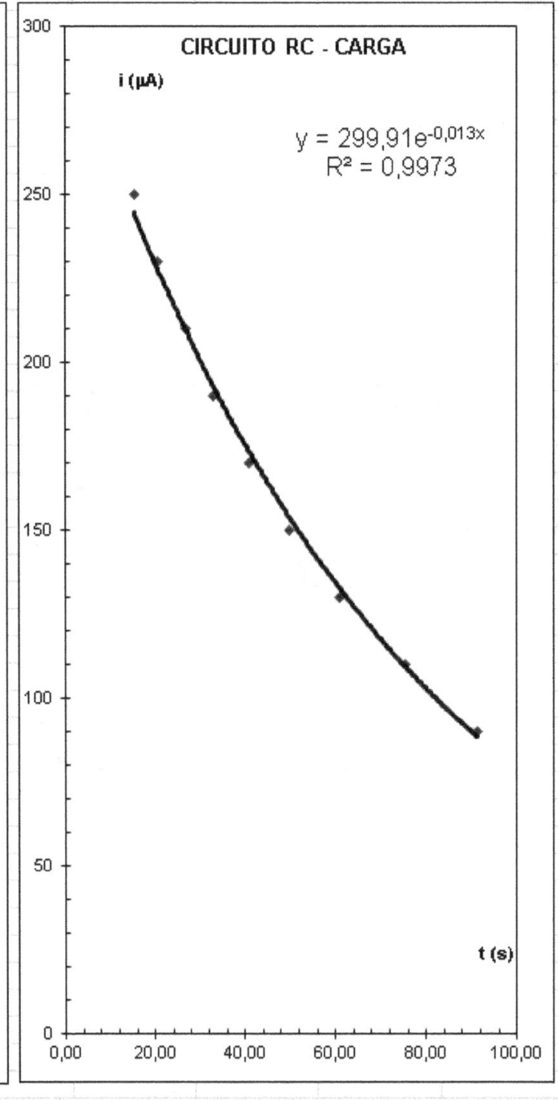

OBJETIVOS

Determinar a variação exponencial da corrente com o tempo e a constante de tempo do circuito RC.

Os gráficos de carga e descarga apresentam correlações superiores a 0,99 indicando relação exponencial, conforme previsão teórica.

Os testes das equações de carga e descarga deram erros inferiores a 2,5 %.

A constante de tempo prevista de teoricamente é 7.500 Ω x 1000 μ F 75 s

No gráfico o expoente da exponencial foi 0,013 e seu inverso é 76,9 s.

A diferença é de 2,7 %.

EXPERIÊNCIA 20: Circuito RLC - Ressonância

OBJETIVOS

Estudar a Ressonância no Circuito RLC.

TEORIA

No circuito RLC, o gerador aplica uma tensão alternada $V = V_0 sen(\omega t)$. A corrente resultante é defasada em relação à tensão mas tem a mesma frequência:

$$i = i_0 sen(\omega t - \delta) \rightarrow \delta = DEFASAGEM$$

$$i_0 = \frac{V_0}{Z} \mapsto Z = \sqrt{R^2 + (X_L - X_C)^2}$$

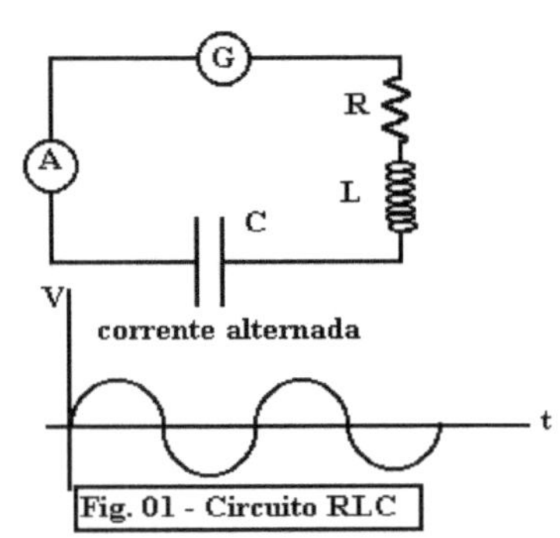

Fig. 01 - Circuito RLC

$$X_L = Reat\hat{a}ncia\ Indutiva = \omega L$$

$$X_C = Reat\hat{a}ncia\ Capacitiva = \frac{1}{\omega C}$$

$$\delta = tan^{-1}\left(\frac{X_L - X_C}{R}\right)$$

Se a frequência do gerador varia, X_L , X_C e Z mudam e a corrente se altera mesmo que V_0 seja constante.

Com $X_L = X_C$, Z é mínima, i é máxima e ocorre a situação conhecida como "Ressonância".

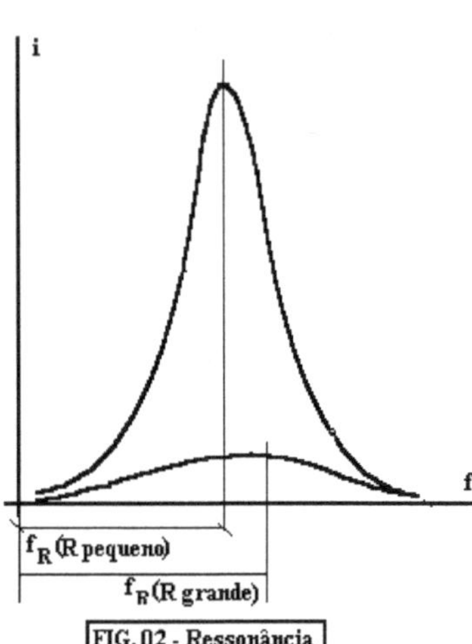

FIG. 02 - Ressonância

$$\omega L = \frac{1}{\omega C} \rightarrow \omega = \sqrt{\frac{1}{LC}}\ (rad/s). \quad f_0 = \frac{1}{2\pi}\sqrt{\frac{1}{LC}}\ (Hz).$$

$$i_0 = \frac{V_0}{Z} \mapsto Z = \sqrt{R^2 + (X_L - X_C)^2} = R \rightarrow i_0 = \frac{V_0}{R}$$

Os elementos do circuito RLC, em corrente alternada apresentam comportamento similar a resistores nos circuitos de corrente contínua.

$$V_C = X_C i \rightarrow V_C = \frac{1}{\omega C}i \rightarrow V_L = X_L i \rightarrow V_L = \omega L i \rightarrow V_G = Z i = \left(\sqrt{R^2 + (X_L - X_C)^2}\right)i$$

FATOR DE QUALIDADE DO CIRCUITO RLC

FIG. 03 - DEFINIÇÃO DO FATOR DE QUALIDADE PELA MEIA LARGURA DA CURVA DA POTÊNCIA (ESQUERDA) E DA CORRENTE NO CIRCUITO RLC.

Definição de fator de Qualidade no circuito RLC:

$$Q = \frac{2\pi E}{\Delta E} \rightarrow \begin{cases} E = energia\ inicial\ total \\ \Delta E = energia\ perdida\ num\ ciclo \end{cases}$$

Fazendo os cálculos:

$$Q = \frac{\omega_0 L}{R} \approx \frac{\omega_0}{\Delta \omega} = \frac{f_R}{\Delta f} \rightarrow$$

Δf = largura no ponto médio do gráfico P x f.

Nosso gráfico foi traçado com medidas de i x f. R representa a resistência total do circuito incluindo o Resistor, o Amperímetro (cerca de 86 Ω) e o indutor (9,5 Ω).

Como a potência é calculada pela fórmula $P = R\,i^2$ concluímos que no ponto em que a função P = f (i) atingir o valor correspondente a $(P_{MÁX})/2$ a corrente correspondente será $i_{MAX}(\sqrt{2}/2) = 0{,}707 i_{MAX}$

Portanto, nesta posição do gráfico i x f deveremos determinar Δf para calcular Q.

Aplicação do circuito RLC em sintonia de emissoras de rádio: Num circuito de alto "Q" é possível selecionar determinada frequência. Imaginando a antena em substituição ao gerador e a captação de várias frequências diferentes a seleção será feita pelo fato de só a frequência natural do circuito (f_0) apresentará uma "resposta", isto é, uma corrente adequada a ser amplificada e ouvida nos alto-falantes.

Mudanças no valor de L com a colocação de núcleo de ferro no indutor: montamos o mesmo circuito RLC agora com a introdução de um núcleo de ferro no indutor. O valor de L vai aumentar e isto significa que a frequência de ressonância será menor. Alteramos a frequência do gerador, observando a corrente do circuito e mantendo a tensão constante, até atingir novamente a ressonância. Assim, podemos calcular a nova indutância da bobina com núcleo de ferro.

MONTAGEM I: LEVANTAMENTO DA CURVA DE RESSONÂNCIA

PROCEDIMENTO:

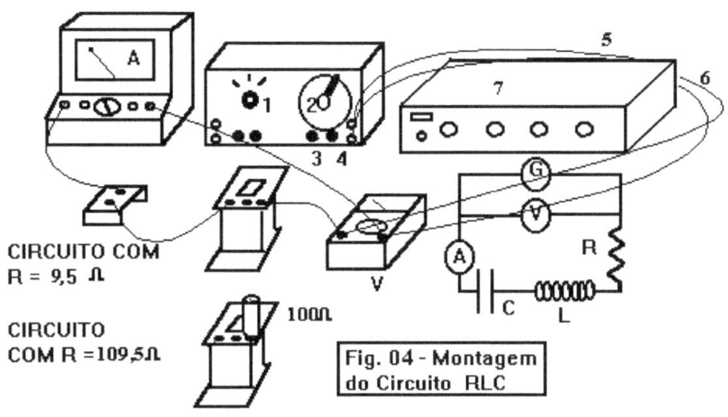

(01) Confira as ligações do circuito;

(02) Coloque (3) e (4) no mínimo (sentido anti-horário);

(03) Ligue o gerador e espere 5 min;

(04) Ajuste a frequência em (1) e (2) conforme a tabela, no valor de f_0 ;

(05) A onda senoidal gerada no gerador será amplificada e os fios que saem dele são ligados na entrada "auxiliar" do amplificador. A saída do amplificador é ligada ao circuito, conforme a fig. (02);

(06) Antes de ligar o amplificador, coloque todos os seus "botões" em "zero" (sentido anti-horário);

(07) Coloque a escala do amperímetro em 0,001 A (CA ~) e o voltímetro em 2,5 V (CA ~);

(08) Coloque (3) e (4) no máximo possível, e aumente cuidadosamente o volume "Fono" enquanto observa a corrente do amperímetro [na escala de não deixando que ultrapasse a 0,8 m A. Anote o seu valor da tensão (V_0) nesse momento;

(09) Aplique as frequências da tabela e meça as correntes mantendo sempre a tensão em V_0;

(10) Acrescente a resistência de 100 Ω em série com a bobina do circuito e repita todo o procedimento;

MONTAGEM II: Comprovação da relação entre V e i na ressonância.

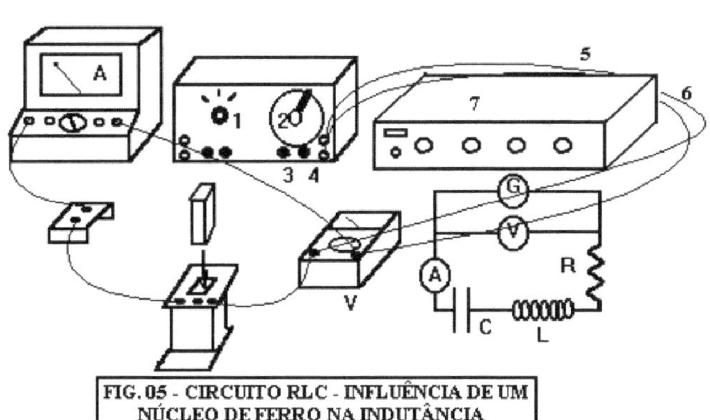

(11) Mantendo a frequência em f_0 determine a corrente do circuito para diversas tensões.

MONTAGEM III: Verificação da mudança no valor de L com a introdução de um núcleo de ferro no Indutor.

(12) Colocando-se um núcleo de ferro no Indutor, altera-se a frequência do Gerador mantendo-se a tensão constante. Descobre-se desse modo a frequência de ressonância e com ela pode-se calcular a nova indutância e descobrir a ordem de grandeza da influência do núcleo de ferro.

MONTAGEM IV: Determinação da frequência de ressonância para outros circuitos

TESTE DE RESSONÂNCIA - $R_A = 86\ \Omega$				
Nº	L(mH)	$R_L(\Omega)$	C(μF)	f_o(KHz)
01	2,7	0,6	0,01	30,6
02	11	2,5	0,01	15,2
03	44	9,5	0,01	7,6
04	2,7	0,6	0,1	9,7
05	11	2,5	0,1	4,8
06	44	9,5	0,1	2,4
07	2,7	0,6	1	3,1
08	11	2,5	1	1,5
09	44	9,5	1	0,76

(13) Alterando-se os valores de C e L formam-se circuitos com frequências de ressonâncias diversas (conforme a tabela ao lado). Monte esses circuitos, meça f_o procurando o valor máximo de i quando V é mantido constante;

(14) Ao terminar, coloque (3) e (4) no mínimo, coloque os "botões" do gerador e amplificador no mínimo e desligue-os.

UPE - ESCOLA POLITÉCNICA - DEPARTAMENTO BÁSICO - LABORATÓRIO DE FÍSICA II							TESTE DA EQUAÇÃO	
EXPERIÊNCIA 20 - CIRCUITO RLC								
NOME								
TURMA		GRUPO		DATA			A =	0,9751
RLC	R = 9,5 Ω	R = 109,5 Ω	TABELA V x i PARA f = f_0				B =	-0,038
f (KHz)	i_1 (mA)	i_2 (mA)	N°	i (mA)	V (volts)	Z (Ω)	V_{EQ} (volts)	ERRO(%)
6,4	0,040	0,040	1	0,150	0,10	666,66667	0,108265	8,26500
6,6	0,040	0,040	2	0,270	0,20	740,74074	0,225277	12,63850
6,8	0,080	0,050	3	0,340	0,30	882,35294	0,293534	2,15533
7,0	0,100	0,080	4	0,450	0,40	888,88889	0,400795	0,19875
7,2	0,220	0,110	5	0,520	0,50	961,53846	0,469052	6,18960
7,4	0,360	0,150	6	0,660	0,60	909,09091	0,605566	0,92767
7,6	0,450	0,240	7	0,750	0,70	933,33333	0,693325	0,95357
7,8	0,770	0,300	8	0,840	0,80	952,38095	0,781084	2,36450
8,0	0,440	0,230	9	0,950	0,90	947,36842	0,888345	1,29500
8,2	0,250	0,190	10	1,100	1,00	909,09091	1,03461	3,46100
8,4	0,140	0,130		MÉDIA		879,14522	MÉDIA	2,25992
8,6	0,120	0,100		DISPERSÃO		97,72099		
8,8	0,100	0,080		PRECISÃO		30,90209		
9,0	0,060	0,060		E(%) NA DISPERSÃO		11,11545		
9,2	0,060	0,060		E(%) NA PRECISÃO		3,51502		

TABELA - INDUTÂNCIA COM NÚCLEO DE FERRO - C = 10 nF						
N°	N (esp)	R(Ω)	L_{AR} (mH)	f_R (kHz)	L_{Fe} (mH)	$100\Delta L/L_{AR}$
1	250	0,6	2,7	15,00	11,26	316,96827
2	500	2,5	11	7,40	46,26	320,52630
3	1000	9,5	44	3,65	190,14	332,12649
					MÉDIA	323,20702

TABELA - TESTE DE RESSONÂNCIA - R_A = 86 Ω [R = R_A + R_L]						
N°	L (mH)	R (Ω)	C (µF)	$[f_0 (KHz)]_C$	$[f_0 (KHz)]_M$	$[100\Delta f/f_0]_C$ (%)
1	2,7	0,6	0,01	30,60	32,00	4,57516
2	11	2,5	0,01	15,20	15,60	2,63158
3	44	9,5	0,01	7,60	7,60	0,00000
4	2,7	0,6	0,10	9,70	9,40	3,09278
5	11	2,5	0,10	4,80	5,00	4,16667
6	44	9,5	0,10	2,40	2,50	4,16667
7	2,7	0,6	1,00	3,10	3,00	3,22581
8	11	2,5	1,00	1,50	1,52	1,33333
9	44	9,5	1,00	0,76	0,78	2,63158
					MÉDIA	2,86929

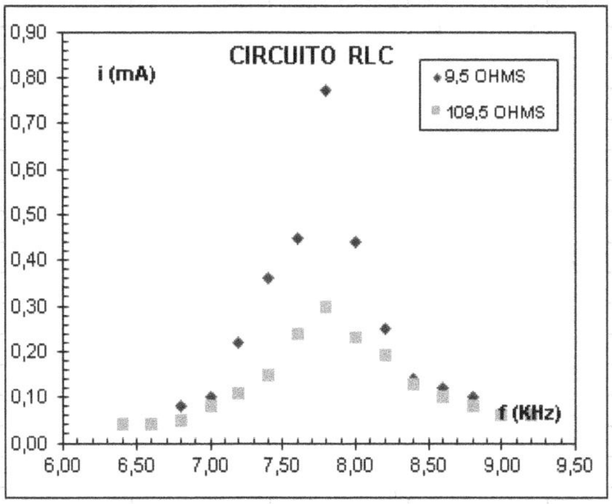

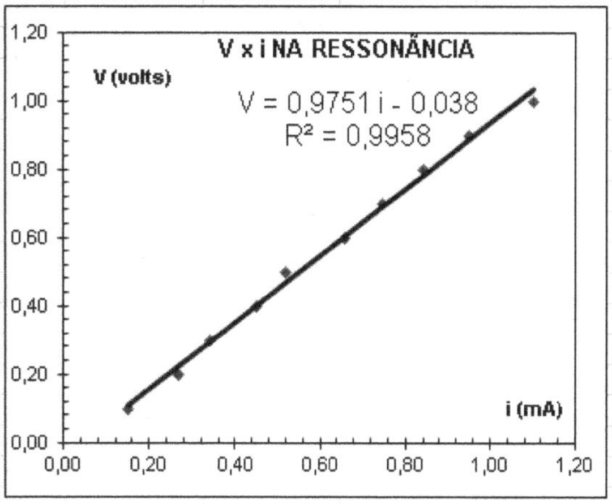

ANÁLISE

OBJETIVOS

Estudar a Ressonância no Circuito RLC.

MONTAGEM I: LEVANTAMENTO DA CURVA DE RESSONÂNCIA

O gráfico "CIRCUITO RLC" apresenta a ressonância para dois valores da resistência do circuito: 9,5 e 109,5 Ω. Os dois apresentam valor máximo em 7,8 KHz.

A frequência de ressonância é $f_0 = \dfrac{1}{2\pi}\sqrt{\dfrac{1}{LC}}$

$$f_0 = \frac{1}{2\,\pi}\sqrt{\frac{1}{44 \times 10^{-3} \times 10 \times 10^{-9}}} = 7,6\,Khz$$

Erro de 2,6 %.

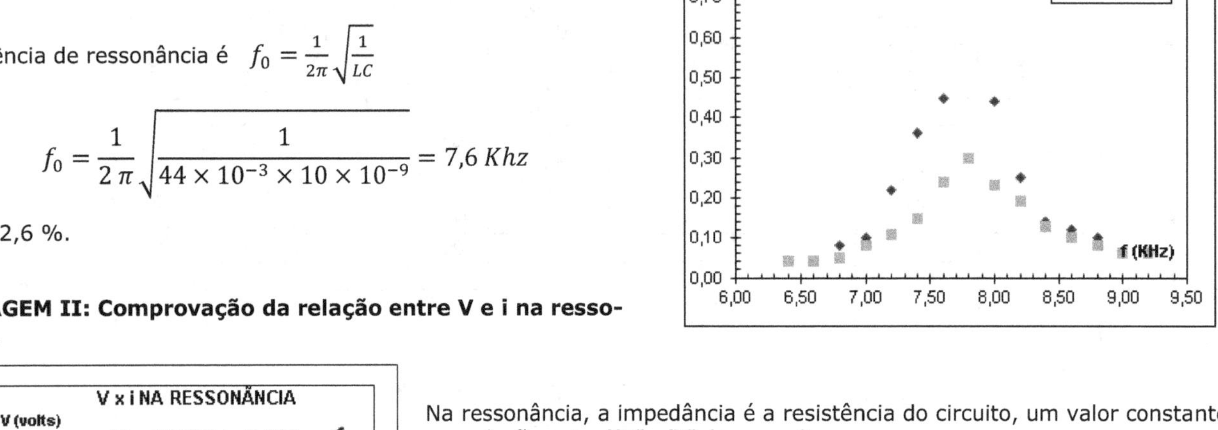

MONTAGEM II: Comprovação da relação entre V e i na ressonância.

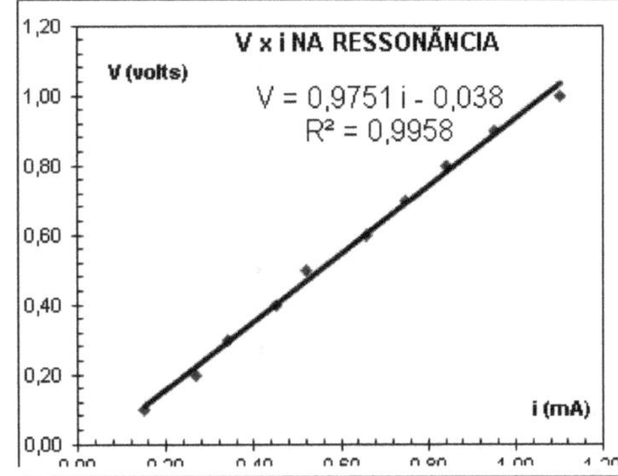

Na ressonância, a impedância é a resistência do circuito, um valor constante e a relação entre "V" e "i" deve ser linear.

O gráfico apesenta exatamente o previsto com correlação de 0,9958, bem próximo a 1.

MONTAGEM III: Verificação da mudança no valor de L com a introdução de um núcleo de ferro no Indutor.

TABELA - INDUTÂNCIA COM NÚCLEO DE FERRO - C = 10 nF						
Nº	N (esp)	$R(\Omega)$	L_{AR} (mH)	f_R (kHz)	L_{Fe} (mH)	$100\Delta L/L_{AR}$
1	250	0,6	2,7	15,00	11,26	316,96827
2	500	2,5	11	7,40	46,26	320,52630
3	1000	9,5	44	3,65	190,14	332,12649
					MÉDIA	323,20702

O aumento médio foi de 324 %.

MONTAGEM IV: Determinação da frequência de ressonância para outros circuitos

TABELA - TESTE DE RESSONÂNCIA - $R_A = 86\ \Omega$ [R = $R_A + R_L$]						
Nº	L (mH)	R (Ω)	C (μF)	$[f_0\ (KHz)]_C$	$[f_0\ (KHz)]_M$	$[100\Delta f/f_0]_C$ (%)
1	2,7	0,6	0,01	30,60	32,00	4,57516
2	11	2,5	0,01	15,20	15,60	2,63158
3	44	9,5	0,01	7,60	7,60	0,00000
4	2,7	0,6	0,10	9,70	9,40	3,09278
5	11	2,5	0,10	4,80	5,00	4,16667
6	44	9,5	0,10	2,40	2,50	4,16667
7	2,7	0,6	1,00	3,10	3,00	3,22581
8	11	2,5	1,00	1,50	1,52	1,33333
9	44	9,5	1,00	0,76	0,78	2,63158
					MÉDIA	2,86929

A comparação entre as frequências previstas e medidas deu erro de

2,9 %.

EXPERIÊNCIA 21: Campo de Solenoides

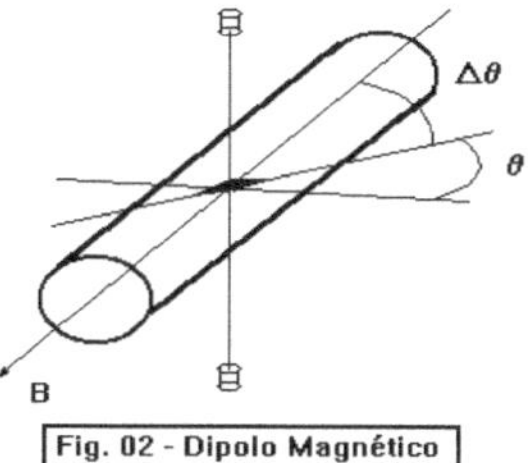

OBJETIVOS

Testar a Lei de Ampère quando o campo de um Solenoide atua num Dipolo Magnético.

TEORIA

Um Solenoide é uma bobina com L >> D. O campo magnético num ponto central é calculado por:

$$B = \mu_0 n i \qquad (01)$$

μ_0 = Permeabilidade Magnética $4\pi.10^{-7}$(Wb / Am).
i_0 = corrente no fio do enrolamento (A)
n = número de espiras por unidade de comprimento (m^{-1})

Um Dipolo Magnético (pequeno ímã)colocado num campo magnético sofre a ação de um torque:

Fig. 01 - Solenóide

Fig. 02 - Dipolo Magnético

$$\vec{\tau} = \vec{\mu} \times \vec{B} \to \tau = \mu B sen\theta$$

Estando o ímã num suporte preso a um fio que torce quando o conjunto gira: $\quad \tau = k\ \Delta\theta \qquad (02)$

$$K\Delta\theta = \mu\mu_0 i_0 n sen\theta \qquad (03) \text{ (k = Constante elástica do fio)} \qquad \frac{\Delta\theta}{sen\theta} = \left(\frac{\mu\mu_0}{k}\right) n i_0 \qquad (04)$$

MONTAGEM

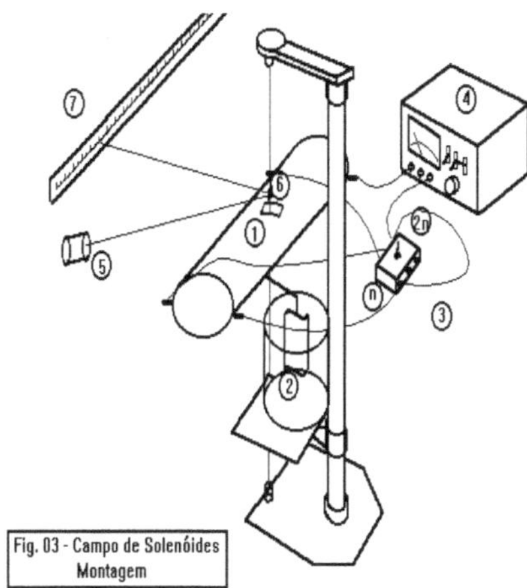

Fig. 03 - Campo de Solenóides
Montagem

O pequeno ímã é colocado no suporte cilíndrico da "Balança de Torção"(1). O conjunto pode girar com amortecimento através da água colocada num Becker (2).

As bobinas podem ser ligadas na situação n ou 2n e isto é controlado pela posição da chave elétrica (3).

A corrente é gerada e medida na própria fonte (4).

O ângulo de giro do ímã é determinado pelo desvio do raio luminoso emitido em (5), refletido no espelho (6) e observado na escala (7).

Para evitar perturbações, a fonte e a chave elétrica estão em mesa separada.

Para diminuir a influência do Campo Magnético Terrestre, o conjunto foi montado de tal modo que na situação de repouso, o ímã fica paralelo ao mesmo.

FUNCIONAMENTO DA FONTE DE CORRENTE CONTÍNUA:

1-2: bornes de saída da tensão contínua;

3: Ajuste da tensão de saída: ao ligar, a fonte deve estar no mínimo (anti-horário);

4: Seleciona a função do medidor da Fonte (Voltímetro e Amperímetro);

5: Controla o limitador de corrente (1,5 A);

- Observe a escala do medidor para a leitura da corrente de acordo com a posição do limitador de corrente.

- Só ligue a fonte com o ajuste (4) em zero. Gire este botão lentamente para evitar excesso de corrente.

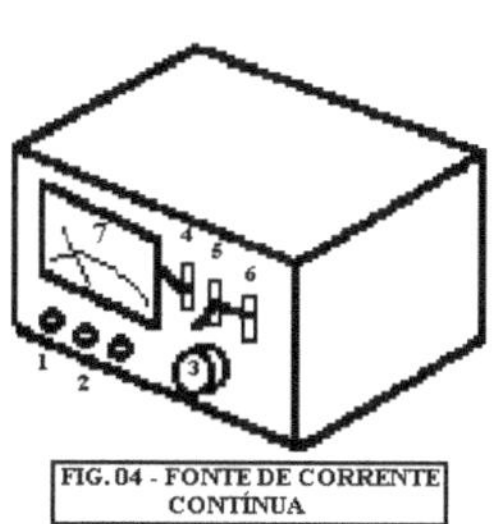

FIG. 04 - FONTE DE CORRENTE
CONTÍNUA

6: Liga e desliga a fonte.

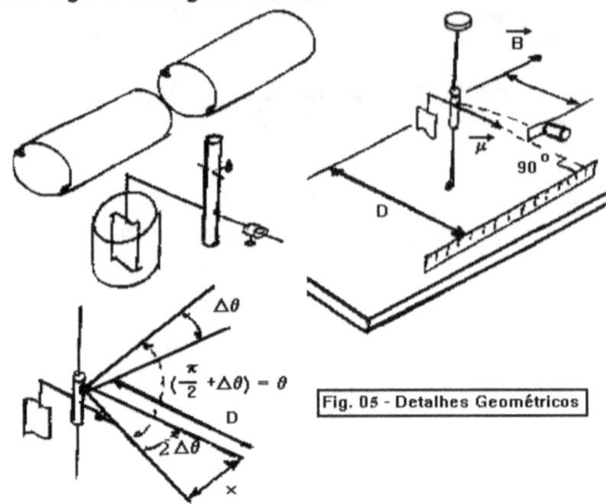

Fig. 05 - Detalhes Geométricos

PROCEDIMENTO I: Campo Magnético do Solenoide.

(01) Observe na montagem auxiliar (na mesa maior) o mecanismo e a posição do ímã;

(02) Girando ou deslocando as bobinas, deixe o mecanismo livre para oscilar;

(03) Regule a posição do contrapeso para manter o braço do amortecedor na horizontal;

(04) Ajuste a posição do raio luminoso na escala (em zero): A distância entre a lente da lâmpada e o espelho deve ser aproximadamente 30 cm;

(05) A escala é colocada a 100 cm do espelho e o raio deve atingi-la perpendicularmente;

(06) Quando o espelho girar de um ângulo $\Delta\theta$ o raio luminoso girará de $2\Delta\theta$ e este ângulo pode ser determinado por:

$$\Delta\theta = \frac{1}{2}tan^{-1}\left(\frac{x}{D}\right) \quad (05)$$

(07) Depois de conferir as conexões dos fios, ligue o circuito faça medidas de x em função de i_0 , conforme as tabelas do relatório;

(08) As bobinas têm área transversal de 0,011 m² ;

(09) A parte elétrica foi montada em mesa separada para evitar perturbações durante as medidas: não toque na mesa onde está a Balança de Torção.

MEDIDAS

UPE - ESCOLA POLITÉCNICA - DEPARTAMENTO BÁSICO - LABORATÓRIO DE FÍSICA II								TESTE DA EQUAÇÃO	
EXPERIÊNCIA 21 - CAMPO DE SOLENÓIDES									
NOME								A =	0,000400
TURMA		GRUPO		DATA				B =	0,004500
n = 200 espiras/m	n = 400 espiras/m		$n\, i_0$ (A/m)	$\Delta\theta/\mathrm{sen}\,\theta$	D (cm) =		138,0	$(\Delta\theta/\mathrm{sen}\,\theta)_{ED}$	ERRO (%)
i (A)	x (cm)	x (cm)	50	0,02064451				0,0245	18,6756416
0,25	5,7	12,5	100	0,03907943				0,0445	13,8706477
0,50	10,8	21,5	150	0,05888458				0,0645	9,53631624
0,75	16,3	31,8	200	0,0757189				0,0845	11,5969777
1,00	21,0	42,1	250	0,09350959				0,1045	11,7532494
1,25	26,0	52,9	300	0,10974734				0,1245	13,4423819
1,50	30,6	63,4	100	0,0452111				0,0445	1,57283297
			200	0,07750387				0,0845	9,02681942
			300	0,11396033				0,1245	9,24854656
			400	0,14967178				0,1645	9,90715633
			500	0,18610993				0,2045	9,8812948
			600	0,22038218				0,2445	10,9436352
								MÉDIA	10,7879583

CAMPO DE SOLENÓIDES

$\Delta\theta/\mathrm{sen}\,\theta$

$$y = 0,0004x + 0,0045$$
$$R^2 = 0,9989$$

$n i_0$ (A/m)

ANÁLISE

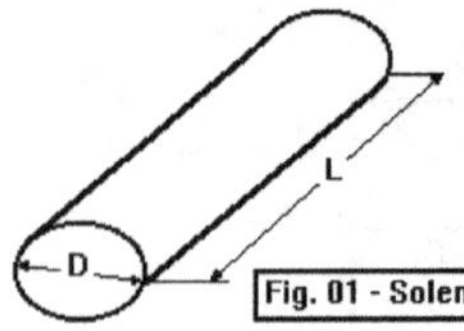

L

D

Fig. 01 - Solenóide

OBJETIVOS

Testar a Lei de Ampère quando o campo de um Solenoide atua num Dipolo Magnético.

A lei de Ampère, aplicada a essa situação, leva à equação:

$$\frac{\Delta\theta}{sen\theta} = \left(\frac{\mu\mu_0}{k}\right) ni_0$$

O gráfico relacionando $\frac{\Delta\theta}{sen\theta}$ com ni_0 é linear, conforme previsto, com correlação de 0,9989.

Essa linearidade permite o uso desse instrumento como medidor de corrente com desvio proporcional.

EXPERIÊNCIA 22: Campo Magnético Terrestre

OBJETIVOS

Determinar o Campo Magnético da Terra

TEORIA

O Campo Magnético Terrestre tem sua origem atribuída à presença de metais pesados, em estado pastoso, no interior da Terra. Os cientistas começaram a desconfiar desse tipo particular de constituição do planeta quando perceberam que sua densidade média é 5,3 g/cm³ enquanto a densidade das primeiras camadas da crosta (SiMa e SiAl) não passa de 2,5 g/cm³.

Metais com densidade alta (acima de 7 g/cm³) como o ferro, o cromo e o níquel (materiais magnéticos) existir nas camadas mais internas.

Vemos na Fig. (01) o campo magnético B_T formando um ângulo α com a direção horizontal, em Recife. Esse ângulo é chamado de "declividade magnética local". Vamos chamar de B_H a componente horizontal de B_T:

$$B_H = B_T \cos\alpha \qquad B_T = \frac{B_H}{\cos\alpha} \qquad (01)$$

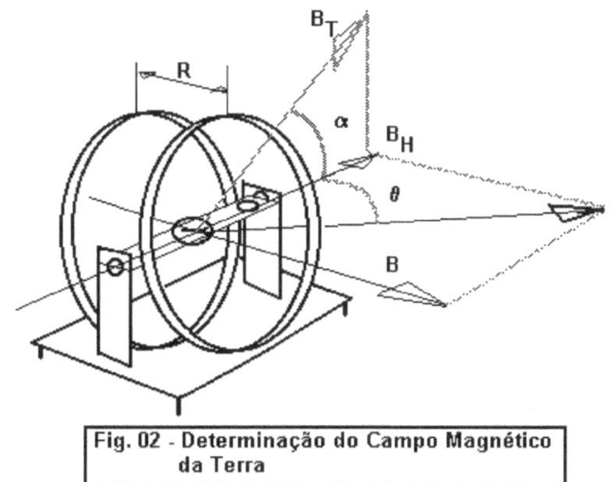

R = raio da bobina = 0,150 m

Nesta experiência vamos determinar o valor de B_H medindo o efeito de um campo magnético conhecido "B" sobre uma agulha de bússola.

O Campo B será produzido por um conjunto de bobinas que têm a separação igual ao raio (Fig. 02).

Esse arranjo (conhecido como "Bobinas de Helmholtz") forma um campo magnético uniforme na região central, calculado por:

$$B = \left(\frac{4}{5}\right)^{3/2} \frac{\mu_0 N}{R}\, i \qquad (02)$$

μ_0 = permeabilidade magnética no vácuo = $4\pi.10^{-7}$ Tm/A
N = número de espiras de cada bobina = 130

Com esses valores:
$$B = 7{,}789 \times 10^{-4} i \qquad (03)$$

Colocando-se i em A, B estará em W/m² ou T.

Na experiência, antes de ligar a corrente, deixamos a agulha de bússola paralela a B_H girando adequadamente a base das bobinas.

Quando estabelecemos a corrente a agulha gira pelo efeito do torque de um dipolo num campo magnético:

$$\vec{\tau} = \vec{\mu} \times \vec{B} \quad \rightarrow \quad \tau = \mu B \operatorname{sen}\theta \qquad (04)$$

Observando a Fig. (02) notamos que:
$$B_H = B \cot\theta \qquad (05)$$

Juntando (03) e (05), chegamos a:
$$B_H = 7{,}789 \times 10^{-4} i\ \cot\theta \qquad (06)$$

A partir de (06):
$$i = \frac{B_H}{7{,}789 \times 10^{-4}}\ \tan\theta \qquad (07)$$

Usando então, a Eq. (01) podemos determinar B_T desde que conheçamos a declividade magnética em Recife.

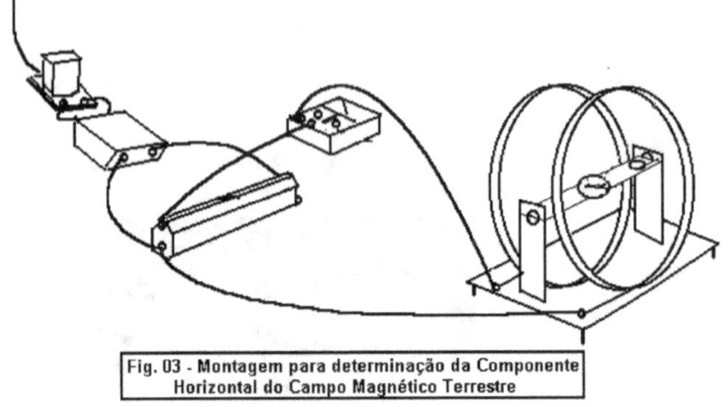

Fig. 03 - Montagem para determinação da Componente
Horizontal do Campo Magnético Terrestre

MONTAGEM

O circuito apresenta um divisor de tensão formado por um potenciômetro para controle da corrente do circuito.

A fonte é constituída por um transformador e um retificador.

A polaridade das ligações deve ser respeitada: no retificador e no multímetro o terminal vermelho corresponde ao polo positivo.

Se for necessário inverter a polaridade para conseguir deflexão da agulha de bússola na direção correta basta inverter os fios na ligação às bobinas.

O multímetro estará sempre na escala de 100 m A, corrente contínua.

A base tem um nível esférico e quatro parafusos para ajuste e nivelamento.

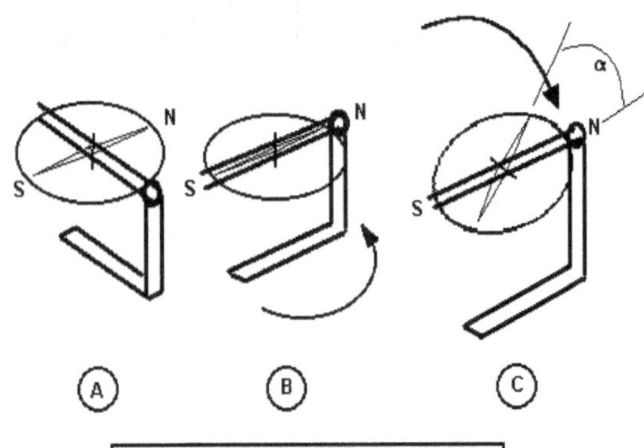

Fig. 04 - Medida da declividade magnética

A regulagem da corrente com o potenciômetro é feita deslocando-se o seu cursor. Quando este está no lado esquerdo (na figura) a corrente é mínima.

A bússola e o nível estão adequadamente fixados.

A Fig. (04) mostra a medida da declividade magnética:

(A)- O aro circular onde está colocada a bússola é colocado na horizontal. A agulha fica livre para oscilar no plano horizontal, em torno do eixo vertical, e naturalmente aponta para o norte.

(B)- A base é girada de modo que a direção da agulha coincida a direção das duas hastes de suporte.

(C)- O conjunto com as duas hastes de suporte é girado de 90º deixando o eixo da agulha no plano horizontal, perpendicular à direção N – S. A agulha da bússola fica orientada na direção do campo magnético terrestre e α é a medida da declividade magnética.

PROCEDIMENTO

(1)- Gire a base das bobinas de Helmholtz de modo que a agulha da bússola aponte N – S;

(2)- Nivele usando os quatro parafusos da base;

(3)- Confira as ligações do circuito e coloque o cursor do reostato próximo ao borne vermelho;

(4)- Coloque o multímetro na escala de 100 mA;

(5)- Ligue a fonte e meça a corrente para os ângulos indicados na Tabela 1 do Relatório;

(6)- Execute os passos da Fig. (04) para determinar a declividade magnética.

MEDIDAS

UPE-ESCOLA POLITÉCNICA - DEPARTAMENTO BÁSICO-LABORATÓRIO DE FÍSICA II								
EXPERIÊNCIA 8 - DETERMINAÇÃO DO CAMPO MAGNÉTICO TERRESTRE								
NOME								
TURMA		GRUPO		DATA				

						TESTE DA EQUAÇÃO DO GRÁFICO		
TABELA 1 – DETERMINAÇÃO DO CAMPO MAGNÉTICO TERRESTRE							A =	27,176
Declividade Magnética: α (°) =			39,0				B =	-1,4163
N°	θ (°)	Tan (θ)	i (mA)	B (W/m²)(*)	BH (W/m²)(**)	BT (W/m²)(***)	i_{EQ} (mA)	ERRO(%)
1	5	0,0875	3,0	0,0000023	0,0000267	0,0000344	0,96	67,9569
2	10	0,1763	4,0	0,0000031	0,0000177	0,0000227	3,38	15,6109
3	15	0,2679	6,5	0,0000051	0,0000189	0,0000243	5,87	9,7617
4	20	0,3640	9,0	0,0000070	0,0000193	0,0000248	8,47	5,8338
5	25	0,4663	11,5	0,0000090	0,0000192	0,0000247	11,26	2,1211
6	30	0,5774	14,0	0,0000109	0,0000189	0,0000243	14,27	1,9555
7	35	0,7002	17,5	0,0000136	0,0000195	0,0000250	17,61	0,6431
8	40	0,8391	21,0	0,0000164	0,0000195	0,0000251	21,39	1,8432
9	45	1,0000	25,5	0,0000199	0,0000199	0,0000256	25,76	1,0184
10	50	1,1918	28,8	0,0000224	0,0000188	0,0000242	30,97	7,5375
11	55	1,4281	36,5	0,0000284	0,0000199	0,0000256	37,40	2,4522
12	60	1,7321	42,5	0,0000331	0,0000191	0,0000246	45,65	7,4210
13	65	2,1445	55,8	0,0000435	0,0000203	0,0000261	56,86	1,9047
14	70	2,7475	77,5	0,0000604	0,0000220	0,0000283	73,25	5,4850
15	75	3,7321	100,0	0,0000779	0,0000209	0,0000269	100,01	0,0059
			MÉDIA				0,0000258	MÉDIA	8,7701
			DESVIO PADRÃO				0,0000027		
			ERRO (%)				10,4668199		

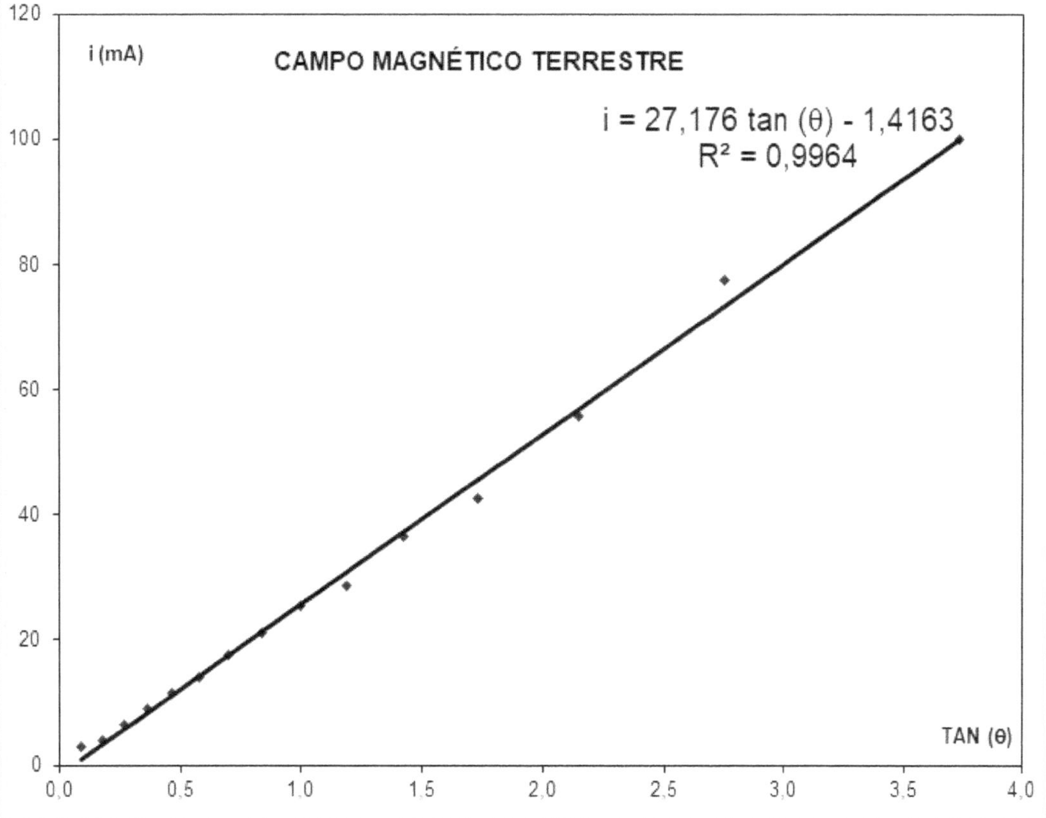

OBJETIVOS

Determinar o Campo Magnético da Terra

O gráfico corresponde à equação: $\quad i = \dfrac{B_H}{7{,}789\times10^{-4}}\ \tan\theta$

Equação do gráfico: i = 27,176 tan (θ) - 1,4163

B_H = 2,117 X 10^{-5} Tesla   (i está em m A e foi feito o ajuste de unidades)

Com a declividade local de 23º o Campo Magnético é: 2,3 x 10^{-5} Tesla

O valor previsto é 2,5 x 10^{-5} Tesla. Variação de 8 %.

EXPERIÊNCIA 23: Lentes Convergentes

OBJETIVOS

Comprovar a Equação das Lentes Convergentes Determinar a Distância Focal e o Tamanho do Objeto.

TEORIA: Formação de Imagem numa Lente Convergente

RAIO 1: Passa pelo foco e é refratado paralelamente;

RAIO 2: Passa pelo vértice e prossegue sem desvio.

> f = Distância Focal
> o = Distância do Objeto
> i = Distância da Imagem

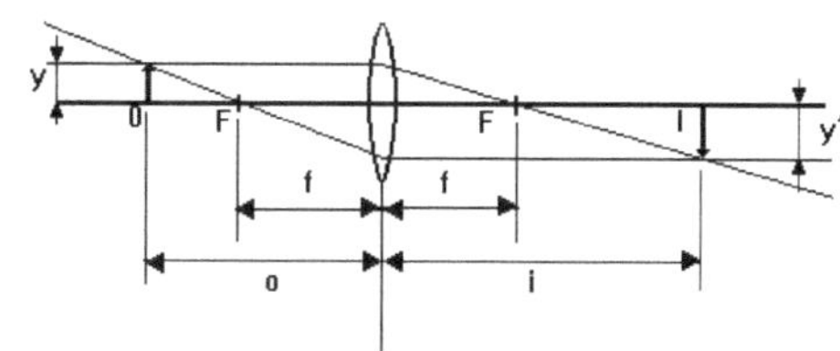

Fig. 01 - Construção da imagem real

$$\frac{1}{o} + \frac{1}{i} = \frac{1}{f}$$

y = Tamanho do Objeto··
y'= Tamanho da Imagem
m = Amplificação Transversal

$$m = \frac{y'}{y} \rightarrow \frac{y'}{y} = \left|\frac{i}{o}\right|$$

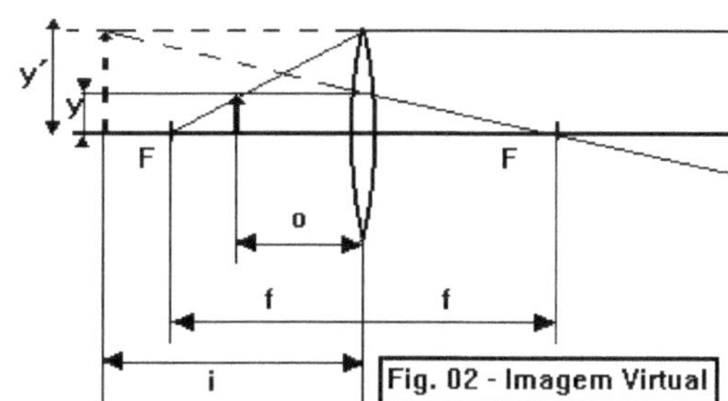

Fig. 02 - Imagem Virtual

Na figura a imagem é: REAL, INVERTIDA, AUMENTADA (A imagem real pode ser vista numa tela.)

Quando o Objeto está situado entre o foco e o vértice a imagem é: Virtual, direita, aumentada ou diminuída em função dos valores de "o" e "f ".

A análise destas relações pode ser feita numericamente pela comparação entre os valores de f e y encontrados pelo cálculo a partir das medidas e os valores teóricos correspondentes.

Também pode ser realizada graficamente por dois processos:

(I) - Análise com o gráfico mm (1/o) x (1/i).

$$\frac{1}{o} = \frac{1}{f} - \frac{1}{i} \rightarrow Y = B + AX$$

$$Y \equiv \frac{1}{o} \rightarrow B \equiv \frac{1}{f} A = -1 \rightarrow X \equiv \frac{1}{i}$$

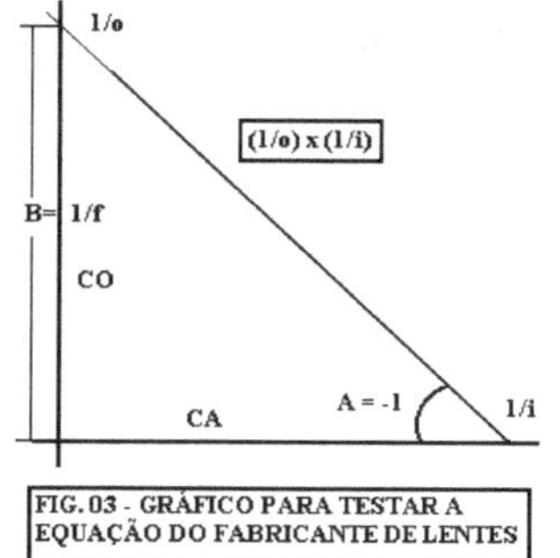

FIG. 03 - GRÁFICO PARA TESTAR A EQUAÇÃO DO FABRICANTE DE LENTES

NO GRÁFICO: $A = \dfrac{CO(mm) \div M_{1/o}}{CA(mm) \div M_{1/i}} \rightarrow B = \left[CO(mm) \div M_{1/o}\right]$

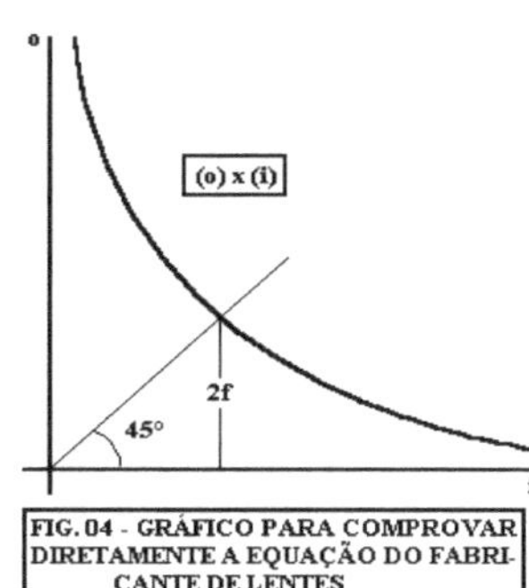

FIG. 04 - GRÁFICO PARA COMPROVAR DIRETAMENTE A EQUAÇÃO DO FABRICANTE DE LENTES

(II) - Análise com o gráfico mm (o) x (i) determinação de f.

O gráfico deve ser traçado com módulos idênticos nos dois eixos.

Desse modo, traçando-se a bissetriz do quadrante, tem-se no seu encontro com a curva um ponto de abcissa igual à ordenada.

DETERMINAÇÃO DA DISTÂNCIA FOCAL:

Na equação:

$$\frac{1}{o} + \frac{1}{i} = \frac{1}{f} \rightarrow \frac{1}{o} = \frac{1}{i} \rightarrow \frac{1}{2i} = \frac{1}{2o} = \frac{1}{f}$$

Conclusão: $f = 2o$

A abscissa ou ordenada no ponto de interseção da bissetriz com a curva vale f/2

MONTAGEM

A fonte de luz tem uma lente condensadora com um cursor que possui algumas fendas. Usaremos a fenda retangular para facilitar a focalização: Este é o objeto cuja imagem será observada na tela. A figura (04) mostra como devem ser feitas as medidas de 0, i e y'.

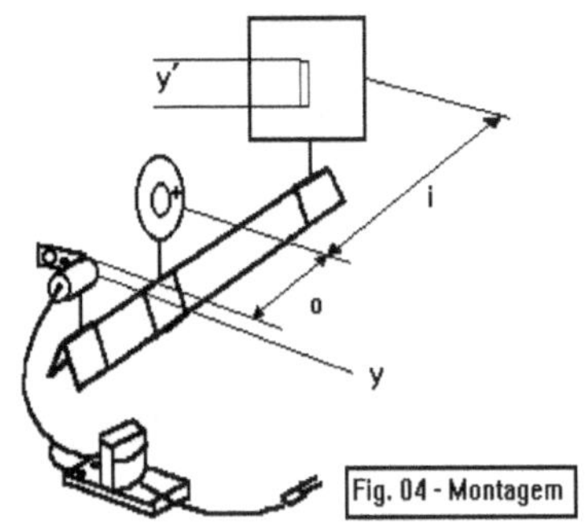

PROCEDIMENTO I: DETERMINAÇÃO DA DISTÂNCIA DA IMAGEM E DO SEU TAMANHO

(01) Centralize a lâmpada no soquete usando os três parafusos da sua base;

(02) Coloque a fenda do cursor que servirá de objeto no centro do soquete, deslocando-o;

(03) Centralize a lente relativamente ao objeto;

(04) Estabeleça a distância "o" da tabela e ligue a lâmpada;

(05) Desloque a tela até conseguir a imagem nítida. Meça y' e i;

(06) Repita para outros valores de o.

(07) Meça também o valor de y (tamanho do objeto).

PROCEDIMENTO II: DETERMINAÇÃO DA DISTÂNCIA FOCAL DE UMA LENTE CONVERGENTE COM UMA SÓ MEDIDA

(08) Instale a fenda de maior diâmetro;

(09) Coloque a lente o mais afastada possível da fonte de luz;

(10) Coloque a tela após a lente;

(11) Desloque a tela até conseguir a maior focalização possível da imagem da fenda;

(12) A distância entre a lente e a tela é a distância focal.

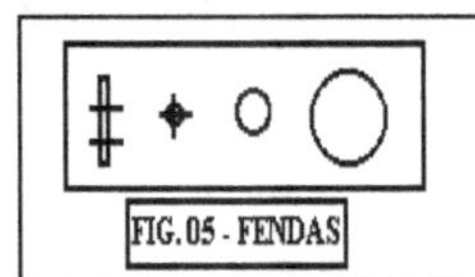

MEDIDAS

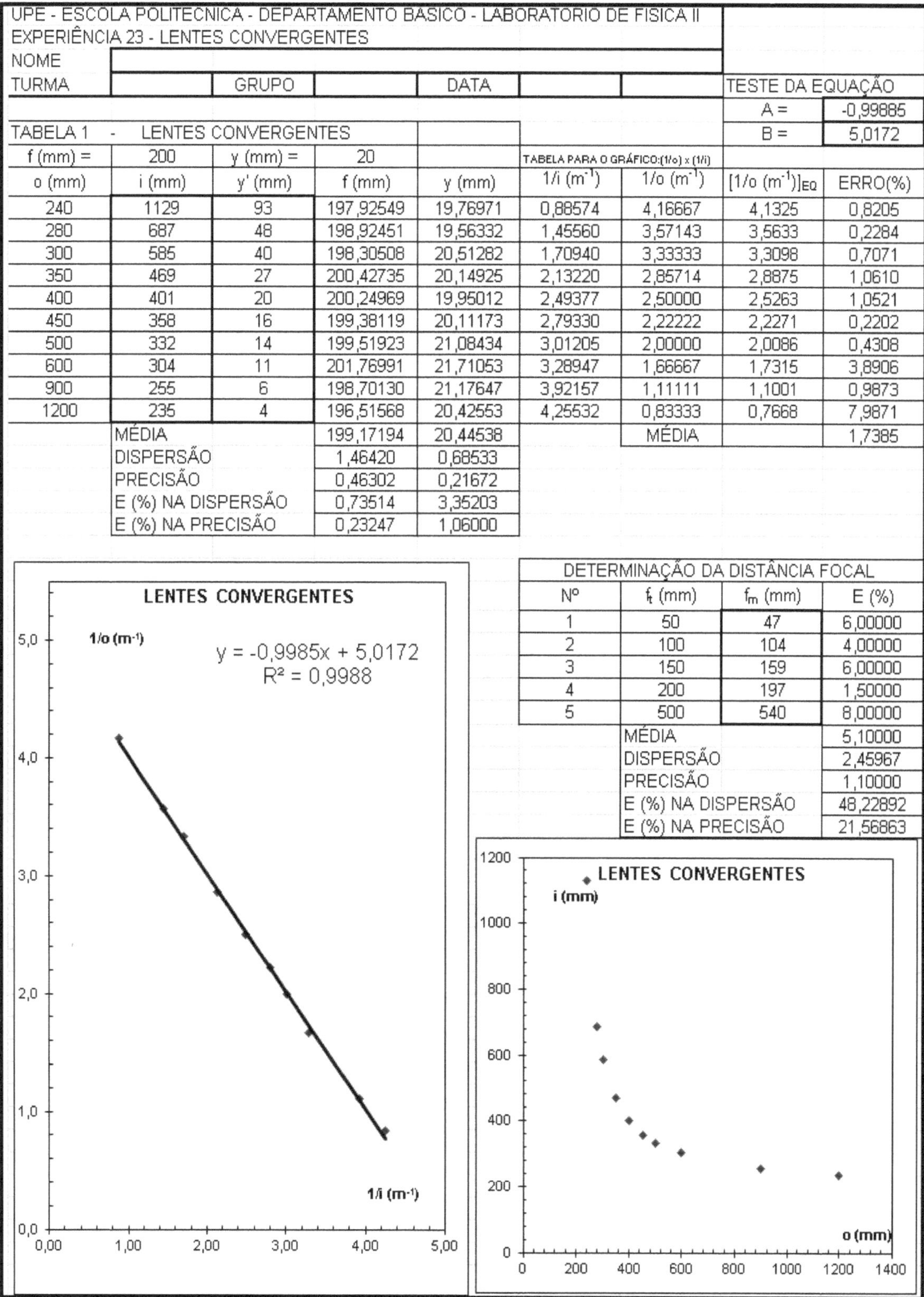

UPE - ESCOLA POLITÉCNICA - DEPARTAMENTO BÁSICO - LABORATÓRIO DE FÍSICA II								TESTE DA EQUAÇÃO	
EXPERIÊNCIA 23 - LENTES CONVERGENTES									
NOME									
TURMA		GRUPO		DATA				TESTE DA EQUAÇÃO	
								A =	-0,99885
TABELA 1 - LENTES CONVERGENTES								B =	5,0172
f (mm) =	200	y (mm) =	20		TABELA PARA O GRÁFICO:(1/o) x (1/i)				
o (mm)	i (mm)	y' (mm)	f (mm)	y (mm)	$1/i$ (m^{-1})	$1/o$ (m^{-1})	$[1/o$ (m^{-1})$]_{EQ}$	ERRO(%)	
240	1129	93	197,92549	19,76971	0,88574	4,16667	4,1325	0,8205	
280	687	48	198,92451	19,56332	1,45560	3,57143	3,5633	0,2284	
300	585	40	198,30508	20,51282	1,70940	3,33333	3,3098	0,7071	
350	469	27	200,42735	20,14925	2,13220	2,85714	2,8875	1,0610	
400	401	20	200,24969	19,95012	2,49377	2,50000	2,5263	1,0521	
450	358	16	199,38119	20,11173	2,79330	2,22222	2,2271	0,2202	
500	332	14	199,51923	21,08434	3,01205	2,00000	2,0086	0,4308	
600	304	11	201,76991	21,71053	3,28947	1,66667	1,7315	3,8906	
900	255	6	198,70130	21,17647	3,92157	1,11111	1,1001	0,9873	
1200	235	4	196,51568	20,42553	4,25532	0,83333	0,7668	7,9871	
	MÉDIA		199,17194	20,44538		MÉDIA		1,7385	
	DISPERSÃO		1,46420	0,68533					
	PRECISÃO		0,46302	0,21672					
	E (%) NA DISPERSÃO		0,73514	3,35203					
	E (%) NA PRECISÃO		0,23247	1,06000					

DETERMINAÇÃO DA DISTÂNCIA FOCAL			
Nº	f_t (mm)	f_m (mm)	E (%)
1	50	47	6,00000
2	100	104	4,00000
3	150	159	6,00000
4	200	197	1,50000
5	500	540	8,00000
MÉDIA			5,10000
DISPERSÃO			2,45967
PRECISÃO			1,10000
E (%) NA DISPERSÃO			48,22892
E (%) NA PRECISÃO			21,56863

ANÁLISE

OBJETIVOS

Comprovar a Equação das Lentes Convergentes Determinar a Distância Focal e o Tamanho do Objeto.

O gráfico relacionando i/o com 1/i resultou numa reta com correlação de 0,9988

$$\frac{1}{o} = \frac{1}{f} - \frac{1}{i} \rightarrow Y = 5,0172 - 0,9985\,X$$

$$Y \equiv \frac{1}{o} \rightarrow B \equiv \frac{1}{f} \quad A = -1 \rightarrow X \equiv \frac{1}{i}$$

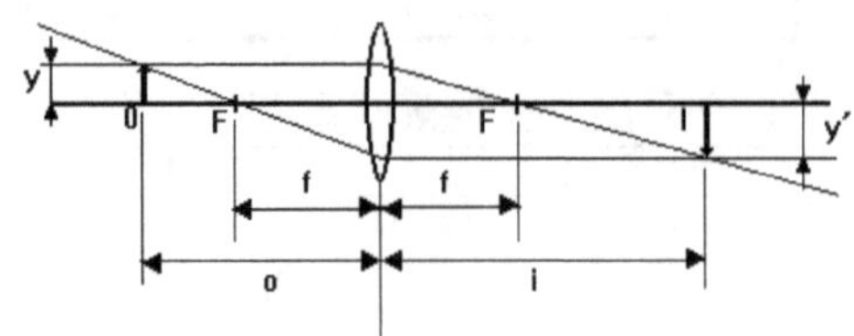

Fig. 01 - Construção da imagem real

A distância focal da lente usada foi de 200 mm ou 0,2 m, cujo inverso é 5!

O tamanho de objeto, de 20 mm foi confirmado com o valor de y = 20,44 mm

EXPERIÊNCIA 24: Refração num Prisma

OBJETIVOS

Descobrir a Relação entre (n) e (λ). A relação teórica entre o índice de refração e o comprimento de onda é difícil de obter tendo em vista a grande quantidade de fatores que influem, tais como:

- composição do material;

- presença de impurezas;

- forma de cristalização;

- processo de fabricação;
- etc.

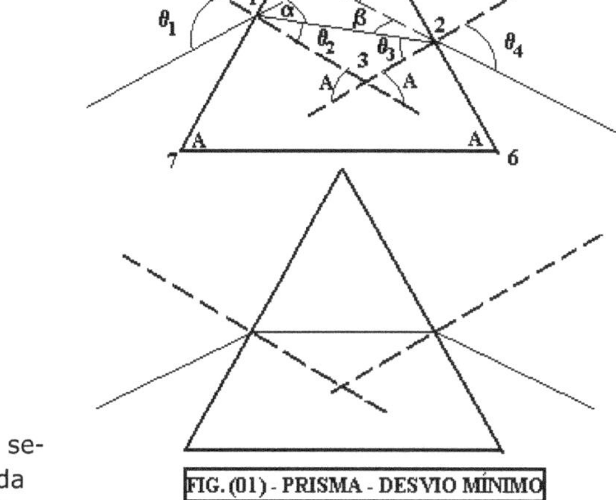

FIG. (01) - PRISMA - DESVIO MÍNIMO

TEORIA

Um raio de luz na direção (1-4), sofre refração ao entrar no prisma; segue dentro do prisma pelo caminho (1-2), volta ao ar numa segunda refração e sai em (2) na direção (4-2): θ é o desvio total entre as direções (1-4) e (4-2). Aplicando a lei de Snell a estas duas refrações:

$$\begin{cases} sen\theta_1 = nsen\theta_2 \\ sen\theta_3 = nsen\theta_4 \end{cases} \qquad (01)$$

$$\Delta142 \rightarrow \begin{cases} \theta = \alpha + \beta \\ \alpha = \theta_1 - \theta_2 \\ \beta = \theta_4 = \theta_3 \end{cases}$$

$$\theta = \theta_1 - \theta_2 + \theta_4 - \theta_3 \qquad \theta = \theta_1 + \theta_4 - (\theta_2 + \theta_3) \qquad (02)$$

$$\Delta152 \rightarrow A + \frac{\pi}{2} - \theta_2 + \frac{\pi}{2} - \theta_3 = \pi \qquad A = \theta_2 + \theta_3 \qquad (03)$$

$$ou \rightarrow \Delta132 \rightarrow A = \theta_2 + \theta_3 \qquad (02) \rightarrow \theta = (\theta_1 + \theta_4) - A \qquad (04)$$

$$\text{Se } (1\text{-}2) \parallel (6\text{-}7) \quad \theta_1 = \theta_4 \rightarrow \theta_2 = \theta_3 \rightarrow (02) \rightarrow \alpha = \beta$$

(Essa condição de Desvio mínimo é demonstrada em seguida)

Os triângulos (142) e (132) são isósceles e $\overline{(1-3)} = \overline{(2-3)} \rightarrow \overline{(1-4)} = \overline{(2-4)}$
Os pontos 3, 4 e 5 estão alinhados na altura do triângulo (567)

Nesse caso (04) dá:

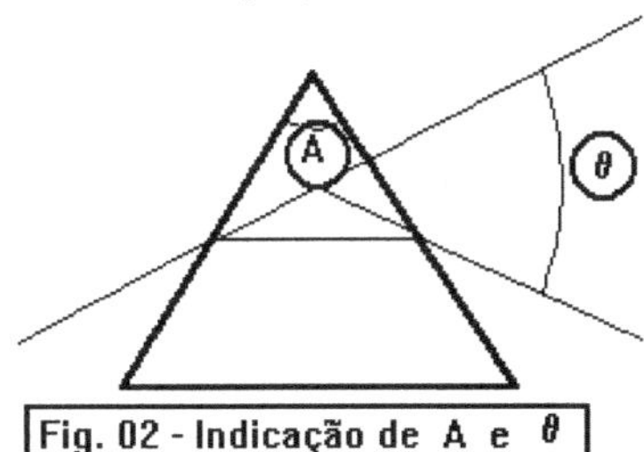

Fig. 02 - Indicação de A e θ

$$A + \theta = \theta_1 + \theta_4 = 2\theta_1 \rightarrow sen\left(\frac{A+\theta}{2}\right) = sen(\theta_1)$$

$$sen\left(\frac{A+\theta}{2}\right) = nsen(\theta_2) = nsen\left(\frac{A}{2}\right)$$

$$n = \frac{sen[0,5(A+\theta)]}{sen(0,5A)} \qquad (05)$$

Na prática, a situação citada para o raio (1-2), que pode ser vista dentro do prisma, é denominada de "DESVIO MÍNIMO". Usando um prisma equilátero, A = 60⁰, e:

$$n = 2sen\left(0{,}5\theta_{mi\;'n}()\right)$$

Girando o prisma e observando a posição do espectro é fácil localizar a posição correspondente ao desvio mínimo.

CONDIÇÃO DE DESVIO MÍNIMO:

Retomando a Eq. (04) $\theta = (\theta_1 + \theta_4) - A$, sabemos que o valor mínimo de θ ocorre quando a primeira derivada for nula e a segunda for positiva. A primeira derivada é:

$$d\theta = \frac{d\theta_1}{d\theta} + \frac{d\theta_4}{d\theta} = 0 \rightarrow \frac{d\theta_1}{d\theta} = -\frac{d\theta_4}{d\theta} \rightarrow \theta_1 = arcsen(nsen\theta_2) \rightarrow \theta_4 = arcsen(nsen\theta_3)$$

$$\frac{1}{\sqrt{1-(nsen\theta_2)^2}}\left(n\frac{d\theta_2}{d\theta}\right) = -\frac{1}{\sqrt{1-(nsen\theta_3)^2}}\left(n\frac{d\theta_3}{d\theta}\right) \tag{06}$$

De (03): $\qquad A = \theta_2 + \theta_3 \rightarrow \theta_2 = A - \theta_3 \rightarrow \frac{d\theta_2}{d\theta} = -\frac{d\theta_3}{d\theta} \tag{07}$

(07) em (06): $\qquad \frac{1}{\sqrt{1-(nsen\theta_2)^2}} = \frac{1}{\sqrt{1-(nsen\theta_3)^2}} \rightarrow \theta_2 = \theta_3 \tag{08}$

Para testar se esta condição corresponde a um mínimo, calculemos a segunda derivada

$$d^2\theta = \frac{d^2\theta_1}{d\theta^2} + \frac{d^2\theta_4}{d\theta^2} \tag{09}$$

A condição (08) implica em serem iguais os ângulos θ_1 e θ_4. A expressão (09) é positiva e (08) corresponde ao desvio mínimo.

A condição geométrica de desvio mínimo decorre do fato de termos a igualdade desses ângulos (08).

MONTAGEM

ESPECTRO VISÍVEL	
COR	λ (10^{-10} m) (A^0)
Violeta	4150
Anil	4650
Azul	4950
Verde	5300
Verde - Amarelo	5625
Amarelo	5800
Laranja	6025
Vermelho	6900

(01) Sem o prisma, ajuste a posição das lentes (02) e (04) de modo a conseguir uma imagem nítida da fenda (03) na tela 1 (06);

(02) Coloque o prisma e localize a posição correspondente ao desvio mínimo (gire o banco óptico para poder observar na tela pequena);

(03) Observe a posição central das bandas correspondentes à emissão do filamento de Tungstênio;

(04) Use a tela (06) olhando-a por trás;

(05) Tome a parte central de cada cor para medir o seu deslocamento ao longo da escala circular.

(06) Para determinar o ângulo de desvio de cada cor dividimos o arco medido na escala circular S (cm) pelo raio (D) (cm). O ÂNGULO ESTARÁ EM RADIANOS.

(07) Usaremos três tipos de prisma para comparar suas características e entender suas aplicações (vidro FLINT, vidro CROWN e vidro de QUARTZO FUNDIDO).

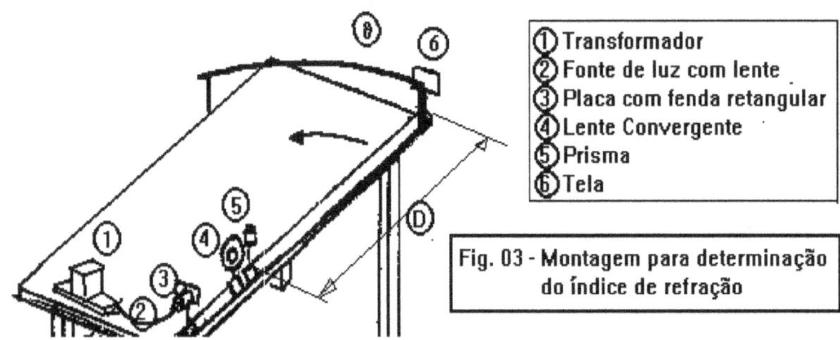

Fig. 03 - Montagem para determinação do índice de refração

(08) Para facilitar os cálculos é possível ajustar o valor de D em 100,0 cm.

UPE - ESCOLA POLITÉCNICA - DEPARTAMENTO BÁSICO - LABORATÓRIO DE FÍSICAII					
EXPERIÊNCIA 24 - REFRAÇÃO NUM PRISMA					
NOME					
TURMA		GRUPO		DATA	
TABELA 1 - ÍNDICE DE REFRAÇÃO (FLINT) D (cm) =			100,0		
cor	λ (A°)	S (cm)	θ mín (rad)	n	
Violeta	4150	86,6	0,71370986	1,542057	
Anil	4650	85,5	0,70738967	1,538025	
Azul	4950	84,9	0,70391323	1,535800	
Verde	5300	83,7	0,69689831	1,531297	
Verde-Amar	5625	83,3	0,69454152	1,529780	
Amarelo	5800	82,9	0,69217544	1,528255	
Laranja	6025	82,7	0,69098891	1,527489	
Vermelho	6900	82,0	0,68681765	1,524793	

REGRESSÃO LINEAR (n) x (λ)

(Y) = n	(X) = λ (A°)	XY	X^2	$(X - x)^2$	$(Y - y)^2$	
1,542057	4150	6399,53787	17222500	1625625	0,0000974	
1,538025	4650	7151,81589	21622500	600625	0,0000341	
1,535800	4950	7602,21169	24502500	225625	0,0000131	
1,531297	5300	8115,87602	28090000	15625	0,0000008	
1,529780	5625	8605,01404	31640625	40000	0,0000058	
1,528255	5800	8863,8794	33640000	140625	0,0000155	
1,527489	6025	9203,12369	36300625	360000	0,0000221	
1,524793	6900	10521,0749	47610000	2175625	0,0000547	
12,257498	43400	66462,5335	240628750	5183750	0,0002433	(*)
1,532187	5425	<<MÉDIAS	(*) SOMATÓRIOS			

SISTEMA:

12,257498	=	43400 A	+	8 B
66462,5335	=	240628750 A	+	43400 B
A =	-6,635E-06		B =	1,56818198
EQUAÇÃO	Y =	-6,635E-06	X +	1,56818198

TESTE DA EQUAÇÃO - COEFICIENTE DE CORRELAÇÃO   r =   -0,96840582

REGRESSÃO LINEAR Log (n) x Log (λ)

(Y) = Log(n)	(X) = Log λ	XY	X^2	$(X - x)^2$	$(Y - y)^2$	
0,188101	3,6180481	0,68055672	13,090272	0,01244212	0,0000078	
0,186963	3,66745295	0,68567938	13,4502112	0,0038613	0,0000027	
0,186335	3,6946052	0,68843337	13,6501076	0,0012241	0,0000011	
0,185060	3,72427587	0,68921276	13,8702308	2,8265E-05	0,0000001	
0,184629	3,75012253	0,69238158	14,063419	0,00042149	0,0000005	
0,184196	3,76342799	0,6932078	14,1633903	0,00114485	0,0000012	
0,183978	3,77995705	0,69542972	14,2880753	0,0025366	0,0000018	
0,183211	3,83884909	0,70331946	14,7367623	0,01193704	0,0000044	
1,482472	29,8367388	5,52822079	111,312468	0,03359577	0,0000195	(*)
0,185309	3,72959235	<<MÉDIAS	(*) SOMATÓRIOS			

SISTEMA:

1,482472	=	29,8367388 A	+	8 B
5,52822079	=	111,312468 A	+	29,8367388 B
A =	-0,02371157		B =	0,27374354
EQUAÇÃO		Y = -0,02371157	X +	0,27374354

TESTE DA EQUAÇÃO - COEFICIENTE DE CORRELAÇÃO   r =   -0,98375325

REGRESSÃO LINEAR Log (n) x (λ)					
(Y) = Log(n)	(X) = λ	XY	X^2	$(X - x)^2$	$(Y - y)^2$
0,188101	4150	780,617144	17222500	1625625	0,0000078
0,186963	4650	869,379685	21622500	600625	0,0000027
0,186335	4950	922,357061	24502500	225625	0,0000011
0,185060	5300	980,815534	28090000	15625	0,0000001
0,184629	5625	1038,53844	31640625	40000	0,0000005
0,184196	5800	1068,3359	33640000	140625	0,0000012
0,183978	6025	1108,4687	36300625	360000	0,0000018
0,183211	6900	1264,15605	47610000	2175625	0,0000044
1,482472	43400	8032,66852	240628750	5183750	0,0000195
0,185309	5425	<<MÉDIAS	(*) SOMATÓRIOS		

SISTEMA:

1,482472	=	43400 A	+	8 B	
8032,66852	=	240628750 A	+	43400 B	
A =	-1,8797E-06		B =	0,1955063	

EQUAÇÃO   Y = -1,8797E-06   X +   0,1955063

TESTE DA EQUAÇÃO - COEFICIENTE DE CORRELAÇÃO   r =   -0,96870045

TABELA 1 ÍNDICE DE REFRAÇÃO(CROWN)D(cm) =				100,0
cor	λ (A°)	S (cm)	θ mín (rad)	n
Violeta	4150	68,1	0,59786015	1,465739
Anil	4650	67,8	0,59580777	1,464342
Azul	4950	67,4	0,59306236	1,462471
Verde	5300	67,0	0,59030675	1,460590
Verde-Amar	5625	66,9	0,58961625	1,460118
Amarelo	5800	66,7	0,58823334	1,459172
Laranja	6025	66,5	0,58684787	1,458225
Vermelho	6900	66,2	0,58476487	1,456798

REGRESSÃO LINEAR (n) x (λ)					
(Y) = n	(X) = λ (A°)	XY	X^2	$(X - x)^2$	$(Y - y)^2$
1,465739	4150	6082,81733	17222500	1625625	0,0000231
1,464342	4650	6809,19016	21622500	600625	0,0000116
1,462471	4950	7239,22963	24502500	225625	0,0000024
1,460590	5300	7741,12474	28090000	15625	0,0000001
1,460118	5625	8213,16254	31640625	40000	0,0000007
1,459172	5800	8463,19978	33640000	140625	0,0000031
1,458225	6025	8785,80273	36300625	360000	0,0000073
1,456798	6900	10051,9072	47610000	2175625	0,0000171
11,687454	43400	63386,4341	240628750	5183750	0,0000654
1,460932	5425	<<MÉDIAS	(*) SOMATÓRIOS		

SISTEMA:

11,687454	=	43400 A	+	8 B	
63386,4341	=	240628750 A	+	43400 B	
A =	-3,4733E-06		B =	1,47977417	

EQUAÇÃO   Y = -3,4733E-06   X +   1,47977417

TESTE DA EQUAÇÃO - COEFICIENTE DE CORRELAÇÃO   r =   -0,97784897

(Y) = Log(n)	(X) =Log λ	XY	X^2	$(X - x)^2$	$(Y - y)^2$
REGRESSÃO LINEAR Log (n) x Log (λ)					
0,166057	3,6180481	0,60080105	13,090272	0,01244212	0,0000020
0,165643	3,66745295	0,60748611	13,4502112	0,0038613	0,0000010
0,165087	3,6946052	0,60993186	13,6501076	0,0012241	0,0000002
0,164528	3,72427587	0,61274839	13,8702308	2,8265E-05	0,0000000
0,164388	3,75012253	0,61647473	14,063419	0,00042149	0,0000001
0,164107	3,76342799	0,61760337	14,1633903	0,00114485	0,0000003
0,163824	3,77995705	0,61924918	14,2880753	0,0025366	0,0000006
0,163399	3,83884909	0,62726555	14,7367623	0,01193704	0,0000015
1,317033	29,8367388	4,91156025	111,312468	0,03359577	0,0000058
0,164629	3,72959235	<<MÉDIAS	(*) SOMATÓRIOS		

SISTEMA:

1,317033	=	29,8367388 A	+	8 B
4,91156025	=	111,312468 A	+	29,8367388 B
A =	-0,01295448		B =	0,21294402

EQUAÇÃO   Y = -0,01295448   X +   0,21294402

TESTE DA EQUAÇÃO - COEFICIENTE DE CORRELAÇÃO   r = | -0,98798734 |

(Y) = Log(n)	(X) = λ	XY	X^2	$(X - x)^2$	$(Y - y)^2$
REGRESSÃO LINEAR Log (n) x (λ)					
0,166057	4150	689,135213	17222500	1625625	0,0000020
0,165643	4650	770,237672	21622500	600625	0,0000010
0,165087	4950	817,181413	24502500	225625	0,0000002
0,164528	5300	871,999439	28090000	15625	0,0000000
0,164388	5625	924,681887	31640625	40000	0,0000001
0,164107	5800	951,818276	33640000	140625	0,0000003
0,163824	6025	987,04199	36300625	360000	0,0000006
0,163399	6900	1127,45571	47610000	2175625	0,0000015
1,317033	43400	7139,5516	240628750	5183750	0,0000058
0,164629	5425	<<MÉDIAS	(*) SOMATÓRIOS		

SISTEMA:

1,317033	=	43400 A	+	8 B
7139,5516	=	240628750 A	+	43400 B
A =	-1,0323E-06		B =	0,17022951

EQUAÇÃO   Y = -1,0323E-06   X +   0,17022951

TESTE DA EQUAÇÃO - COEFICIENTE DE CORRELAÇÃO   r = | -0,97798285 |

TABELA 1-ÍNDICE DE REFRAÇÃO(QUARTZO)D(cm)=				100,0
cor	λ (A°)	S (cm)	θ mín (rad)	n
Violeta	4150	42,8	0,40440893	1,327475
Anil	4650	42,6	0,40271735	1,326209
Azul	4950	42,4	0,40102333	1,324941
Verde	5300	42,1	0,39847774	1,323033
Verde-Amar	5625	42,0	0,39762799	1,322395
Amarelo	5800	41,9	0,39677764	1,321757
Laranja	6025	41,7	0,39507511	1,320479
Vermelho	6900	41,5	0,39337016	1,319198

REGRESSÃO LINEAR (n) x (λ)

(Y) = n	(X) = λ (A°)	XY	X^2	$(X - x)^2$	$(Y - y)^2$
1,327475	4150	5509,02016	17222500	1625625	0,0000184
1,326209	4650	6166,87195	21622500	600625	0,0000091
1,324941	4950	6558,45562	24502500	225625	0,0000031
1,323033	5300	7012,07268	28090000	15625	0,0000000
1,322395	5625	7438,47305	31640625	40000	0,0000006
1,321757	5800	7666,19144	33640000	140625	0,0000020
1,320479	6025	7955,88556	36300625	360000	0,0000073
1,319198	6900	9102,46579	47610000	2175625	0,0000159
10,585486	43400	57409,4362	240628750	5183750	0,0000565
1,323186	5425	<<MÉDIAS	(*) SOMATÓRIOS		

SISTEMA:

10,585486	=	43400 A	+	8 B
57409,4362	=	240628750 A	+	43400 B
A =	-3,2459E-06		B =	1,34079464

EQUAÇÃO   Y = -3,2459E-06   X +   1,34079464

TESTE DA EQUAÇÃO - COEFICIENTE DE CORRELAÇÃO   r =   -0,98288004

REGRESSÃO LINEAR Log (n) x Log (λ)

(Y) = Log(n)	(X) = Log λ	XY	X^2	$(X - x)^2$	$(Y - y)^2$
0,123026	3,6180481	0,44511494	13,090272	0,01244212	0,0000020
0,122612	3,66745295	0,44967366	13,4502112	0,0038613	0,0000010
0,122196	3,6946052	0,4514674	13,6501076	0,0012241	0,0000003
0,121571	3,72427587	0,45276223	13,8702308	2,8265E-05	0,0000000
0,121361	3,75012253	0,45511962	14,063419	0,00042149	0,0000001
0,121152	3,76342799	0,45594557	14,1633903	0,00114485	0,0000002
0,120731	3,77995705	0,45635979	14,2880753	0,0025366	0,0000008
0,120310	3,83884909	0,4618518	14,7367623	0,01193704	0,0000017
0,972960	29,8367388	3,62829502	111,312468	0,03359577	0,0000061
0,121620	3,72959235	<<MÉDIAS	(*) SOMATÓRIOS		

SISTEMA:

0,972960	=	29,8367388 A	+	8 B
3,62829502	=	111,312468 A	+	29,8367388 B
A =	-0,01331845		B =	0,17129232

EQUAÇÃO   Y = -0,01331845   X +   0,17129232

TESTE DA EQUAÇÃO - COEFICIENTE DE CORRELAÇÃO   r =   -0,98935215

REGRESSÃO LINEAR Log (n) x (λ)

(Y) = Log(n)	(X) = λ	XY	X^2	$(X - x)^2$	$(Y - y)^2$
0,123026	4150	510,559	17222500	1625625	0,0000020
0,122612	4650	570,145698	21622500	600625	0,0000010
0,122196	4950	604,872105	24502500	225625	0,0000003
0,121571	5300	644,323858	28090000	15625	0,0000000
0,121361	5625	682,657129	31640625	40000	0,0000001
0,121152	5800	702,679666	33640000	140625	0,0000002
0,120731	6025	727,407144	36300625	360000	0,0000008
0,120310	6900	830,138757	47610000	2175625	0,0000017
0,972960	43400	5272,78336	240628750	5183750	0,0000061
0,121620	5425	<<MÉDIAS	(*) SOMATÓRIOS		

SISTEMA:

0,972960	=	43400 A	+	8 B
5272,78336	=	240628750 A	+	43400 B
A =	-1,0653E-06		B =	0,1273991

EQUAÇÃO   Y = -1,0653E-06   X +   0,1273991

TESTE DA EQUAÇÃO - COEFICIENTE DE CORRELAÇÃO   r =   -0,98297381

ANÁLISE

OBJETIVOS

Descobrir a Relação entre (n) e (λ).

RESUMO

TIPO DE CRISTAL	REGRESSÃO LINEAR	COEFICIENTE DE CORRELAÇÃO	VARIAÇÃO (%)
FLINT	(n) x (λ)	0,96840582	3,159
	Log (n) x Log (λ)	**0,98375325**	**1,625**
	Log (n) x (λ)	0,96870045	3,130
CROWN	(n) x (λ)	0,97784897	2,215
	Log (n) x Log (λ)	**0,98798734**	**1,201**
	Log (n) x (λ)	0,97798285	2,202
QUARTZO	(n) x (λ)	0,98288004	1,712
	Log (n) x Log (λ)	**0,98935215**	**1,065**
	Log (n) x (λ)	0,98297381	1,703

A melhor relação é **Log (n) x Log (λ)**

EXPERIÊNCIA 25: Difração

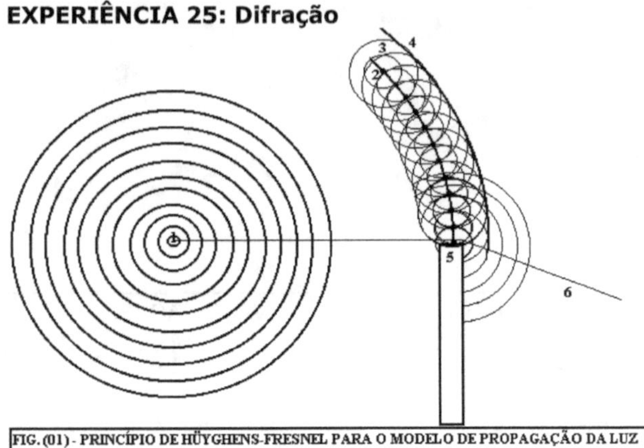

FIG.(01) - PRINCÍPIO DE HÜYGHENS-FRESNEL PARA O MODELO DE PROPAGAÇÃO DA LUZ

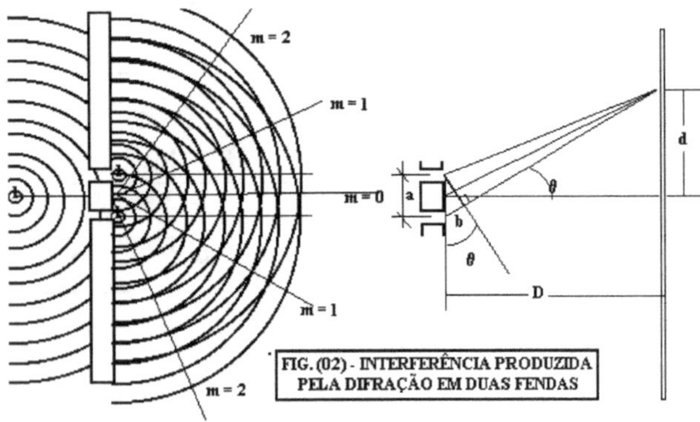

FIG. (02) - INTERFERÊNCIA PRODUZIDA PELA DIFRAÇÃO EM DUAS FENDAS

OBJETIVOS

Determinação de comprimentos de onda do Espectro do Vapor de Mercúrio com uma Rede de Difração.

TEORIA

A fig. (01) apresenta o modelo de propagação da luz atribuído a Huyghens e Fresnel. A luz emitida em (1) propaga-se em frentes de onda esféricas (observação experimental quando lançamos uma pedra num lago).

De acordo com este modelo cada ponto da frente de onda funciona como nova fonte. Procuramos mostrar isto na frente 2 onde vemos que as ondas secundárias aí geradas formam, por interferência a frente 3 (não traçada) e em seguida a frente 4 (traçada).

Havendo um anteparo, como em (5) as ondas secundárias geradas em seu limiar originam um feixe divergente em (6) como se a luz estivesse "contornando" um obstáculo.

Este efeito é chamado de Difração

Na Fig. (02) vemos a interferência produzida por difração em duas fendas.

A luz emitida da esquerda atinge as duas fendas no mesmo instante gerando aí ondas secundárias que sofrem difração e passam a interferir. É possível ver a formação de regiões de interferência onde se formam máximos de luminosidade e que designamos por m = 0, m = 1 e m = 2 (máximo central e máximos secundários). Essa interferência ocorre porque há uma diferença de percurso entre os raios que saem da fenda superior e inferior (b, na figura).

A condição para formar máximos de interferência é ter essa diferença de percurso igual a um número inteiro de comprimentos de onda. Para o 1º máximo (m = 1) b = λ.

A figura mostra que b = a sen θ e assim concluímos que a posição dos máximos na DIFRAÇÃO numa rede de separação "a".

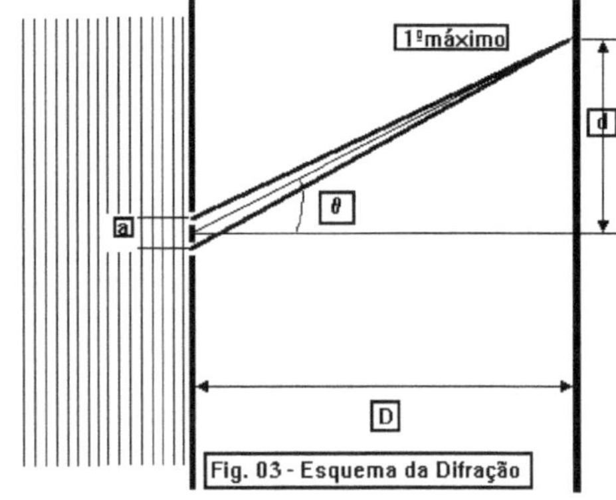

Fig. 03 - Esquema da Difração

$$sen\theta = \frac{m\lambda}{a}$$

"θ " é o ângulo entre a direção de ocorrência do 1^0 máximo e do máximo central; "m" é a ordem dos máximos (m = 0 ; máximo central)(m = 1 ; 1^0 . máximo) a é a separação entre as fendas (a, em m, é o inverso do número de fendas por unidade de comprimento). λ é o comprimento de onda ($1A^0 = 10^{-10}$m).

Com m = 1: $\lambda = asen\theta \rightarrow \theta = arctan\left(\frac{d}{D}\right)$. Com m = 2: $\lambda = \frac{a}{2}sen\theta \rightarrow \theta = arctan\left(\frac{d}{D}\right)$

MONTAGEM:

(01) Fonte de Luz (vapor de Hg)

(02) Fenda ajustável

(03) Rede de Difração (570 linhas/mm)

(04) Rede de Difração com densidade desconhecida.

(05) Escala com dois Indicadores da posição das raias espectrais.

PROCEDIMENTO:

(01) A linha (2) - (3) da figura deve ser perpendicular à escala (4);

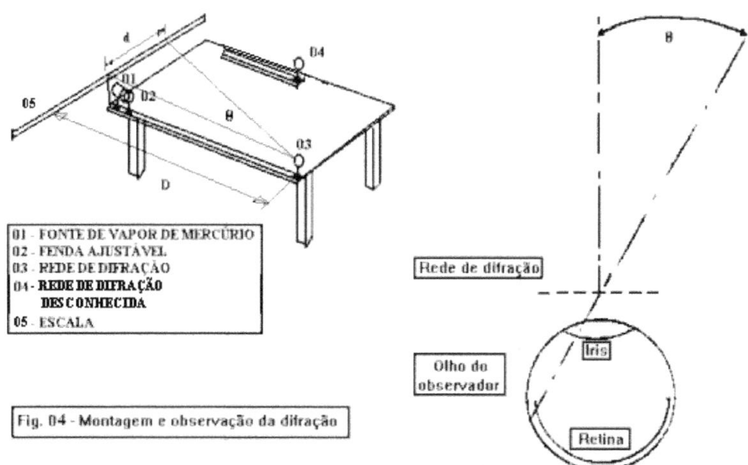

Fig. 04 - Montagem e observação da difração

(02) A lâmpada é colocada de modo que a fenda fique no centro da escala;

(03) Observe através da fenda de modo a ver a posição das raias à direita e à esquerda;

(04) Anote estas posições;

(05) Calcule distância entre estas posições e divida por dois (d);

(06) A distância entre a escala e a rede é D;

(07) Observe as raias bem definidas da emissão do vapor de mercúrio sobre o espectro contínuo do filamento da lâmpada;

(08) A imagem observada nesta experiência é virtual. A luz penetra no globo ocular do observador e atinge a retina. O mecanismo da visão faz com que interpretemos a fonte dessa impressão na direção da reta de incidência. É assim que vemos as raias coloridas dos dois lados da escala. É uma espécie de "ilusão de ótica".

MEDIDAS

UPE - ESCOLA POLITÉCNICA - DEPARTAMENTO BÁSICO - LABORATÓRIO DE FÍSICA II								PARÂMETROS DA EQUAÇÃO			
EXPERIÊNCIA 25 - DIFRAÇÃO											
NOME								A =	17544		
TURMA		GRUPO		DATA				B =	3,00E-11		
TABELA 1 - DIFRAÇÃO				CONSTANTE DA REDE		570	LINHAS/mm	TABELA PARA O GRÁFICO (λ) x (sen θ)			
D(cm) =	144,5				a(m) =	17543,86		sen (θ)	λ (A°)	λ_{EQ}(A°)	ERRO (%)
cor	PD(cm)	PE(cm)	d (cm)	θ (rad)	λ_{TAB} (A°)	λ_{EQ}(A°)	ERRO (%)	0,23	3990,22	3990,25	0,00
violeta	113,0	45,5	33,75	0,2295	4358	3990,222	8,439	0,25	4324,19	4324,23	0,00
azul	116,0	42,5	36,75	0,2490	5025	4324,191	13,946	0,31	5374,19	5374,24	0,00
verde	125,5	32,5	46,50	0,3113	5461	5374,193	1,590	0,33	5762,41	5762,45	0,00
amarelo	129,0	28,5	50,25	0,3347	5790	5762,408	0,477	0,34	5889,77	5889,82	0,00
laranja	130,5	27,5	51,50	0,3424	6152	5889,770	4,263	0,35	6141,36	6141,41	0,00
vermelho	133,0	25,0	54,00	0,3576	6234	6141,361	1,486			MÉDIA	0,00
						MÉDIA	5,033				

OBJETIVOS

Determinação de comprimentos de onda do Espectro do Vapor de Mercúrio com uma Rede de Difração.

Equação usada para calcular os comprimentos de onda $\lambda = a\ sen\ \theta$

Equação do gráfico traçado com resultados experimentais $\lambda = 17544\ sen\ (\theta) - 3 \times 10^{-11}$

O valor de "a" na rede de difração (espaçamentos entre os traços) foi 17543 A° (570 linhas/mm)

A comparação entre comprimentos de onda determinados pelas medidas dos desvios e os valores tabelados para o vapor de Mercúrio, deu variação de 5 %.

EXPERIÊNCIA 26 - Campo de Bobinas Circulares

OBJETIVOS

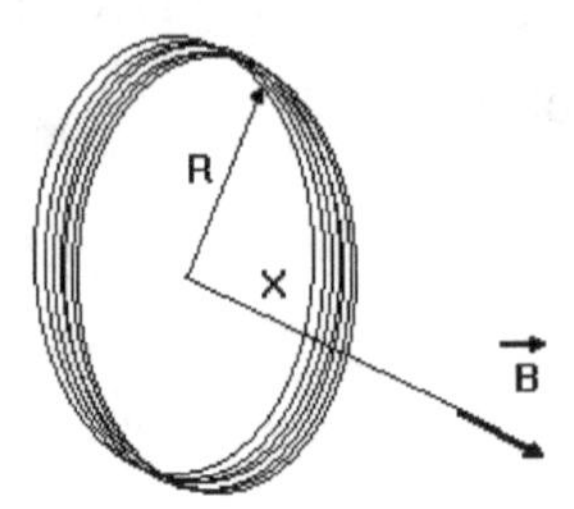

Fig. 01 - Campo de uma Bobina Circular

Estudar o comportamento de um Dipolo Magnético num Campo Magnético externo.

TEORIA

O Campo magnético de uma Bobina circular de raio R a uma distância x do centro ao longo de um eixo perpendicular ao seu plano é dado por:

$$B = \frac{\mu_0 N_0 i_0 R^2}{(x^2 + R^2)^{3/2}} \qquad (01)$$

No centro da bobina: $B = \frac{\mu_0 N_0 i_0}{R}$ $\qquad (02)$

μ_0 é a permeabilidade magnética no vácuo, igual a $4\pi \times 10^{-7}$ W/Am. (Usaremos $i_0 = 5$ A)

Na Experiência, colocaremos uma pequena bobina de seção retangular (50 x 70 mm^2 = 0,0035 m^2) e 100 espiras, no centro da bobina circular e perpendicularmente à sua área.

Quando uma corrente i circular nesta bobina formar-se-á um *Dipolo Magnético* de Momento

$$\mu = NiA = 0,35\ i \qquad (03)$$

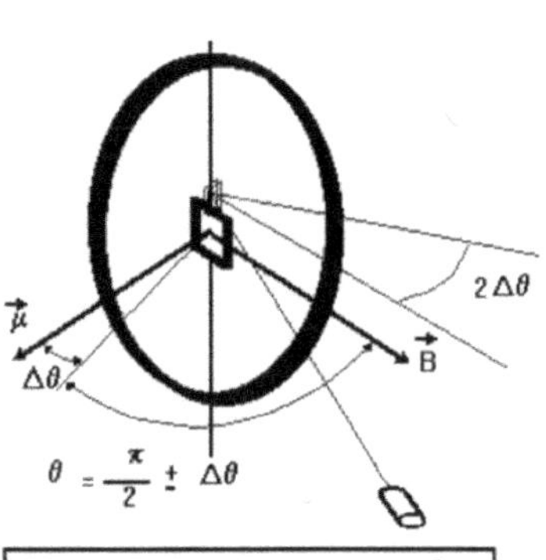

Fig. 02 - Dipolo num Campo Magnético

Este Momento estará inicialmente perpendicular ao campo magnético criado pela corrente i_0 na bobina circular e sofrerá a ação de um torque dado por:

$$\vec{\tau} = \vec{\mu} \times \vec{B} \qquad (04)$$

O módulo desse torque será: $\qquad \tau = \mu B sen\theta$

$$[\theta = (\pi/2) + \Delta\theta] \qquad (05)$$

Sob a ação do torque o dipolo gira de um ângulo $\Delta\theta$ provocando uma reação elástica de torção no fio, dada por

$$k\Delta\theta \quad \begin{pmatrix} k = cons\,tan\,t\,e\ el\grave{a}stica \\ do\ fio\ de\ suspens\~ao \end{pmatrix} \qquad (06)$$

Quando houver equilíbrio entre estes dois agentes:

$$k\Delta\theta = \mu B sen\theta = \frac{NiA\mu_0 N_0 i_0}{R}\ sen\theta \qquad (07)$$

Daí tiramos:

$$\frac{\Delta\theta}{sen\theta} = \frac{0,35\mu_0 5}{R}\frac{N_0 i}{k} = \frac{1,75\mu_0}{k}\frac{N_0 i}{R} \qquad (08)$$

Finalmente: $\quad \dfrac{\Delta\theta}{sen\theta} = \dfrac{1,75\mu_0}{k}\left(\dfrac{N_0 i}{R}\right) \qquad (09)$

Testaremos esta equação. N_0 e R serão variados em duas bobinas com as seguintes características:

BOBINA MAIOR (BM) = 5 ou 10 espiras; R = 0,200 m

BOBINA MENOR (Bm) = 5 ou 10 espiras; R = 0,100 m

Fig. 03 - Montagem

MONTAGEM

A bobina retangular é montada perpendicularmente ao plano das bobinas circulares (Fig. 3) de tal modo que o ângulo entre μ e B é inicialmente de 90° .

A luz que é emitida atinge o espelho colocado no suporte da bobina retangular e reflete-se numa escala afastada de uma distância D.

Com o sistema em repouso (atenção ao amortecimento das vibrações na água) a posição do raio luminoso na escala deve ser marcada como a origem das medidas de x.

Quando um espelho gira de um ângulo $\Delta\theta$, o raio refletido gira de 2 $\Delta\theta$.

Assim:
$$\Delta\theta = 0{,}5\,tan^{-1}(d/D) \qquad (10)$$

É difícil conseguir a parada total do raio luminoso na escala. Quando a oscilação estiver reduzida a um mínimo deve-se considerar

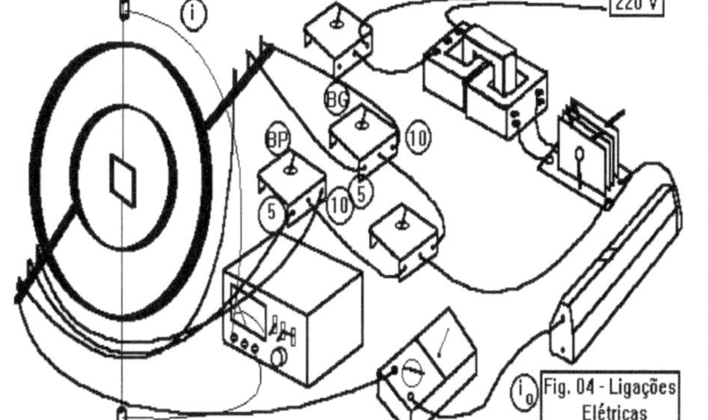

a posição média. A Fig. 04 apresenta as ligações elétricas e os dispositivos de alimentação das bobinas que são colocados numa mesa separada da montagem principal para evitar vibrações.

O circuito que alimenta a bobina retangular está indicado com os fios mais finos. Antes de ligar a fonte verifique que o botão de ajuste esteja em "zero" (sentido anti-horário).

Os outros ajustes ficam indicando AMPÈRES e 1,5 A. Nesta situação cada divisão inferior da escala do instrumento indicará 0,050 A. O circuito de alimentação das bobinas circulares tem três chaves elétricas de comutação para permitir sua ligação com 5 ou 10 espiras. É só seguir as indicações.

Antes de ligar a Fonte verifique que o botão de ajuste esteja em "zero"(sentido antihorário). O Instrumento de medida da corrente destas bobinas fica com o seletor na posição DCmA - 250 & A (ATENÇÃO : Em outra posição, o instrumento queimará).

A leitura da corrente de 5 A (fixa) será feita na escala DCμA-mA & A. A corrente de 5 A fará esquentar o fio das bobinas grandes e produz desgaste na Fonte e no Amperímetro. Assim, não deve ficar por muito tempo circulando. Quando parar por qualquer motivo, desligue a fonte.

PROCEDIMENTO: Campo de Bobinas Circulares

Siga as instruções do item anterior e observe bem as tabelas do Relatório. O mais importante é não tocar na mesa da montagem, verificar o nível de água do sistema de amortecimento e completar, desligar as fontes de alimentação quando não estiver efetuando medidas. NUNCA LIGAR AS FONTES ELÉTRICAS SEM ANTES SE CERTIFICAR QUE O BOTÃO DE AJUSTE ESTEJA EM 'ZERO'.

(1) Verifique se o nível da água está cobrindo a lâmina de amortecimento.

(2) Verifique se as bobinas circulares estão paralelas entre si e perpendiculares à bobina retangular. Não deve haver contato com o fio de suporte da bobina retangular.

(3) As fontes de alimentação da bobinas retangular e das circulares devem estar desligadas antes da conexão do plugue na tomada da parede.

(4) Verifique a posição do raio luminoso na escala e gire o suporte do fio que sustenta a bobina retangular, na balança de torção, até que fique próximo ao zero. O ajuste pode ser completado deslocando-se a escala.

(5) Ligue as chaves que estabelecem o funcionamento da bobina circular grande ou pequena e o número adequado de espiras conforme a primeira linha da tabela de medidas do relatório.

(6) Ligue a fonte de alimentação da bobina retangular e aplique a corrente indicada na primeira linha daquela tabela.

(7) Ligue a chave da fonte de alimentação das bobinas circulares a ajuste o reostato para a corrente de 5 A.

(8) Observe o desvio do traço luminoso e anote.

(9) Repita para as demais linhas da tabela do relatório.

(10) Ao terminar, meça a distância entre o espelho e a escala.

UPE - ESCOLA POLITÉCNICA - DEPARTAMENTO BÁSICO - LABORATÓRIO DE FÍSICA II
EXPERIÊNCIA 26 - CAMPO DE BOBINAS CIRCULARES

NOME									
TURMA	188	GRUPO	E	DATA	25.04.2001				

TESTE DA EQUAÇÃO

| TABELA 1 - CAMPO DE BOBINAS CIRCULARES | | | | | $D\ (cm) =$ | 127 | $A =$ | 0,002 | $B =$ | 0,0026 |

N	N_0	R(m)	i(A)	x(cm)	$N_0 i/R$ (A/m)	$\Delta\theta/sen\theta$	$[\Delta\theta/sen\theta]_{teo}$	ERRO(%)
1	5	0,100	0,100	2,8	5,0	0,01102	0,012600	14,3125
2	5	0,100	0,150	4,7	7,5	0,01850	0,017600	4,8566
3	5	0,100	0,200	5,9	10,0	0,02322	0,022600	2,6596
4	5	0,100	0,250	7,0	12,5	0,02754	0,027600	0,2141
5	5	0,100	0,300	8,9	15,0	0,03500	0,032600	6,8641
6	5	0,200	0,100	2,0	2,5	0,00787	0,007600	3,4744
7	5	0,200	0,150	2,5	3,8	0,00984	0,010200	3,6411
8	5	0,200	0,200	3,2	5,0	0,01260	0,012600	0,0267
9	5	0,200	0,250	4,0	6,3	0,01574	0,015200	3,4589
10	5	0,200	0,300	5,0	7,5	0,01968	0,017600	10,5618
11	10	0,100	0,100	5,5	10,0	0,02164	0,022600	4,4134
12	10	0,100	0,150	8,0	15,0	0,03147	0,032600	3,5931
13	10	0,100	0,200	10,5	20,0	0,04128	0,042600	3,2013
14	10	0,100	0,250	13,5	25,0	0,05302	0,052600	0,7975
15	10	0,100	0,300	16,5	30,0	0,06473	0,062600	3,2913
16	10	0,200	0,100	3,4	5,0	0,01338	0,012600	5,8556
17	10	0,200	0,150	4,5	7,5	0,01771	0,017600	0,6304
18	10	0,200	0,200	6,0	10,0	0,02361	0,022600	4,2804
19	10	0,200	0,250	7,5	12,5	0,02951	0,027600	6,4580
20	10	0,200	0,300	9,0	15,0	0,03540	0,032600	7,8968
							MÉDIA	4,5244

OBJETIVOS

Estudar o comportamento de um Dipolo Magnético num Campo Magnético externo.

Equação a ser testada: $\dfrac{\Delta\theta}{sen\theta} = \dfrac{1,75\mu_0}{k}\left(\dfrac{N_0 i}{R}\right)$

Equação do gráfico: $(\Delta\theta/sen\,\theta) = 0,002\,(N_0 i/R) + 0,0026$

Coeficiente de correlação: 0,9931

EXPERIÊNCIA 27: Polarização

OBJETIVOS

Comprovação da Lei de Malüs

TEORIA

Luz não polarizada com Intensidade I_0 atravessa um Polarizador com direção de passagem (1-1). A luz que passa está polarizada nesta direção e tem intensidade $I_0/2$.

Esta luz atravessa um segundo polarizador com direção (2-2).

A luz resultante está polarizada nesta direção e tem intensidade igual a $\left[I_0 \cos^2(\theta_0/2)\right]$ (Lei de Malus) (01)

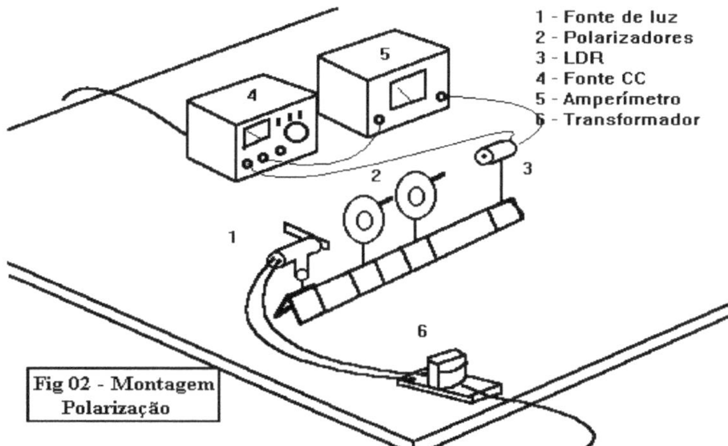

Fig 02 - Montagem Polarização

Nos COMPLEMENTOS TEÓRICOS demonstramos a lei de Malus.

Para determinar a *Intensidade da luz (Energia por unidade de área e tempo)* usaremos um _LDR_ (Resistor dependente da luz). Submetido a uma diferença de Potencial constante, um LDR apresenta uma corrente aproximadamente proporcional à intensidade luminosa incidente.

MONTAGEM (Fig. 02)

O LDR é alimentado por uma fonte de corrente contínua, medindo-se a tensão e a corrente.

Os polarizadores devem ser alinhados de modo que fiquem na mesma altura da linha imaginária que vai da fonte de luz ao LDR.

Antes da realização da experiência propriamente dita é necessário "calibrar" os polarizadores usando um PRISMA DE "BREWSTER", apresentado na figura (03).

Este prisma é construído com base numa propriedade conhecida como "polarização na reflexão.

De acordo com esta propriedade quando a luz atinge um meio transparente em determinado ângulo, o raio refletido está polarizado se:

$$tan\,\theta_p = \frac{n_2}{n_1} \qquad (02)$$

Na figura (03) n_1 é o índice de refração do ar e n_2 é o índice de refração do vidro. Assim, a luz que é polarizada em (2) é novamente polarizada em (3) e o efeito

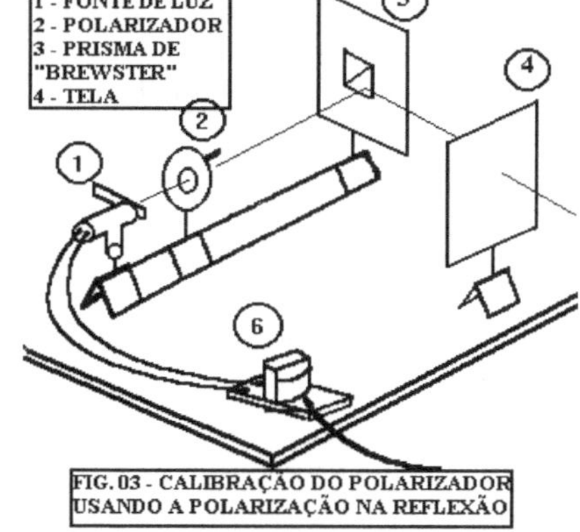

FIG. 03 - CALIBRAÇÃO DO POLARIZADOR USANDO A POLARIZAÇÃO NA REFLEXÃO

pode ser observado na tela (4). Quando a direção de polarização de (2) for horizontal a luminosidade em (4) deverá ser mínima. Desse modo, essa propriedade pode ser usada para calibrar o polarizador montado em (2) e assim determinar se a direção indicada pela haste branca está correta. Se não, uma correção pode ser efetuada.

Nos COMPLEMENTOS TEÓRICOS apresentamos uma explicação mais completa sobre a polarização na reflexão.

POLARIZAÇÃO CIRCULAR

A Fig. (04) apresenta outra propriedade conhecida como "polarização circular".

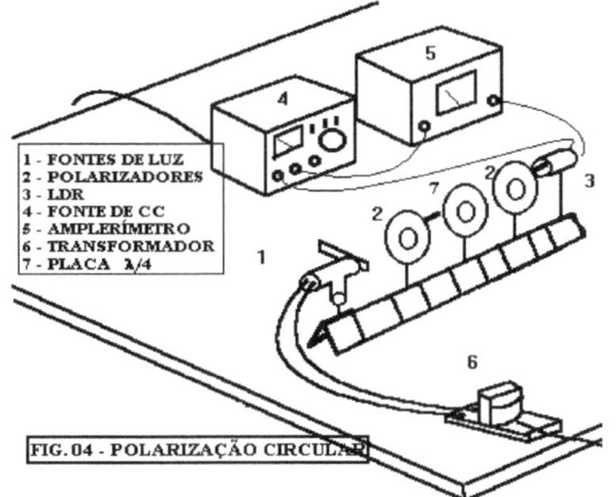

FIG. 04 - POLARIZAÇÃO CIRCULAR

O dispositivo (7) é uma placa de um quarto de comprimento de onda que funciona num processo denominado de dupla refração.

Dentro de determinados materiais a luz apresenta dois tipos de velocidades em componentes perpendiculares a certa direção característica da substância.

Quando a luz polarizada no primeiro polarizador (2) apresenta o plano de vibração do campo elétrico formando 45º com esta direção, emerge de placa de $\lambda/4$ girando no espaço, num efeito conhecido como "polarização circular". Esta luz que sai dessa placa não está mais polarizada e não mais apresentará extinção ao atravessar o 2º polarizador.

Nos COMPLEMENTOS TEÓRICOS explicamos melhor essa característica da luz polarizada.

PROCEDIMENTO I: Calibração dos Polarizadores

(01) Observe a Fig. (03): coloque o polarizador alinhado entre a fonte de luz e o prisma;

(02) A placa de suporte do prisma deve ficar perpendicular à direção de incidência;

(03) Gire a haste do polarizador e observe a luminosidade na tela;

(04) Deverá ocorrer luminosidade mínima quando a haste do polarizador estiver na horizontal. Se não, anote o ângulo no qual ocorre a intensidade mínima para usar em medidas futuras;

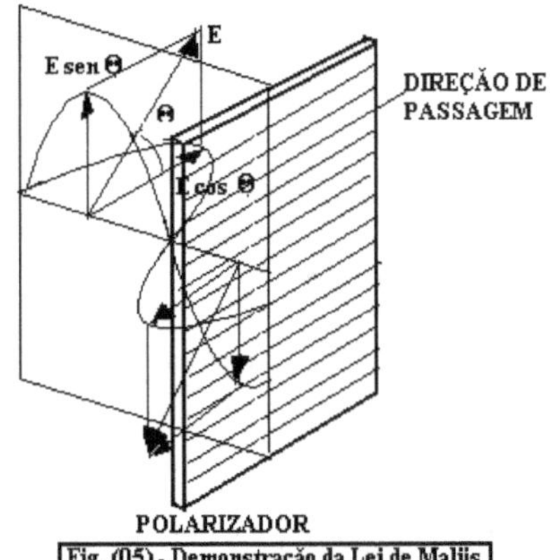

Fig. (05) - Demonstração da Lei de Malüs

(05) Faça o mesmo com o outro polarizador.

PROCEDIMENTO II: Lei de Malus (Fig. 02)

(01) Sem os polarizadores, regule a fonte (4) de modo a ter a corrente máxima, após ligar a lâmpada (anote a tensão da Fonte);

(02) Coloque o 1º polarizador e meça a intensidade para diversos ângulos;

(03) Coloque o 2º polarizador e meça a intensidade para ângulos diversos entre os dois polarizadores;

(04) Em todas as medidas mantenha sempre a mesma tensão inicial.

PROCEDIMENTO III: Polarização Circular (Fig. 04)

(01) Com base na Fig. (02) monte os dois polarizadores de tal modo a ocorrer intensidade mínima;

(02) Coloque entre os polarizadores a placa de um quarto de comprimento de onda e gire seu suporte até conseguir eliminar a polarização obtida no item (01);

(03) Verifique que para outras posições do suporte da placa de $\lambda/4$ continua ocorrendo a intensidade mínima quando os dois polarizadores estão cruzados.

COMPLEMENTOS TEÓRICOS

LEI DE MALÜS

Na Fig. (05) um feixe de luz não polarizada propaga-se da esquerda para a direita com o vetor campo elétrico ocupando qualquer posição, aleatoriamente, no espaço.

Na figura, o campo elétrico faz um ângulo θ com a direção de passagem do polarizador.

Isto quer dizer que a componente $E \cos \theta$ é transmitida e a componente $E \sin \theta$ á absorvida.

A Intensidade da onda eletromagnética é proporcional ao quadrado do campo elétrico.

Para calcular a intensidade transmitida pelo polarizador devemos calcular a soma (E cos θ)² com θ variando de 0 a 2π.
Como o valor de cos² θ varia de 0 a 1 nesse intervalo é fácil ver que essa soma vai dar o valor médio da função nesse intervalo (supondo que o campo elétrico mantenha sua intensidade constante para as diversas direções no espaço).
O valor médio de cos² θ é ½.

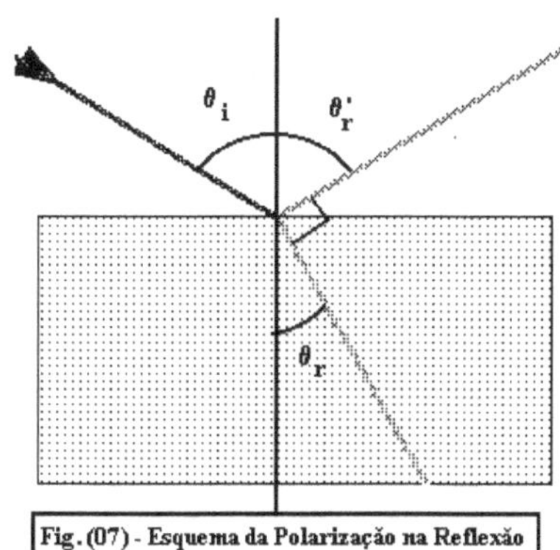

Fig.(06) - Polarização na Reflexão

Fica assim comprovada a lei de Malüs.

POLARIZAÇÃO NA REFLEXÃO

A Fig. (06) mostra o que acontece com a luz não polarizada quando atinge a superfície divisória entre dois meios (plano horizontal hachurado).

Na INCIDÊNCIA, REFLEXÃO E TRANSMISSÃO vemos as duas componentes do campo elétrico (detalhe à esquerda).

Quando a condição de polarização ocorre (Eq. (02)) uma das componentes do campo elétrico é suprimida na reflexão e esta luz está polarizada por só ter campo vibrando num plano único do espaço.

Fig.(07) - Esquema da Polarização na Reflexão

Na condição expressa pela Eq. (02) os ângulos de incidência e refração são complementares (sua soma é 90º).

Também é verdade que, nessa condição, os raios refletido e refratado são perpendiculares entre si.

A Teoria Eletromagnética da Luz permite calcular os coeficientes de transmissão e reflexão da energia das componentes da luz nos planos de incidência (π) e perpendicular ao plano de incidência (σ).

Esses coeficientes representam relações entre a energia no raio refletido e incidente (coeficiente de Reflexão = R) e entre o raio transmitido e incidente (coeficiente de transmissão = T).

$$R_\pi = \frac{n_1 \cos\theta_r - n_2 \cos\theta_i}{n_1 \cos\theta_r + n_2 \cos\theta_i} \qquad R_\sigma = \frac{n_1 \cos\theta_i - n_2 \cos\theta_r}{n_1 \cos\theta_i + n_2 \cos\theta_r}$$

$$T_\pi = \frac{2n_1 \cos\theta_i}{n_1 \cos\theta_r + n_2 \cos\theta_i} \qquad T_\sigma = \frac{2n_1 \cos\theta_i}{n_1 \cos\theta_i + n_2 \cos\theta_r}$$

Nota-se que os numeradores dos coeficientes de reflexão podem se anular e pode-se mostrar que a hipótese R_σ=0 é incompatível com a Lei de Snell, restando portanto a possibilidade R_π=0.

Com R_π=0 $n_1 \cos\theta_r - n_2 \cos\theta_i = 0 \rightarrow n_1 \cos\theta_r = n_2 \cos\theta_i$

Lei de Snell $n_1 sen\theta_i = n_2 sen\theta_r$

Multiplicando essas equações, obtemos:

$$n_1 n_2 sen\theta_i \cos\theta_i = n_1 n_2 sen\theta_r \cos\theta_r \rightarrow sen2\theta_i = sen2\theta_r$$

A solução dessa última equação é

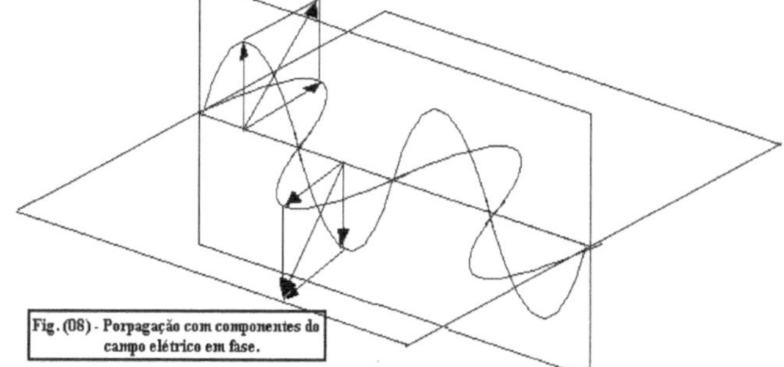

Fig.(08) - Porpagação com componentes do campo elétrico em fase.

(devemos excluir a possibilidade desses ângulos serem iguais em respeito à Lei de Snell):

$$2\theta_i = \pi - 2\theta_r \rightarrow \theta_i + \theta_r = \frac{\pi}{2}$$

POLARIZAÇÃO CIRCULAR

Algumas substâncias apresentam dupla refração.

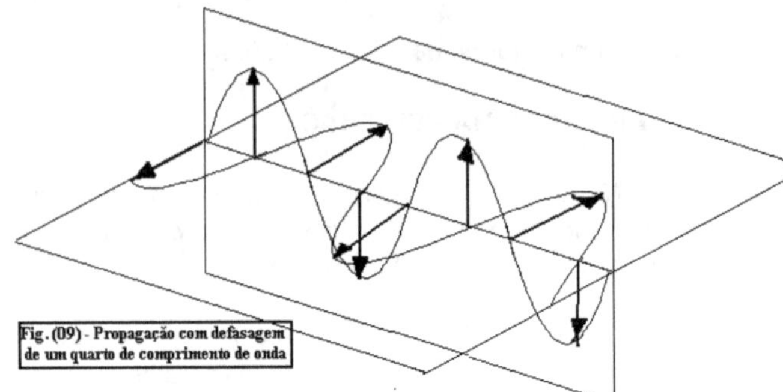

Dentro desse materiais as componentes do campo elétrico da luz apresentam velocidades de propagação diferentes conforme sua direção de vibração.

A espessura desses materiais pode ser calibrada de modo a produzir uma defasagem de um quarto de comprimento de onda.

A Fig. (08) mostra uma propagação em que as componentes horizontal e vertical do campo elétrico de uma onda eletromagnética luminosa estão em fase.

O plano de vibração resultante está formando 45º com o plano horizontal ou vertical, é fixo no espaço e a luz está polarizada.

Na Fig. (09) vemos uma defasagem de um quarto de comprimento de onda.

Nota-se claramente que, agora, o campo elétrico resultante vai girando no espaço à medida que se propaga.
Observe-se que a luz estava, na Fig. (08) polarizada com plano de polarização formando 45º com o plano horizontal.

Essa condição deve ser cumprida para que ocorra a chamada "Polarização Circular".

A Fig. (10) representa a disposição experimental para verificar essa propriedade. Primeiramente polarizamos a luz, depois procuramos o ângulo estratégico de 45º girando a lâmina de "$\lambda/4$".

Para testar se o ângulo foi obtido basta usar um segundo polarizador para verificar se a luz transmitida não está mais polarizada.

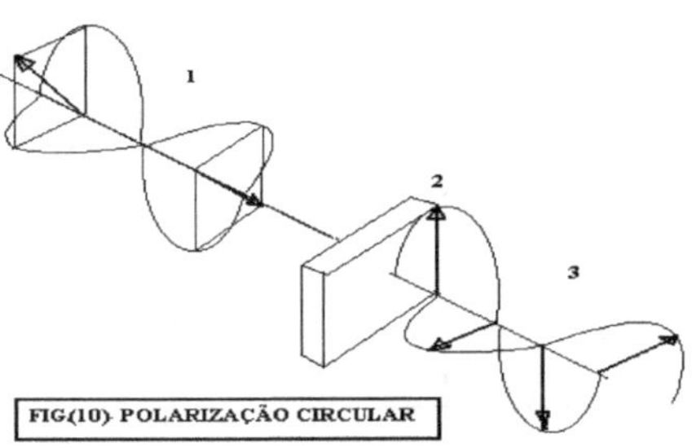

MEDIDAS

UPE - ESCOLA POLITÉCNICA - DEPARTAMENTO BÁSICO - LABORATÓRIO DE FÍSICA II								
EXPERIÊNCIA 27 - POLARIZAÇÃO								
NOME								
TURMA		GRUPO		DATA				
UM SÓ POLARIZADOR		DOIS POLARIZADORES			TESTE DA EQUAÇÃO DO GRÁFICO:			
I_0(mA) =	15,0	V(Volts) =	11,0		A =	4,56	B =	1,51
α(°)	i (mA)	θ(°)	$\cos^2\theta$	i (mA)	$[i\,(mA)]_{EQ}$	E(%)		
0	9,5	0	1,0000	5,8	6,0755	4,7500		
30	9,5	10	0,9698	5,7	5,9379	4,1735		
60	9,5	20	0,8830	5,5	5,5416	0,7572		
90	9,5	30	0,7500	5,2	4,9346	5,1043		
120	9,5	40	0,5868	4,5	4,1899	6,8914		
150	9,5	50	0,4132	3,8	3,3974	10,5944		
180	9,5	60	0,2500	2,8	2,6527	5,2598		
MÉDIA	9,50000	70	0,1170	2,1	2,0457	2,5880		
DISPERSÃO	0,00000	80	0,0302	1,4	1,6494	17,8152		
E(%)DISP.	0	90	0,0000	1,0	1,5118	51,1800		
		120	0,2500	2,8	2,6527	5,2598		
		150	0,7500	5,2	4,9346	5,1043		
		180	1,0000	5,8	6,0755	4,7500		
				MÉDIA	9,5560			

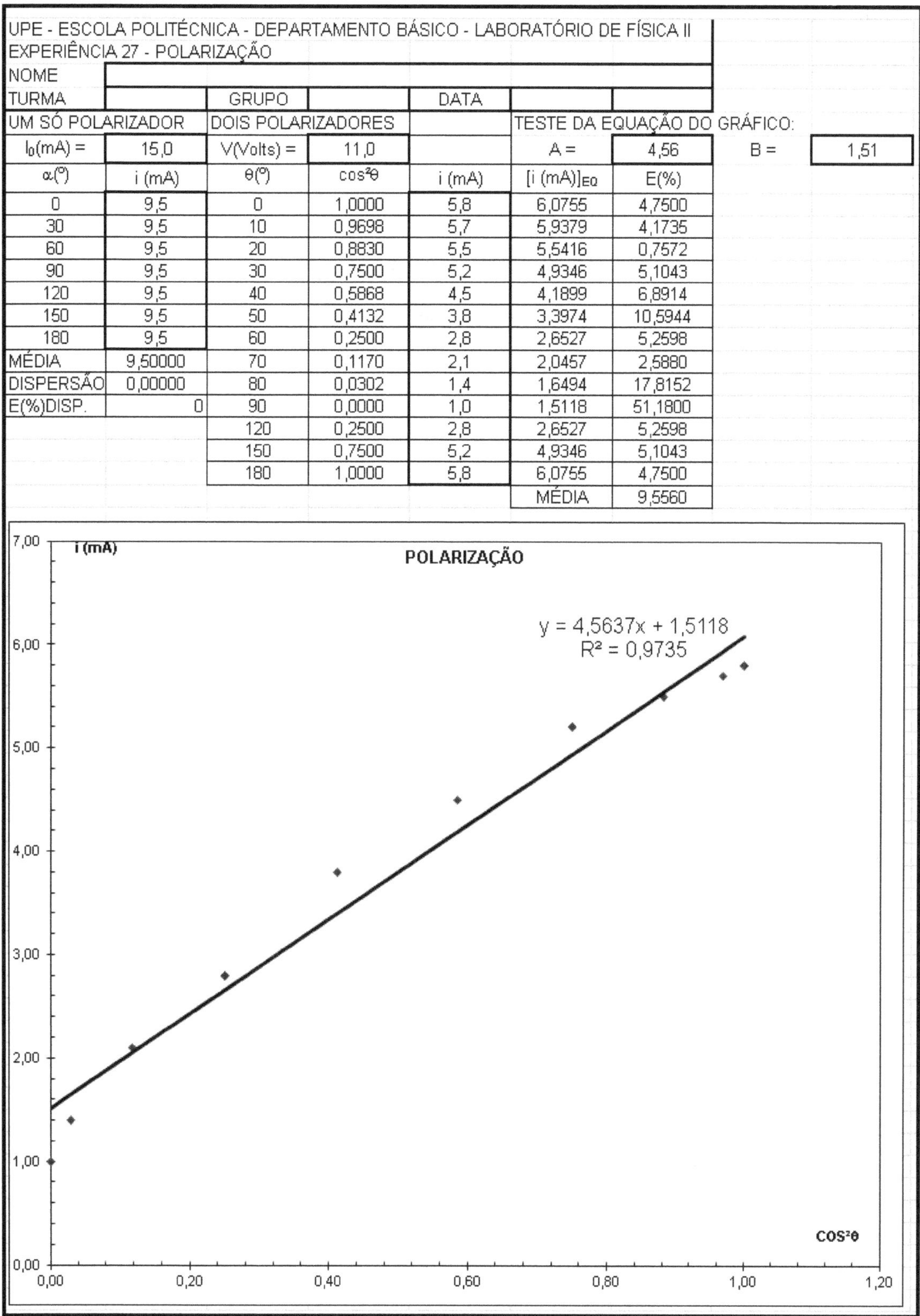

ANÁLISE

PROCEDIMENTO I: Calibração dos Polarizadores

θ(°)	i (mA)
0	5,8
10	5,7
20	5,5
30	5,2
40	4,5
50	3,8
60	2,8
70	2,1
80	1,4
90	1,0
120	2,8
150	5,2
180	5,8

A eficiência na Calibração ficou demonstrada pelos valores da tabela de medicas (simetria)

Os valores da corrente no LDR para 0° e 180° são idênticos

Nos ângulos correspondentes as coincidências são aceitáveis.

PROCEDIMENTO II: Lei de Malus

Comprovação da Lei de Malüs $I = [I_0 \cos^2(\theta_0/2)]$

O gráfico deu linear com equação i = 4,5637 cos² (θ) + 1,5118

O coeficiente de correlação foi 0,9735, próximo de 1!

PROCEDIMENTO III: Polarização Circular

Foi verificada a supressão da polarização com o uso da placa de um quarto de comprimento de onda.

Também foi confirmada a polarização na reflexão.

EXPERIÊNCIA 28: V x i em Condutores e Semicondutores

OBJETIVOS

Analisar a relação entre V e i num resistor, numa lâmpada incandescente e num díodo.

TEORIA

A Lei de Ohm estabelece que a resistência de um condutor perfeito independe da Tensão e da Corrente, sendo uma constante definida por $R = V/i$

Assim, num resistor ideal $V = R\,i$

Num resistor que não segue a Lei de Ohm a resistência depende dos valores de V e i. A relação entre V e i não é linear mas a resistência, agora variável, continua sendo calculada por R = V / i.

Nesta experiência vamos pesquisar V = f (i) para três materiais: um resistor comum, uma lâmpada incandescente e um semicondutor (diodo).

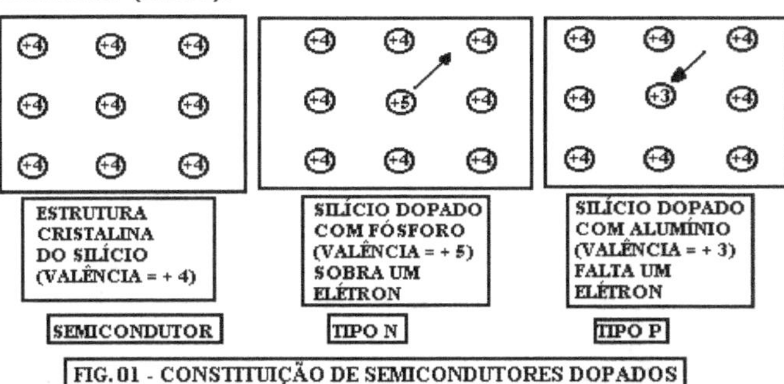

A fig. (01) mostra a formação de um semicondutor dopado, passando a constituir um conjunto onde há excesso de elétrons (tipo n) e onde há falta deles (tipo p).

FIG. 01 - CONSTITUIÇÃO DE SEMICONDUTORES DOPADOS

Um díodo é construído pela junção de dois semicondutores, tipo n e tipo p.

Na forma de ligação denominada polarização direta o polo positivo da bateria é ligado ao lado da junção que

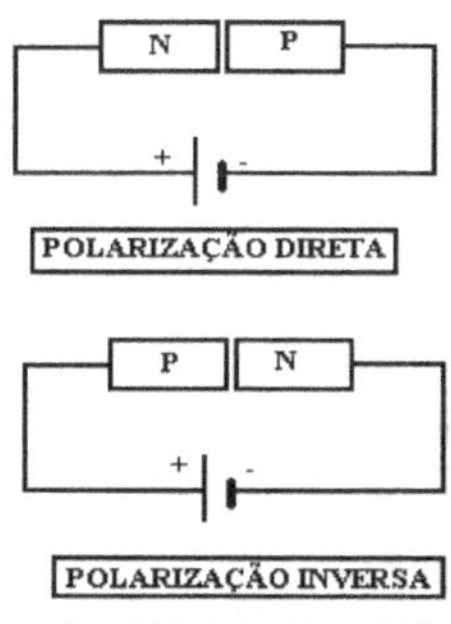

tem excesso de elétrons e o polo negativo ao lado que tem falta: a corrente é estabelecida facilmente e a resistência é pequena.

Na polarização inversa a corrente dificilmente será estabelecida e a junção praticamente não conduz.

Em certos materiais a passagem da corrente em polarização direta produz emissão de luz originada pela liberação de energia que ocorre na transição de elétrons entre átomos. Esses díodos são chamados de LEDS (díodos emissores de luz). Isto tem diversas aplicações principalmente para indicar o funcionamento de dispositivos ou em displays alfanuméricos.

Outras aplicações importantes: retificação da corrente alternada, controle de tensão, proteção de dispositivos, sensores para medidores diversos, etc.

MONTAGEM

Usaremos a Fonte de Alimentação de Corrente Contínua indicada na Fig. (03) nas várias medidas desta experiência:

1-2: saídas da tensão contínua
3: ajuste da tensão de saída

A fonte só pode ser ligada com este ajuste em "zero".

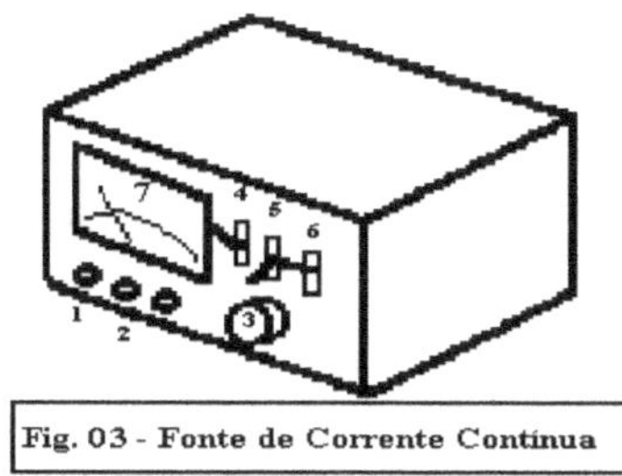

Fig. 03 - Fonte de Corrente Contínua

4: ajuste do medidor da fonte:

VOLTÍMETRO: para cima
AMPERÍMETRO: para baixo
5: limitador da corrente da fonte:
PARA CIMA: 0,15 A

PARA BAIXO: 1,5 A
6: Chave liga - desliga:
LIGA: para cima
DESLIGA: para baixo

7: Medidor com duas escalas:
VOLTÍMETRO: cada divisão corresponde a 1 volt
AMPERÍMETRO: escala de 0,15 A (150 mA) - cada divisão vale 0,005 A (5 mA)
escala de 1,5 A - cada divisão vale 0,05 (50 mA)

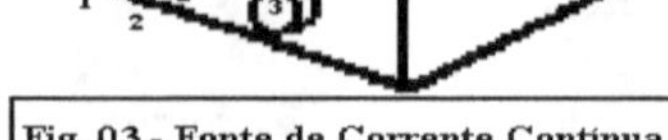

Fig. 03 - Fonte de Corrente Contínua

A fig.(04) apresenta o circuito que utilizaremos para medir V e i   no resistor e na lâmpada incandescente.

Mediante a operação da chave (5) (Fig. 03) pode-se medir a tensão e a corrente no resistor e na lâmpada.

Na Fig. (05) está o circuito a ser usado para as medidas com dois tipos de díodos.

 Os resistores de 100 Ω e 10 Ω formam um divisor de tensão: quando o medidor da fonte indicar 10 V, a tensão nos terminais da resistência de 10 Ω será dez vezes menor, isto é 1,0 V. Essas tensões menores são mais adequadas para o estudo do comportamento de díodos.

Díodos têm polaridade indicada pela cor dos bornes de sua caixa (vermelho=+;preto =-)

Neste circuito está colocado um Amperímetro sensível que vai funcionar na escala de 60 mA.

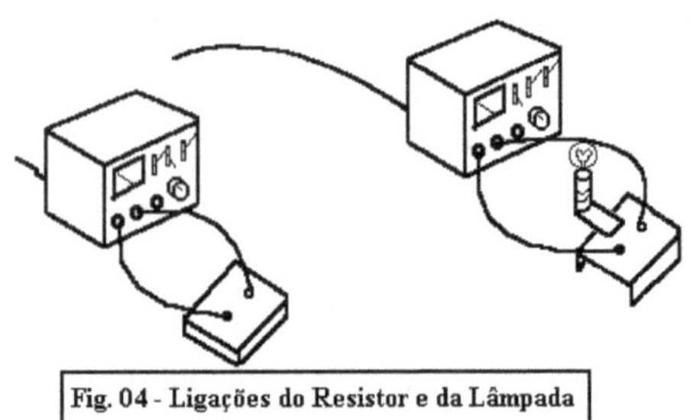

Fig. 04 - Ligações do Resistor e da Lâmpada

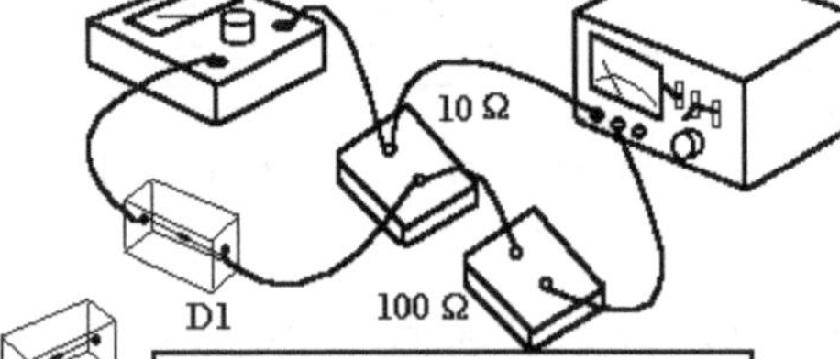

Fig.05 - Circuito para medidas com o semicondutor

PROCEDIMENTO

(01) - Monte o circuito da Fig. (04) usando o resistor de 47 Ω;

(02) - Selecione inicialmente a escala de 0,15 A e mude quando necessário (cuidado: o excesso de corrente pode danificar a fonte ou o seu medidor);

(03) - Antes de ligar a fonte certifique-se que a tensão de saída está em zero;

(04) - Meça vários valores de tensão e corrente e repita para a lâmpada incandescente;

(05) - Monte o circuito da Fig. (05) esquematizado na Fig. (06).

ATENÇÃO À POLARIDADE DO DÍODO, MEDIDOR E FONTE.

(06) - Efetue medidas de tensão e corrente para os dois tipos de díodo (D1 e D2) tanto na polarização direta quanto inversa.

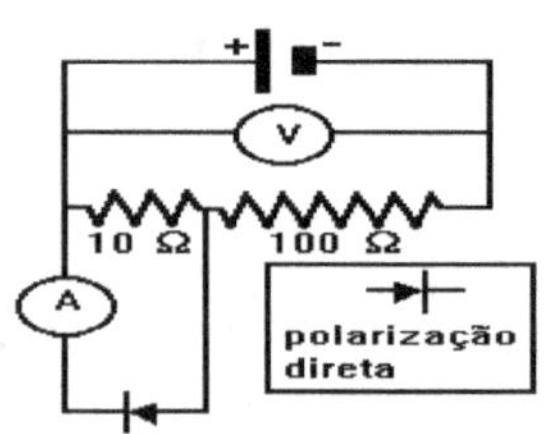

Fig. 06 - Esquema do circuito mostrando o díodo em polarização inversa (não conduz)

MEDIDAS

UPE - ESCOLA POLITÉCNICA - DEPARTAMENTO BÁSICO - LABORATÓRIO DE FÍSICA II
EXPERIÊNCIA 28 - V x i EM CONDUTORES E SEMICONDUTORES

NOME							
TURMA		GRUPO		DATA			

MEDIDAS NO RESISTOR				MEDIDAS NA LÂMPADA			
Nº	i (mA)	V (volts)	R(Ω)	Nº	i (mA)	V (volts)	R(Ω)
1	18,0	1,0	55,5556	1	48,0	1,0	20,83333
2	36,0	2,0	55,5556	2	71,0	2,0	28,16901
3	55,0	3,0	54,5455	3	82,0	3,0	36,58537
4	70,0	4,0	57,1429	4	105,0	4,0	38,09524
5	92,0	5,0	54,3478	5	118,0	5,0	42,37288
6	107,0	6,0	56,0748	6	130,0	6,0	46,15385
7	125,0	7,0	56,0000	7	142,0	7,0	49,29577
8	144,0	8,0	55,5556	8	146,0	8,0	54,79452
9	150,0	9,0	60,0000	9	150,0	9,0	60,00000
10	160,0	10,0	62,5000	10	160,0	10,0	62,50000
11	175,0	11,0	62,8571	11	165,0	11,0	66,66667
12	190,0	12,0	63,1579	12	172,0	12,0	69,76744
	MÉDIA		57,7744		MÉDIA		47,93617
	DISPERSÃO		3,3774		DISPERSÃO		15,43043
	PRECISÃO		0,9750		PRECISÃO		4,4544
	E (%) NA DISPERSÃO		5,8458		E (%) NA DISPERSÃO		32,1895

MEDIDAS NO DÍODO 1				MEDIDAS NO DÍODO 2			
Nº	i (mA)	V (volts)	R(Ω)	Nº	i (mA)	V (volts)	R(Ω)
1	0,002	0,4	266666,67	1	0,890	0,4	449,44
2	0,075	0,5	6666,67	2	1,540	0,5	324,68
3	0,320	0,6	1875,00	3	2,050	0,6	292,68
4	0,920	0,7	760,87	4	2,650	0,7	264,15
5	2,800	0,8	285,71	5	3,800	0,8	210,53
6	8,700	0,9	103,45	6	4,650	0,9	193,55
7	16,400	1,0	60,98	7	5,500	1,0	181,82
8	22,400	1,1	49,11	8	6,500	1,1	169,23
9	28,600	1,2	41,96	9	8,150	1,2	147,24
10	40,000	1,3	32,50	10	9,600	1,3	135,42
11	48,500	1,4	28,87	11	11,000	1,4	127,27
12	56,000	1,5	26,79	12	13,400	1,5	111,94

TESTE DA EQUAÇÃO(RESISTOR)	MÉDIA	TESTE DA EQUAÇÃO(LÂMPADA)	23049,88	TESTE DA EQUAÇÃO(DÍODO 1)	MÉDIA	TESTE DA EQUAÇÃO(DÍODO 1)	217,33
	DISPERSÃO		76742,89		DISPERSÃO		99,22
A =	PRECISÃO	A =	19814,93	A =	PRECISÃO	A =	25,62
0,0636	E (%)DISP	1,91111	332,94	0,0169	E (%)DISP	0,5015	45,66
B =	E (%)PREC	B =	85,97	B =	E (%)PREC	B =	11,79
-0,5059		0,0006		0,6345		0,4184	
V (volts)	ERRO (%)	V (volts)	ERRO (%)	V (volts)	ERRO (%)	V (volts)	ERRO (%)
-0,579	157,915	0,980	2,009	0,000	99,996	0,395	1,338
-1,158	157,915	2,071	3,533	0,001	99,839	0,520	3,911
-1,770	158,988	2,727	9,105	0,003	99,428	0,600	0,049
-2,252	156,307	4,374	9,347	0,010	98,591	0,682	2,557
-2,960	159,202	5,467	9,339	0,030	96,247	0,817	2,156
-3,443	157,379	6,579	9,642	0,093	89,634	0,904	0,479
-4,022	157,456	7,788	11,253	0,176	82,414	0,984	1,625
-4,633	157,915	8,212	2,654	0,240	78,164	1,070	2,753
-4,826	153,625	8,648	3,914	0,307	74,443	1,198	0,148
-5,148	151,480	9,783	2,171	0,429	67,006	1,301	0,059
-5,631	151,188	10,375	5,678	0,520	62,852	1,393	0,523
-6,113	150,944	11,233	6,392	0,600	59,967	1,538	2,505
MÉDIA	155,860	MÉDIA	6,253	MÉDIA	84,049	MÉDIA	1,509

OBJETIVOS

Analisar a relação entre V e i num resistor, numa lâmpada incandescente e num díodo.

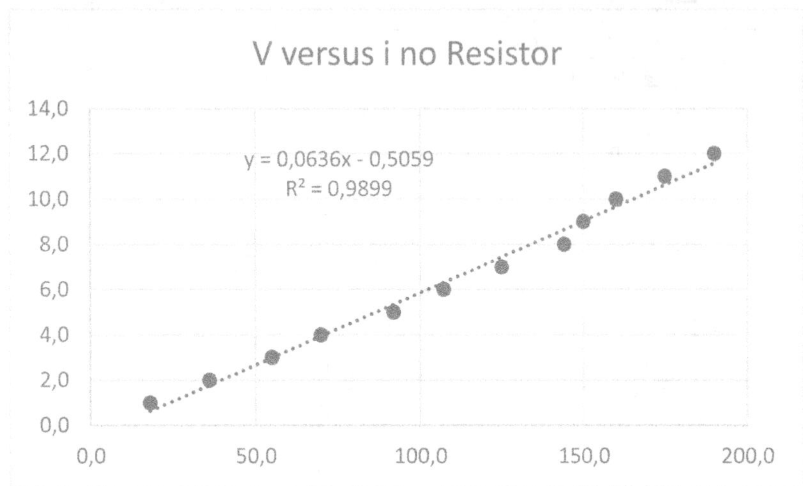

Correlação de 0,9899 com variação de 2 %.

Relação linear

O resistor segue a lei de Ohm

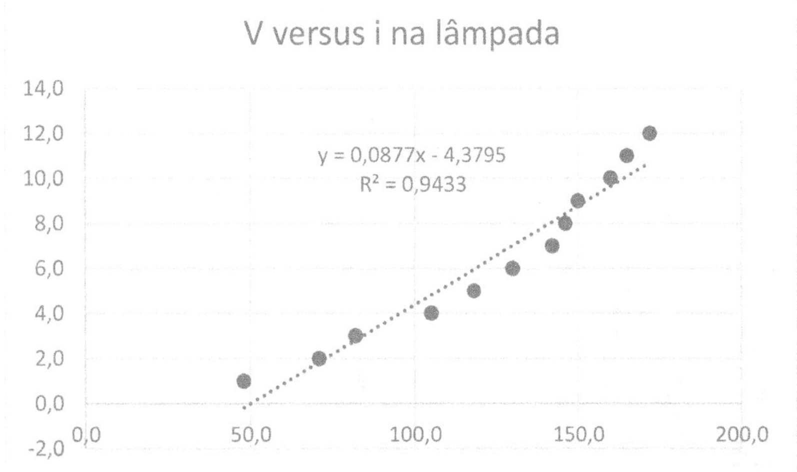

Correlação de 0,9433

A lâmpada não segue precisamente a lei de Ohm.

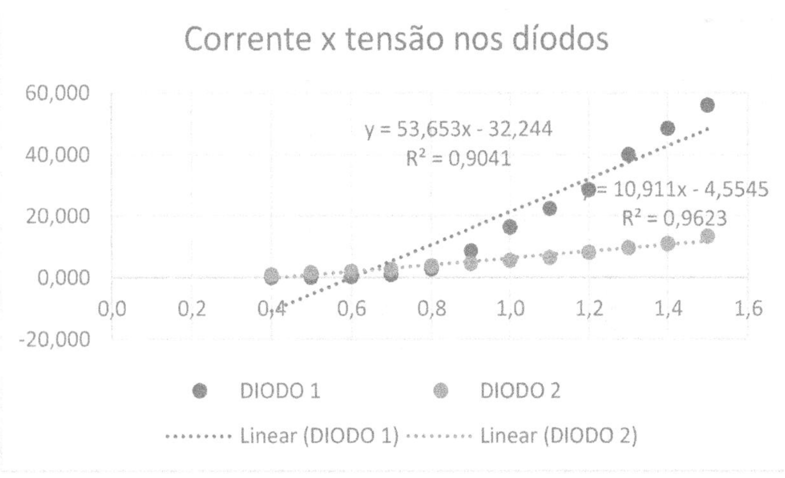

Correlação de 0,9041 no díodo 1

Correlação de 0,9623 no diodo 2, este segue a lei de Ohm!

Apêndice 1: PROCESSOS DE ANÁLISE GRÁFICA E NUMÉRICA

1 - INTRODUÇÃO

Nosso trabalho no laboratório de física tem como objetivo geral a confirmação experimental de propriedades e Leis da Física. Na realização desse objetivo, pretendemos: complementar a formação experimental do Ensino Médio, desenvolver a confiança nas aplicações práticas dos princípios da física e exercitar o uso de métodos estatísticos na análise dos resultados.

Trata-se de um laboratório direcionado a cursos de Engenharia.

Na maioria das experiências realizaremos medidas de duas grandezas que estão relacionadas por uma equação. A análise dos resultados será feita com gráficos ou "regressão linear".

Em outras experiências, investigaremos fenômenos cuja equação não é conhecida e a tarefa é "descobrir a fórmula". Novamente usaremos "Processos de Análise Gráfica e Numérica".

2 - GRÁFICO EM PAPEL mm

Para entender a utilização do gráfico em papel mm, na análise de resultados experimentais com funções lineares, usaremos os dados de uma experiência bem simples, a "LEI DE HOOKE":

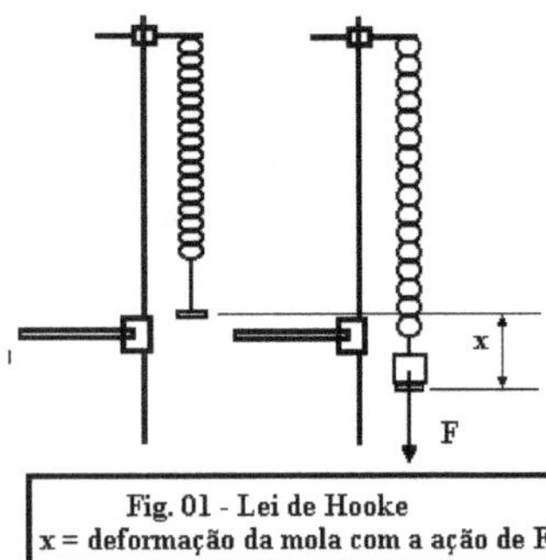

$F = Kx$ (K é a constante elástica da mola igual a 32,0 N/m de acordo com o fabricante)

MEDIDAS:

Nº	F(gf)	x(cm)
01	200	5,9
02	400	12,2
03	600	18,0
04	800	25,0
05	1000	29,0

Fig. 01 - Lei de Hooke
x = deformação da mola com a ação de F

3. ETAPAS DO TRAÇADO DO GRÁFICO EM PAPEL mm

(A) ESCOLHA DOS MÓDULOS

$$M_F = \frac{\text{Comprimento Total do Papel, em mm}}{\text{Valor Máximo da Grandeza Representada}} = \frac{240mm}{1000gf} \rightarrow M_F = 0,24\frac{mm}{gf}$$

$$Mx = \frac{180mm}{29,0cm} = 6,206896552 \cong 6,0\frac{mm}{cm}$$

O módulo deve ser arredondado para menos resultando num valor simpático. O arredondamento não deve ser exagerado porque é importante usar sempre todo o espaço disponível no traçado do gráfico.

É possível que, ao medir distâncias com a régua milimetrada, nos gráficos deste manual, os valores não coincidam com os indicados nos cálculos. Isto se deve à alterações de formato no processo de impressão. Os cálculos devem ser feitos com os valores reais no relatório complementar a esse manual

LANÇAMENTO DOS VALORES

Para "lançar" os valores, multiplicamos pelo módulo.

Exemplos:

$$5,9\,cm \times 6,0\frac{mm}{cm} = 35,4\,mm \cong 35\,mm$$

$$200gf \times 0,24\frac{mm}{gf} = 48\,mm$$

Arredondamos para um valor inteiro, pois não há frações de mm no papel.

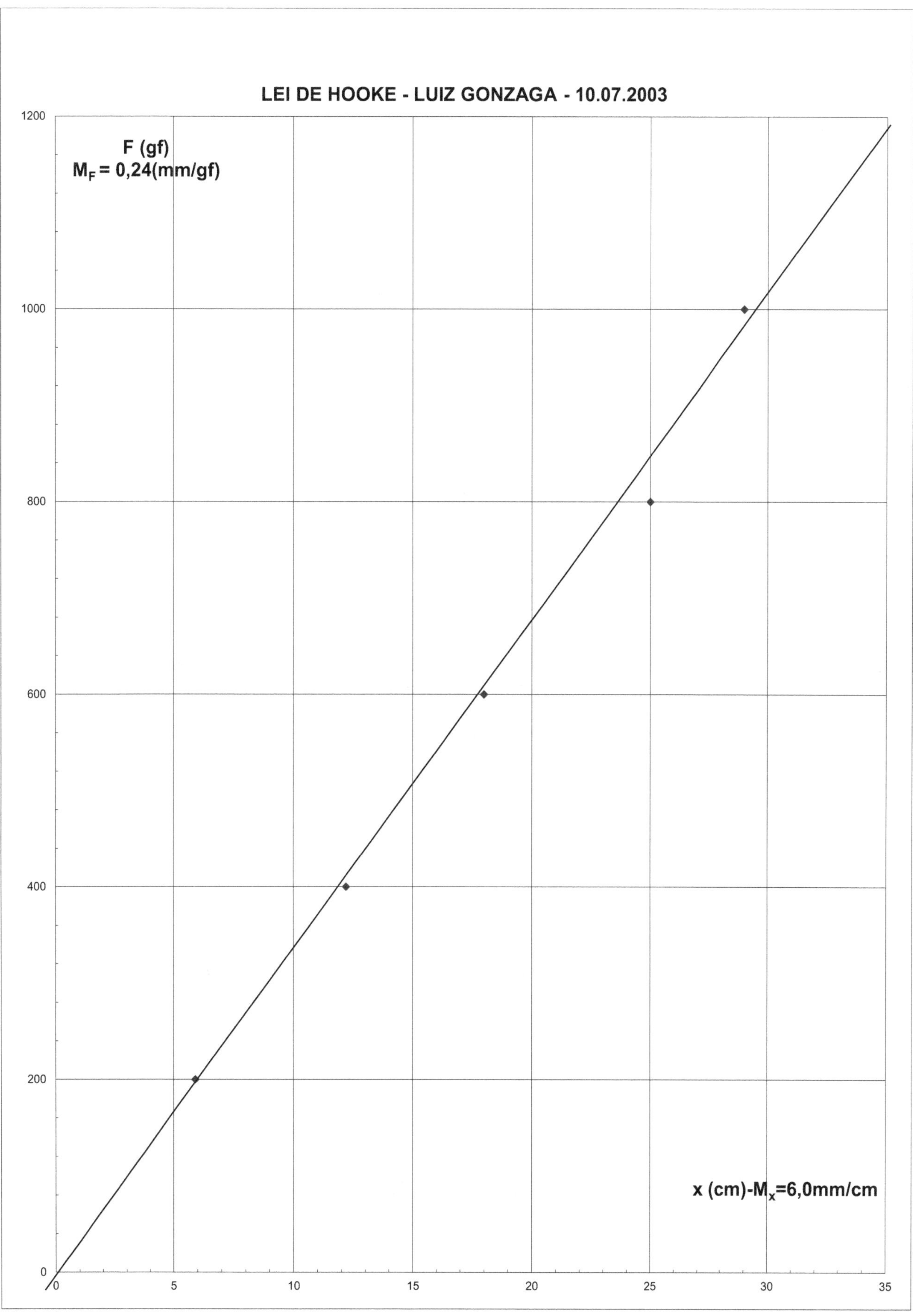

LEI DE HOOKE - LUIZ GONZAGA - 10.07.2003
F (gf)
M_F = 0,24(mm/gf)
x (cm)-M_x=6,0mm/cm

(C) OBSERVEMOS, NA PÁG. 145, OS CINCO DESTAQUES DO GRÁFICO:

1 - TÍTULO DO GRÁFICO: LEI DE HOOKE

2 - AUTOR: LUIZ GONZAGA

3 - DATA: (da realização da experiência)

4 - VARIÁVEIS E SUAS UNIDADES: F (gf) , x (cm)

5 - MÓDULOS: M_F = 0,24 mm / gf; M_x = 6,0 mm/cm.

6 - ESCALAS: escrevemos as forças (100, 200, 300,...), mas evitamos as deformações (5,9; 12,2; 18,0;...).

Para uma boa apresentação do gráfico só os valores "simpáticos" devem ser "marcados".

Assim, com a intenção de facilitar o uso do gráfico, devemos "escolher" alguns valores no intervalo de variação de x que sejam "simpáticos".

      EXEMPLOS: 5, 10, 15, 20, 25   ou   10, 20, 30, etc.

Tomando a 1ª sugestão, multiplicamos por 6,0 e marcamos na escala do eixo horizontal ("x").

(D) TRAÇADO DO GRÁFICO:

      LINHA MÉDIA ENTRE OS PONTOS REPRESENTADOS.

Nesse caso, conhecemos a Lei de Hooke e sabemos que o gráfico "deve" dar uma reta.

Quando não conhecermos a relação teórica, traçaremos uma linha contínua "entre os pontos", procurando deixar igual quantidade de um lado e do outro. Não se deve "forçar" o gráfico a passar na origem.

O melhor é colocar uma régua transparente sobre o papel e procurar a linha de equilíbrio entre os pontos marcados.

      4 . DETERMINAÇÃO DA EQUAÇÃO DO GRÁFICO

Os cálculos seguintes foram feitos no gráfico da pág. 146;

"Para retirar valores do gráfico, dividimos pelo módulo".

      Equação da reta: $F = Ax + B$

Para determinar o coeficiente angular, tomamos todo o triângulo formado no papel da página 6

$$A = CoeficienteAngular = \frac{CatetoOposto \div M_F}{CatetoAdjacente \div M_x} = \frac{279mm \div 0,24mm/gf}{208 \div 6,0mm/cm}$$

$$A = \frac{1000gf}{30cm} = 33,5\frac{gf}{cm}$$

$$33,5 \times 0,981 = 32,9N/m$$

$$B = Coeficiente\ Linear = \frac{Ordenada\ na\ Origem}{Módulo\ Vertical(M_F)} = \frac{-3mm}{0,24mm/gf} = -12,5gf$$

$$EQUAÇÃO: F = 32,9x - 12,5 \quad (Femgf; xemcm)$$

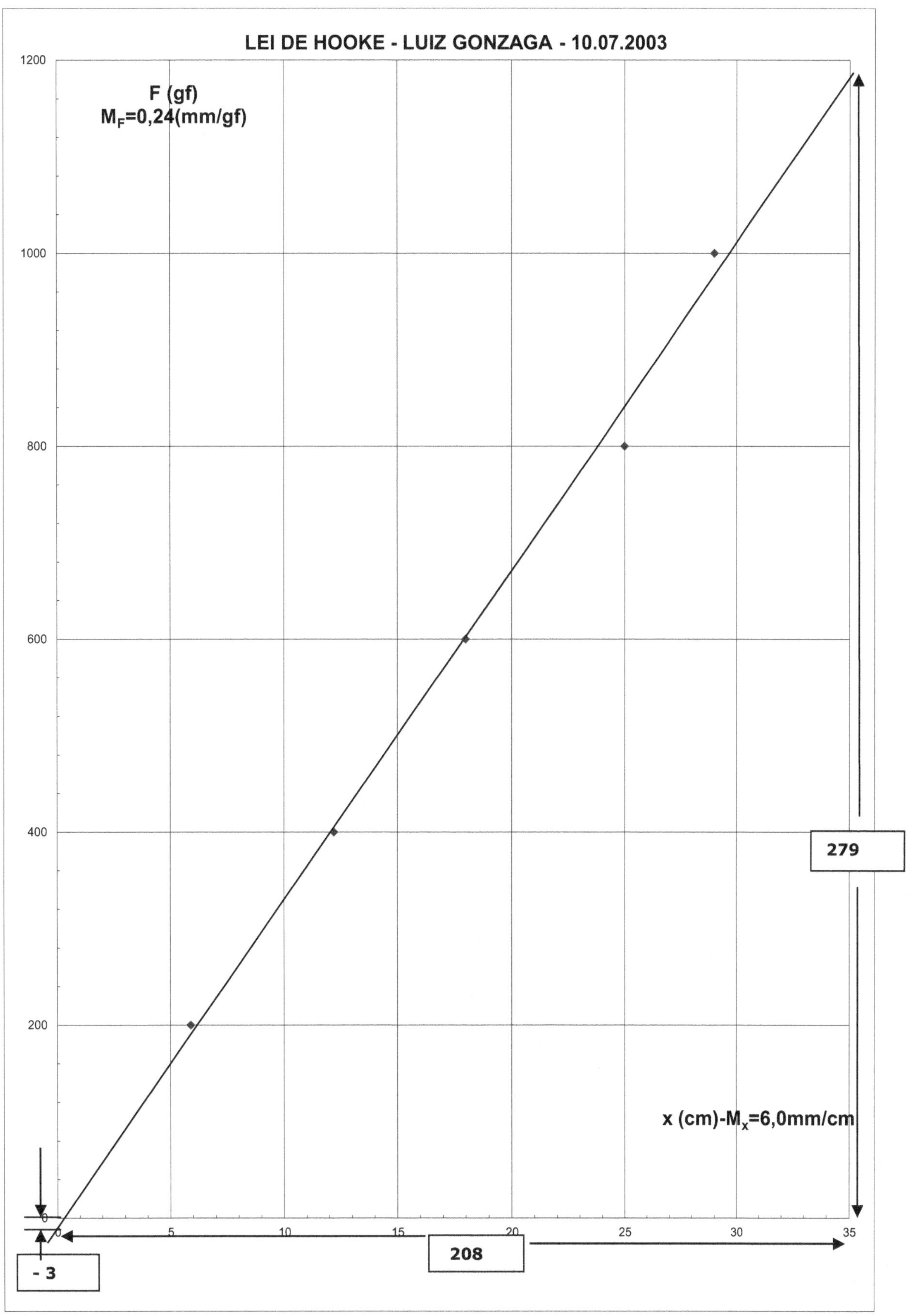

LEI DE HOOKE - LUIZ GONZAGA - 10.07.2003
F (gf)
M_F=0,24(mm/gf)
1200
1000
800
600
400
200
5
10
15
20
25
30
35
0
279
208
- 3
x (cm)-M_x=6,0mm/cm

5. TESTE DA EQUAÇÃO

1°. PROCESSO: SUBSTITUÍMOS OS VALORES DE "X" NA EQUAÇÃO E COMPARAMOS COM OS VALORES DE F.

$$\bar{E} = \frac{|F_C - F_M|}{F_M} \times 100$$

F_C = Força calculada na equação obtida no gráfico			
F_M = Força medida (valores dos pesos usados)			
x (cm)	F_C (gf)	F_M (gf)	Erro(%)
5,9	181,61	200	9,195
12,2	388,88	400	2,780
18	579,70	600	3,383
25	810,00	800	1,250
29	941,60	1000	5,840
ERRO MÉDIO =			4,490

2° PROCESSO: "Comparar os parâmetros A e B com valores previstos teoricamente ou por determinações realizadas em outras experiências".

Comparando

$$F = Ax + B \qquad com \qquad F = Kx$$

concluímos que:

$$A = K \quad e \quad B = 0$$

Como o valor de K, do fabricante, está em N/m, temos de converter gf/cm para N/m.

$$A = \left[\left(33{,}5\,\tfrac{gf}{cm} \times \tfrac{10^{-3}}{10^{-2}}\right)\tfrac{Kgf}{m} \times 9{,}81\,\tfrac{N}{Kgf}\right]\tfrac{N}{m} = 32{,}9\,\tfrac{N}{m}$$

$$E_A(\%) = \tfrac{|32{,}9-32{,}0|}{32{,}0} \times 100 = 2{,}81\%$$

$$B = -12{,}5 \quad gf (O\ Gráfico\ não passou\ na\ origem)$$

O erro do valor de B não pode ser estimado em porcentagem pois o valor teórico é nulo.

Nesse caso vamos comparar com as forças usadas nas medidas.

A menor força foi de 200 gf e a maior de 1000 gf.
O valor de B é muito pequeno quando comparado com essas forças e o seu erro é pequeno.

3° PROCESSO: Se o valor de K não for conhecido, podemos calculá-lo pela equação K = F ÷ x

F(gf)	x(cm)	K (gf/cm)
200	5,9	33,89830508
400	12,2	32,78688525
600	18,0	33,33333333
800	25,0	32,00000000
1000	29,0	34,48275862
Valor médio de K		33,30025646
Valor Médio de K (N/m)		32,66755153

Depois, comparamos o valor médio de K com o valor informado pelo fabricante:

$$E = \frac{|32{,}7 - 32{,}0|}{32{,}0} \times 100 = 2{,}19\%$$

Este processo serve apenas para verificar se houve algum erro no traçado do gráfico ou na determinação de "A". Não permite confirmar a Lei Física que rege este fenômeno.

Nesse caso, o valor de K obtido através da equação do gráfico coincide com o K obtido pela equação teórica.

6 - EXPRESSÃO APROXIMADA DE UM RESULTADO EXPERIMENTAL

Na última tabela escrevemos propositalmente todos os números que apareceram no visor da calculadora. Nos cálculos anteriores fizemos alguns arredondamentos sem seguir qualquer regra.

Há dois métodos para normalizar esta questão.

1° Método: Algarismos significativos (produto e quociente)

Consideramos que na realização de medidas são cometidos erros que afetam sempre e somente o último algarismo escrito. Ao medir 5,9 cm, o 9 é o algarismo duvidoso".
Em 200 gf, o último zero é o "AD". Ao dividir 200 por 5,9 para encontrar K:

```
2 0 0,0      | 5,9
  2 3 0      | 33,8
    5 3 0
      5 8
```

- O 1°. três do quociente não é duvidoso pois

resultou da divisão de 20 por 5, ambos "certos";

- Na obtenção do 2º três do quociente usamos 23 com o 3 duvidoso. Este "3" é duvidoso;
- Obtivemos mais um algarismo do quociente apenas para possibilitar o arredondamento;

- O resultado, conforme a regra do último "AD", será: $200 \div 5,9 = 34$ gf/cm

<table>
<tr><td>2 0 0, <u>0</u></td><td>5 , <u>9</u></td></tr>
<tr><td>2 3 <u>0</u></td><td>3 3, <u>8</u> <u>9</u></td></tr>
<tr><td>5 <u>3</u> <u>0</u></td><td></td></tr>
<tr><td><u>5</u> <u>8</u></td><td></td></tr>
</table>

Se tivéssemos pesos determinados com maior precisão, obteríamos:

$2\,0\,0,\underline{0} \div 5,\underline{9} = 3\,3,\underline{9}$ gf / cm

Nesse caso:

<table>
<tr><td>2 0 0, 0 <u>0</u></td><td>5 , <u>9</u> <u>0</u></td></tr>
<tr><td>2 3 <u>0</u></td><td>3 3, <u>8</u> 9</td></tr>
<tr><td>5 <u>3</u> <u>0</u></td><td></td></tr>
<tr><td><u>5</u> <u>8</u></td><td></td></tr>
</table>

Contudo, se aumentarmos ainda a precisão de 200, isto não fará aumentar a precisão de K:

O zero do resto parcial 230 é duvidoso porque resulta da interação do 2º três do quociente (certo) com o nove do divisor (duvidoso).

Esses três exemplos permitem concluir:

"O número de ALGARISMOS SIGNIFICATIVOS do resultado é o do mais pobre ou o do mais pobre mais um, entre os fatores da operação aritmética".

$200 \div 5,9 = 34$	$200,0 \div 5,9 = 33,9$	$200,00 \div 5,9 = 33,9$
3AS ÷ 2AS = 2AS	4AS ÷ 2AS = 3AS	5AS ÷ 2AS = 3AS

Usando calculadoras não podemos saber se o caso é o do mais pobre ou o do mais pobre mais um.
Adotamos a REGRA DO MAIS POBRE, SEMPRE.

Esta regra não deve ser usada nos cálculos intermediários pois isto pode acarretar um acúmulo do erro no resultado final.

Exemplo:	F(gf)	x (cm)	K(gf/cm)	$\bar{K} = 33\,gf/cm$
	200	5,9	34,0	
	400	12,2	32,8	Por segurança, devemos calcular com todos
	600	18,0	33,3	os algarismos e só arredondar no resultado
	800	25,0	32,0	final.
	1000	29,0	34,5	

Nos arredondamentos, surge uma dúvida quando o número a desprezar é cinco. Nesse caso, arredonda-se para mais quando o número anterior for ímpar. Exemplos:

$32,\underline{3}5 \rightarrow 32,\underline{4}$ $32,\underline{4}5 \rightarrow 32,\underline{4}$

Algarismos significativos (adição e subtração)

Na tabela ao lado podemos observar o que pode acontecer quando somamos números aproximados.

K (gf/cm)
3 4,<u>0</u>
3 2,<u>8</u>
3 3,<u>3</u>
3 2,<u>0</u>
3 4,<u>5</u>
SOMA: 1 6 6,<u>6</u>
$\bar{k} = 3\,3,3\,\underline{2}$

Esse é o resultado correto. Ao usar o valor 33, da tabela estamos cometendo o erro de diminuir o número de AS, ou seja, o mesmo tipo de erro "favorável" que serviu de fundamento para a regra do mais pobre.

Portanto, se estendermos a regra do mais pobre para adição e subtração ainda teremos uma solução aceitável.

É importante ter uma regra simples a ser usada em todos os casos considerando principalmente o uso de calculadoras e computadores na análise de resultados experimentais.

Algarismos significativos (funções especiais)

Quando usamos calculadoras para obter funções trigonométricas, potências, logaritmos e exponenciais são usados os seguintes desenvolvimentos em série:

$$sen \quad x = x - \frac{x^3}{3!} + \frac{x^5}{5!} - \cdots \qquad\qquad cos \quad x = x - \frac{x^2}{2!} + \frac{x^4}{4!} - \cdots$$

$$(1 + x)^n = 1 + \frac{nx}{1!} + \frac{n(n-1)}{2!}x^2 + \cdots \qquad ln(1 + x) = x - \frac{1}{2}x^2 + \frac{1}{3}x^3 - \cdots$$

$$e^x = 1 + x + \frac{x^2}{2!} + \frac{x^3}{3!} + \cdots \qquad\qquad a^x = e^{x \, ln \, a} = 1 + x \, ln \, a + \frac{(x \, ln \, a)^2}{2!} + \frac{(x \, ln \, a)^3}{3!} + \cdots$$

Observamos que, mesmo nesses casos, temos as operações aritméticas simples usadas para obter os valores numéricos dessas funções especiais.

Portanto, podemos considerar válida a <u>regra do mais pobre</u> quando usamos calculadoras para obter valores de funções especiais.

2º MÉTODO: DESVIO PADRÃO

O valor médio é o valor ideal. Cada medida que não coincide com a média está "DESVIADA" sendo o "DESVIO, A DIFERENÇA ENTRE O VALOR MÉDIO E O VALOR DA MEDIDA: $\Delta X = \left| \overline{X} - X \right|$ ".

A média destes desvios, o "DESVIO MÉDIO", indica a DISPERSÃO das medidas em torno da média.

Segundo a Estatística, um valor mais preciso é dado pelo

"DESVIO PADRÃO DAS MEDIDAS": $\qquad \sigma_x = \sqrt{\dfrac{\sum_1^N (X - \bar{X})^2}{N-1}} \Rightarrow \bar{X} = \dfrac{\sum_1^N X}{N}$

"O Desvio padrão da média" é: $\qquad \sigma_{\bar{X}} = \sqrt{\dfrac{\sum_1^N (X - \bar{X})^2}{N(N-1)}} \quad ou \quad \sigma_{\bar{X}} = \dfrac{\sigma_x}{\sqrt{N}}$

F (gf)	x (cm)	K (gf/cm)	$\lvert K - \overline{K} \rvert$ (gf/cm)	$\lvert K - \overline{K} \rvert^2$ (gf/cm)^2
200	5,9	33,89831508	0,59804862	0,357662157
400	12,2	32,78688525	0,513371214	0,263550003
600	18,0	33,33333333	0,033076873	0,001094079
800	25,0	32,00000000	1,300256460	1,690666862
1000	29,0	34,48275862	1,182502161	1,39831136
	$\Sigma \rightarrow$	166,5012823	3,627255331	3,711286219
$\bar{K} = 33,3002564$		$\Delta\bar{K} = 0,725451$	$\sigma_K = 0,963234$	$\sigma_{\bar{K}} = 0,43076728$

Vamos exemplificar com os valores de K:

<u>EXPRESSÃO APROXIMADA DESTE RESULTADO EXPERIMENTAL:</u>

$$K = \bar{K} \pm \sigma_{\bar{K}} = (33,3 \pm 0,4)(gf/cm)$$

O desvio padrão da média foi arredondado para um só algarismo pois representa o seu erro e só deve afetar o algarismo duvidoso da média.

INTERPRETAÇÃO DO DESVIO PADRÃO DAS MEDIDAS E DO DESVIO PADRÃO DA MÉDIA:

O desvio padrão das medidas σ_X representa sua _DISPERSÃO_ em torno da média.

De acordo com a Estatística, o intervalo formado por $\pm\sigma_X$ deve incluir cerca de 70 % das medidas usadas em seu cálculo.

O desvio padrão da média $\sigma_{\bar{X}}$, indica a _PRECISÃO_ conseguida na determinação da média.

Qual a tolerância admitida nos valores de σ_X e de $\sigma_{\bar{X}}$?

O erro (%) tolerável nestes dois indicadores é de 10% e será calculado pelas expressões:

$$[E(\%)]_{\sigma_X} = \frac{100\times\sigma_X}{\bar{X}} < 10\% \qquad [E(\%)]_{\sigma_{\bar{X}}} = \frac{100\times\sigma_{\bar{X}}}{\bar{X}} < 10\%$$

RELAÇÃO ENTRE O DESVIO MÉDIO E O DESVIO PADRÃO:

Há uma relação entre, $\bar{\Delta X}$ e σ_X; $\bar{\Delta X} = 0{,}8\sigma_X$, que pode ser usada quando necessário.

COMO CALCULAR $\sigma_{\bar{X}}$?

Nas calculadoras é possível calcular

$$\sigma_X = \sqrt{\frac{\sum(X-\bar{X})^2}{N}} \quad \text{ou} \quad \sigma_X = \sqrt{\frac{\sum(X-\bar{X})^2}{N-1}} \quad \text{A diferença é pequena para N grande.}$$

Podemos usá-las para encontrar σ_X e depois calcular $\sigma_{\bar{X}} = \frac{\sigma_X}{\sqrt{N}}$.

QUANDO USAR σ_N OU $\sigma_{(N-1)}$?

Quando N é muito grande $(N - 1) \cong N$ e tanto faz trabalhar com $\sigma_{(N-1)}$ ou σ_N .

REGRA DE REJEIÇÃO DE MEDIDAS:

Após o cálculo de σ_x, rejeitam-se as medidas que apresentam $\qquad |\bar{X} - X_i| > 3\sigma_X \; ou \; 4\Delta X$.

Após a exclusão, faz-se novo cálculo de σ_x e um novo, se necessário, até que todas as medidas sejam enquadradas.

Podem ocorrer diferenças no valor de σ_x devido à quantidade de algarismos usados nos cálculos internos da calculadora.

QUAL A MELHOR REGRA DE ARREDONDAMENTO?

Observemos que o resultado de K com o desvio padrão, (33 $\pm$ 1), coincide com o resultado obtido pelo critério do mais pobre (33).

O 2º método (usando o desvio padrão) é mais confiável do que o 1º (usa o conceito de algarismos significativos) pois naquele, o erro é calculado.

Os Engenheiros criaram processos especiais e normalizações para conceitos de precisão, dispersão, erro, tolerância, etc, tendo em vista, principalmente, as recentes criações das normas ISO 9000 para controle total de qualidade.

Os Institutos Governamentais que cuidam de metrologia, qualidade e segurança de produtos têm um universo próprio de especificações para trabalhos com valores aproximados ou estatísticos.
Os especialistas, nessas duas áreas, às vezes entram em conflito com nossos hábitos de experimentação em Ciência e, em particular, em Física.

Não devemos discutir com eles, pois, do seu ponto de vista, têm razão em aumentar a rigidez dos critérios, pois a falta de precisão nos atributos dos produtos que controlam pode, em certos casos, significar um perigo à vida das pessoas.

7 - REGRESSÃO LINEAR

A equação da reta do gráfico mm pode ser obtida por cálculo com os valores experimentais. O método é conhecido por "Regressão Linear".

$$y_1 = Ax_1 + B$$
$$y_2 = Ax_2 + B$$
$$- - - - - - -$$
$$y_n = Ax_n + B$$

Consideremos uma tabela de medidas:

$$Y \quad \ldots\ldots\ldots \quad \ldots X$$
$$y_1 \quad \ldots\ldots\ldots\ldots \quad ..x_1$$
$$y_2 \ldots\ldots\ldots\ldots \quad x_2$$
$$- - - - - - - - - -$$
$$y_n \ldots\ldots\ldots\ldots \quad x_n$$

- Sabemos que y = A x + B;
- Desejamos encontrar A e B
- Se conhecêssemos A e B e substituíssemos os valores de x na equação deveríamos obter os correspondentes valores de y;

- Somando estas equações, obtemos;

$$\sum y = A \sum x + nB \qquad\qquad (1)$$

Multiplicando estas equações por $x_1, x_2, \ldots, x_n$ respectivamente, obtemos:

$$x_1 y_1 = Ax_1{}^2 + Bx_1$$
$$x_2 y_2 = Ax_2{}^2 + Bx_2$$
$$- - - - - - - - - - -$$
$$x_n y_n = Ax_n{}^2 + Bx_n$$

- A soma dá agora: $\qquad \sum xy = A \sum x^2 + B \sum x \qquad (2)$

Resolvendo este sistema de equações lineares (1) e (2) podemos encontrar A e B e definir a equação da reta.

$(y)F(gf)$	$(x)(cm)$	xy	(x^2)	$(x - \bar{x})^2 (*)$	$(y - \bar{y})^2 (*)$
200	5,9	1180	34,81	146,8984	160000
400	12,2	4880	148,84	33,8724	40000
600	18,0	10800	324	0,0004	0
800	25,0	20000	625	48,7204	40000.
1000	29,0	29000	841	120,5604	160000
Σ=3000	90,1	65860	1973,65	350,048	400000
$\bar{y} = 600$	$\bar{x} = 18,02$				
* Estes valores serão usados posteriormente no cálculo do coeficiente de correlação.					

$$\sum y = A \sum x + nB \quad \rightarrow \quad 3000 = 90{,}1A + 5B$$

$$\sum xy = A \sum x^2 + B \sum x \quad \rightarrow \quad 65860 = 1973{,}65A + 90{,}1B$$

Levando os somatórios às equações (1) e (2):

$$A = 33{,}70966267 \text{ gf/cm} \qquad\qquad \rightarrow \qquad B = -7{,}4481214 \text{ gf}$$

Resolvendo o sistema, encontramos:

Equação: $$F = 33{,}70966267x - 7{,}4481214 \rightarrow F \cong 33{,}7x - 7{,}45$$

No arredondamento usamos o critério do Desvio Padrão.

TESTE DA EQUAÇÃO

1º MÉTODO: COEFICIENTE DE CORRELAÇÃO

Segundo a Estatística $0{,}9 \leq |r| \leq 1{,}0$ indica um bom ajustamento da equação da reta com os valores experimentais.

$$r = A \sqrt{\frac{\Sigma(X-\bar{X})^2}{\Sigma(Y-\bar{Y})^2}} = \quad 0{,}997213643$$

Não é necessário traçar o gráfico para confirmar o ajustamento da Regressão Linear.

Basta verificar se o valor do $|r|$ está no intervalo especificado

Para trabalhos de menor precisão pode-se usar o critério: $0{,}8 \leq |r| \leq 1{,}0$

2o. MÉTODO: SUBSTITUIÇÃO DOS VALORES DE X NA EQUAÇÃO F = 33,7 x - 7,45

x (cm)	F$_C$ (gf)	F$_M$ (gf)	Erro (%)
5,90	191,38	200	4,3100 00
12,2	403,69	400	0,9225
18,0	599,15	600	0,1417
25,0	835,05	800	4,3800
29,0	969,85	1000	3,0150
		Erro médio	2,554
		DISPERSÃO	1,738
		PRECISÃO	0,777
		E(%) NA DISPERSÃO	68,050
		E (%) NA PRECISÃO	30,423

Usando os valores de F$_c$, podemos representar no gráfico da página 4 os pontos obtidos com a equação da reta obtida por regressão.

Na página 148 vemos um gráfico semelhante ao da página 141 onde representamos os pontos experimentais e os pontos obtidos usando a reta de regressão.

São grandes os erros percentuais na dispersão e na precisão indicando que há grande variação nos valores dos erros para as diversas forças (para constatar isso, basta olhar a tabela).

Esses erros devem diminuir com o aumento da quantidade das medidas.

Os estatísticos preconizam o número mínimo de trinta medidas em amostras para viabilizar qualquer previsão estatística.

No laboratório de Física é difícil realizar trinta medidas em cada experiência e geralmente fazemos dez.

Podemos esperar ocorrências de erros exagerados de dispersão e precisão ao trabalhar com poucos valores.

Na página seguinte repetimos o gráfico da lei de Hooke, F em função de x, agora sobrepondo a reta de regressão obtida.

Observe-se a coincidência com a reta experimental e o uso do conceito de equilíbrio entre os pontos experimentais.

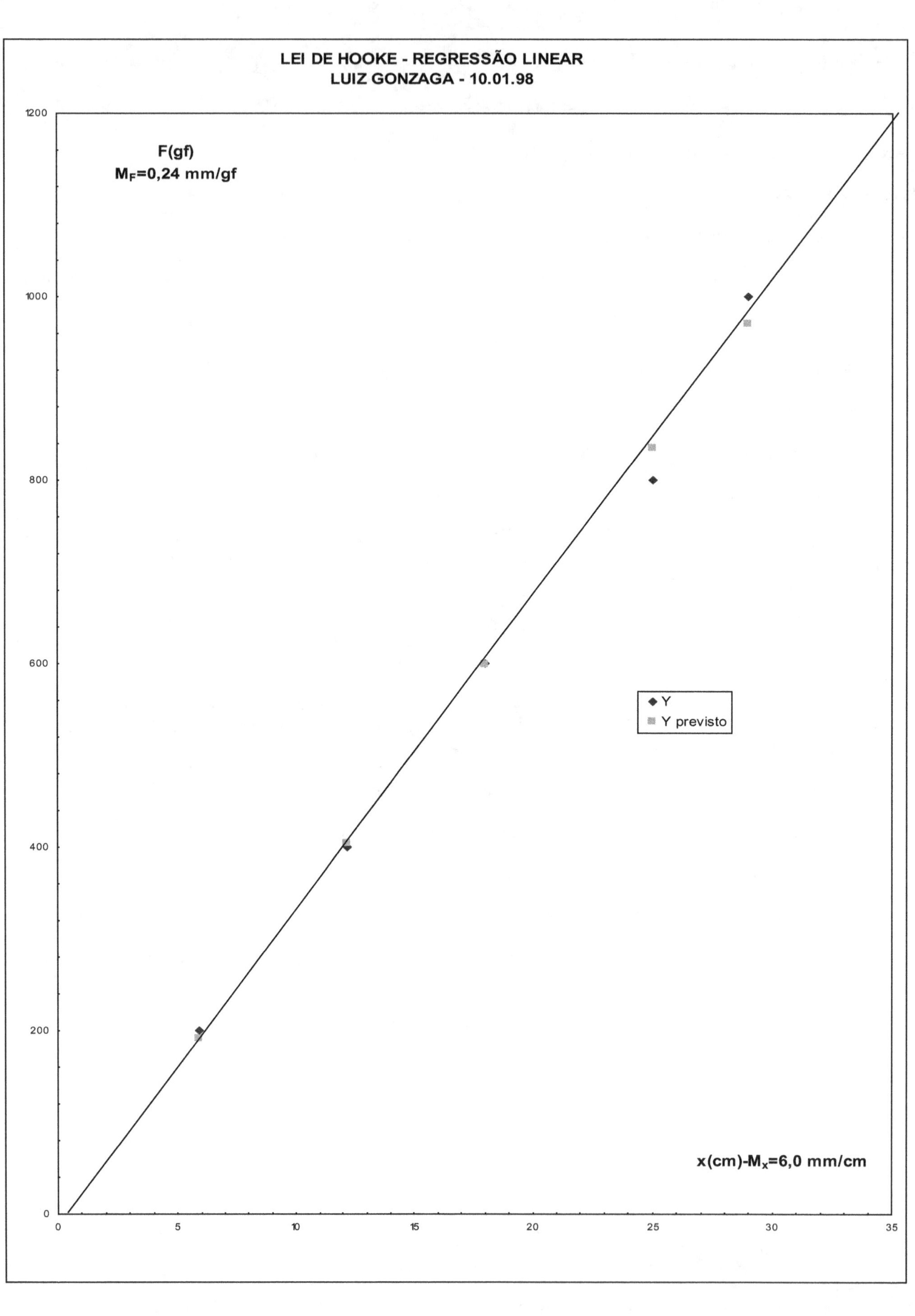

LEI DE HOOKE - REGRESSÃO LINEAR
LUIZ GONZAGA - 10.01.98
F(gf)
M_F=0,24 mm/gf
Y
Y previsto
x(cm)-M_x=6,0 mm/cm

8 - GRÁFICO EM PAPEL DI-LOG

Quando a Equação a ser analisada graficamente não é linear mas é do tipo $y = Kx^n$, podemos usar o papel DI-LOG.

m(kg)	T(s)
0,100	0,40
0,300	0,66
0,500	0,80
0,700	0,95
0,900	1,05

A tabela ao lado mostra medidas obtidas para o período de oscilação de massa suspensas na mola.

A equação que relaciona T com m, é:

$$T = 2\pi \sqrt{\frac{m}{K}}$$

Colocando $m = f(T)$: $m = \left(\frac{K}{4\pi^2}\right) T^2$.

Tomando Log.: $Log\ (m) = Log\ \left(\frac{K}{4\pi^2}\right) + 2\ Log(T)$

Obtemos uma reta: $Y = B + AX \quad com \quad B = Log\ \left(\frac{K}{4\pi^2}\right) \quad e \quad A = 2$

Na página seguinte, temos o papel DI-LOG.

Para confeccionar o papel DI-LOG foram representados os logaritmos dos números reais em segmentos proporcionais aos seus valores, em qualquer base.

Para verificar determine os módulos das duas escalas:

$$\text{Vertical:} \quad M_V = \frac{240 \text{ mm}}{Log_{10}10} = 240 \text{ mm} \qquad \text{Horizontal:} \quad M_H = \frac{90 \text{ mm}}{Log_{10}10} = 90 \text{ mm}$$

Vamos representar o $Log_{10}2 = 0{,}301$ nas duas escalas e conferir.

$$\text{Vertical:} \quad 0{,}301 \times M_V = 0{,}301 \times 240 = 72 \text{ mm}$$

$$\text{Horizontal:} \quad 0{,}301 \times M_H = 0{,}301 \times 90 = 27 \text{ mm}$$

Na representação de $Log_{10} 20 = 1{,}301$, observamos que a parte fracionária é a mesma, de modo que podemos estabelecer que "1" no início da escala vale 10 e colocar a fração para marcar 20.

É fácil ver que este papel também funciona na base neperiana.

9 - TRAÇADO DO GRÁFICO EM PAPEL DI-LOG

Para representar os valores de m e T vamos convencionar que:

- na vertical, o 1 vale 0,100 kg;

- na horizontal, o 1 vale 0,1 s.

Em alguns casos não é necessário multiplicar os valores de m e t pelos módulos pois já estão marcados no papel.

Nas interpolações é preciso contar as divisões para encontrar a posição de cada número

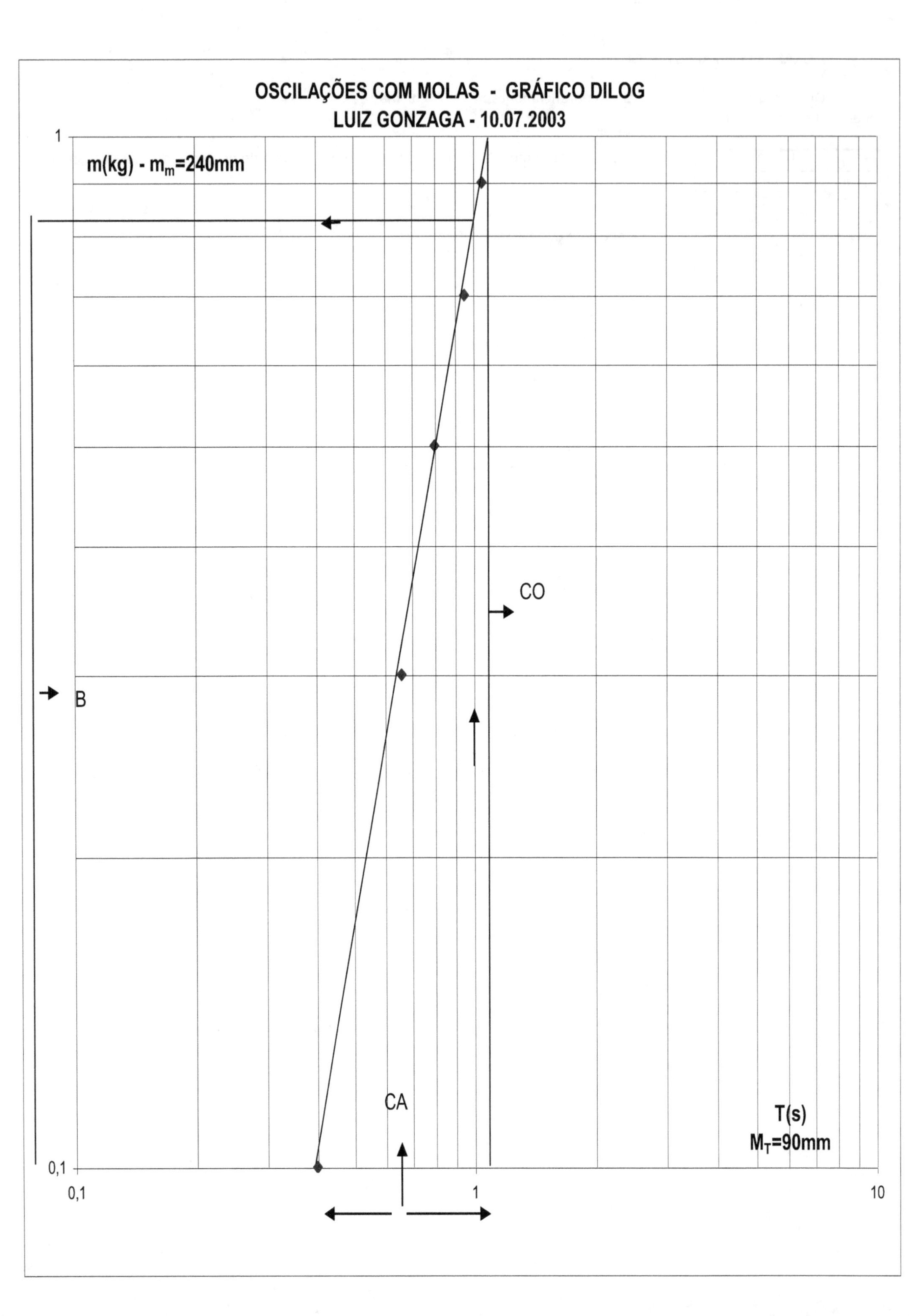

OSCILAÇÕES COM MOLAS - GRÁFICO DILOG
LUIZ GONZAGA - 10.07.2003
m(kg) - m_m=240mm
1
0,1
CO
B
CA
T(s)
M_T=90mm
0,1
1
10

$$COEFICIENTE\ ANGULAR = \frac{Cateto\ oposto\ em\ mm \div M_V}{Cateto\ adjacente\ em\ mm \div M_H} = A = \frac{240 \div 240}{40 \div 90} = 2,2$$

$$COEFICIENTE\ LINEAR = ORDENADA\ PARA(T = 1s)NA\ ESCALA\ VERTICAL = 0,82$$

$$ou \quad 0,1 \times Log^{-1}\left(\frac{ordenada\ para\ T = 1s}{M_V}\right) = 0,1 \times log^{-1}\left(\frac{219}{240}\right) = 0,818 \cong 0,82$$

$$EQUAÇÃO: \qquad m = B\ T^A = 0,82\ T^{2,2}$$

$$TESTE\ DOS\ PARÂMETROS: \quad A_T \equiv 2 \quad \rightarrow \quad E_A = \frac{|2 - 2,2|}{2} \times 100 = 2\ \%$$

$$K = 4\pi^2 B \rightarrow B = \frac{K}{4\pi^2} = \frac{32,7}{4\pi^2} = 0,83 \rightarrow E_B = \frac{|0,83 - 0,82|}{0,83} \times 100 = 1,2\%$$

$$ATENÇÃO: Não\ confundir\ Log^{-1}(A) = ANTILOG\ (A)\ com\ (Log\ A)^{-1} = \frac{1}{Log(A)}$$

TESTE DA EQUAÇÃO DO GRÁFICO				
Nº	T(s)	m(Kg)	mC(Kg)	E(%)
1	0,40	0,100	0,109230981	9,230980811
2	0,66	0,300	0,328708179	9,569393034
3	0,80	0,500	0,501893792	0,378758378
4	0,95	0,700	0,732496888	4,642412591
5	1,05	0,900	0,912914931	1,434992376
			MÉDIA	5,051307438
			DISPERSÃO	4,270843339
			PRECISÃO	1,909979205
			E(%)DISP	84,54926553
			E(%)PREC	37,81158104

O gráfico em papel DI-LOG pode ser traçado no papel mm:
basta que sejam calculados os logaritmos de m e T antes do lançamento dos valores. Depois se procede normalmente.

Do mesmo modo podemos usar a Regressão Linear após o cálculo dos logaritmos de m e T e proceder, em seguida, com todas as etapas do método.

Há papéis DI-LOG com módulos diferentes e com repetição da escala 1-1.

Também podem ser usados no caso de representação de grandezas com grande intervalo de variação.

11 - GRÁFICO EM PAPEL mm COM ORIGEM DESLOCADA

A tabela de valores de m e T do item anterior pode ser analisada com o papel mm.

Consideremos a função

$$T = 2\pi\sqrt{\frac{m}{K}} \quad mod\,ificada\ para: \qquad T = \left(\frac{2\pi}{K^{0,5}}\right) m^{0,5}$$

A tabela mostra que os valores iniciais de T e $m^{0,5}$ são grandes se comparados aos finais.

Se colocarmos no gráfico (T) em função de	T(s)	$m^{0,5}$ (Kg)
$(m^{0,5})$ teremos uma reta $y = Ax$	0,40	0,316
$y \equiv T$	0,66	0,548
$x = m^{0,5}$	0,80	0,707
$A \equiv 2\pi / K^{0,5}$	0,95	0,837
	1,05	0,949

Se escolhermos os Módulos pelo valor máximo não usaremos todo o papel no traçado do gráfico.

Na escala dos tempos o menor valor é 0,40 e o maior é 1,05 (38 %).
Na escala das massas, o menor valor é 0,316 e o maior é 0,949 (34 %).

Devemos deslocar a origem quando (valor mínimo) > 0,20 x (valor máximo)

12 - ESCOLHA DOS MÓDULOS

(Arredondamos os valores extremos para facilitar o traçado do gráfico)

$$M_T = \frac{240\,mm}{(1,2-0,40)(s)} = 300\,\frac{mm}{s} \qquad M_{m^{0,5}} = \frac{180\,mm}{(1,1-0,30)(kg)^{0,5}} \cong 225\,\frac{mm}{kg^{0,5}}$$

A origem deslocada, dessa forma escolhida, tem coordenadas (0,30;0,40)

13 - LANÇAMENTO E RETIRADA DE VALORES

Devemos subtrair cada valor a lançar, da origem da escala correspondente, antes de multiplicar pelo módulo.

O ponto (0,40 ; 0,30) fica na origem.	(0,66 - 0,40) x 300 $\cong$ 78 mm
O 2º ponto (0,66;0,548) ficará em →	(0,548 - 0,30) x 225 $\cong$ 56 mm

Traçamos o gráfico do modo usual.

Para retirar valores desse tipo de gráfico devemos fazer a operação inversa: dividir o valor medido para um determinado segmento correspondente a uma coordenada de um ponto qualquer (em mm) pelo módulo e depois adicionar ao valor da coordenada correspondente da origem deslocada.

É preciso tomar cuidado para não confundir os módulos, ao fazer essas determinações.

Esse procedimento será aplicado, por exemplo, na determinação do coeficiente linear.

No caso da determinação do coeficiente angular estamos interessados na determinação dos lados de um triângulo (cateto oposto e cateto adjacente).

Nesse caso basta apenas dividir o segmento medido em mm, pelo módulo da escala correspondente.

14 - DETERMINAÇÃO DA EQUAÇÃO

B = Coeficiente Linear
Localizamos no gráfico a origem verdadeira:
- escolhemos um ponto no alto da reta e a partir dele, "descemos"
(0,40 x 300= 120 mm) e deslocamos para a esquerda (0,30 x 225 = 68 mm);
- aí está o ponto (0,0);
- traçamos os eixos "verdadeiros ", XY e encontramos;
B = 30 mm ÷ 300 mm/s = 0,100 s.
EQUAÇÃO T = 1,00 (m) ^{0,5} + 0,100

$$A = \frac{240 \div 300}{180 \div 225} = 1,00\,\frac{s}{(kg)^{0,5}} \rightarrow TESTE \rightarrow \frac{2\pi}{(k)^{0,5}} = \frac{2\pi}{(32,7)^{0,5}} = 1,10 \rightarrow [E(\%)]_A = 9,09\%$$

DETERMINAÇÃO DO ERRO PERCENTUAL NO PARÂMETRO "B":

B deveria dar zero. Encontramos 0,100 que é um valor . Não podemos, nesse caso, determinar o erro percentual.

Diversas situações podem ocorrer requerendo um cuidado especial na determinação do coeficiente linear do gráfico em papel mm com origem deslocada.

Cada caso deve ser analisado esquematicamente num papel separado até que se entenda a estratégia a seguir.

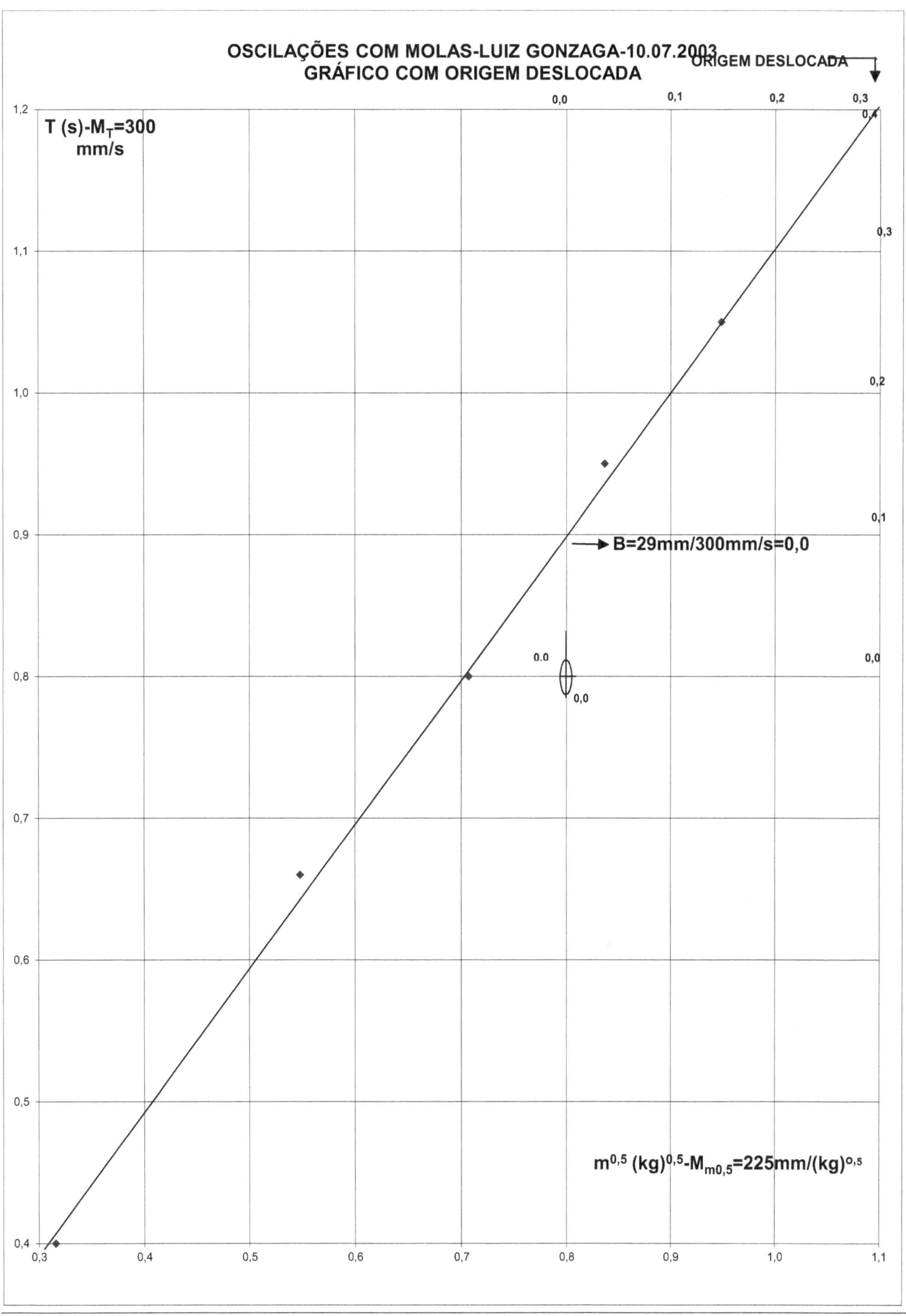

OSCILAÇÕES COM MOLAS-LUIZ GONZAGA-10.07.2003
GRÁFICO COM ORIGEM DESLOCADA
ORIGEM DESLOCADA
T (s)-M_T=300 mm/s
0,0
0,1
0,2
0,3
0,4
0,3
0,2
0,1
0,0
B=29mm/300mm/s=0,0
0.0
0,0
0,0
$m^{0,5}$ $(kg)^{0,5}$-$M_{m0,5}$=225mm/$(kg)^{0,5}$
1,2
1,1
1,0
0,9
0,8
0,7
0,6
0,5
0,4
0,3
0,4
0,5
0,6
0,7
0,8
0,9
1,0
1,1

15 - GRÁFICO EM PAPEL MONOLOG

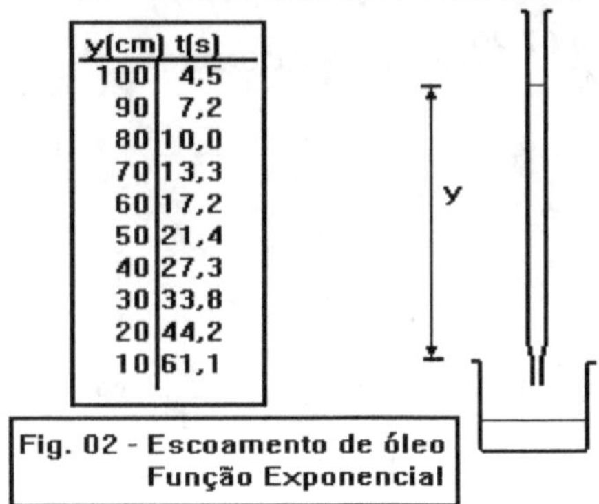

Fig. 02 - Escoamento de óleo Função Exponencial

Quando um óleo de alta viscosidade escoa através de um orifício estreito, a altura y é função exponencial do tempo:

$$y = a\ e^{-bt}$$

Na análise de funções desse tipo usa-se o gráfico em papel monolog:

$$L_{10}(y) = L_{10}(a) - bL_{10}(e)\ t \qquad Y = B + AX$$

Na página seguinte está traçado o gráfico:

ESCOLHA DOS MÓDULOS

$$M_T = \frac{180\ mm}{61,1\ s} = 2,9\,\frac{mm}{s} \qquad\qquad M_{L_{10}(y)} = 240\,\frac{mm}{L_{10}(10)}$$

COEFICIENTE LINEAR

$$1^{O}\text{Método:} \quad direto\ no\ grafico \quad \rightarrow \quad B \rightarrow a = 120\ cm\ (Ver\ ap\acute{a}gina segu\,int\,e)$$

$$2^{O}\text{Método:} \quad B = 10 \times L_{10}^{-1}\left(\frac{257}{240}\right) = 118\ cm$$

COEFICIENTE ANGULAR

$$1^{\circ}\text{Método}: bL_{10}(e) = \frac{L_{10}(120) - L_{10}(10)}{178 \div 2,9} \rightarrow b = 0{,}0405 s^{-1}$$

$$2^{\circ}\text{Método}: bL_{10}(e) = \frac{(257mm \div 240mm) \div L_{10}(10)}{178 \div 2,9} \rightarrow b = 0{,}0402 s^{-1}$$

$$y = 118\ e^{-0,0402t}$$

EQUAÇÃO:

Não podemos testar os parâmetros porque não conhecemos seus valores teóricos, mas podemos realizar o teste da equação.

Nº	t(s)	y(cm)	yC(cm)	E(%)
			TESTE DA EQUAÇÃO DO GRÁFICO MONOLOG	
1	4,5	100	98,47321916	1,5267808
2	7,2	90	88,34456008	1,8393777
3	10	80	78,93972799	1,3253400
4	13,3	70	69,13247728	1,2393182
5	17,2	60	59,10080968	1,4986505
6	21,4	50	49,9191464	0,1617072
7	27,3	40	39,37868281	1,5532930
8	33,8	30	30,32354958	1,0784986
9	44,2	20	19,96228263	0,1885869
10	61,1	10	10,11950373	1,1950373
			MÉDIA	1,1606590
			DISPERSÃO	0,5624522
			PRECISÃO	0,2515363
			E(%)DISP	48,4597268
			E(%)PREC	21,6718487

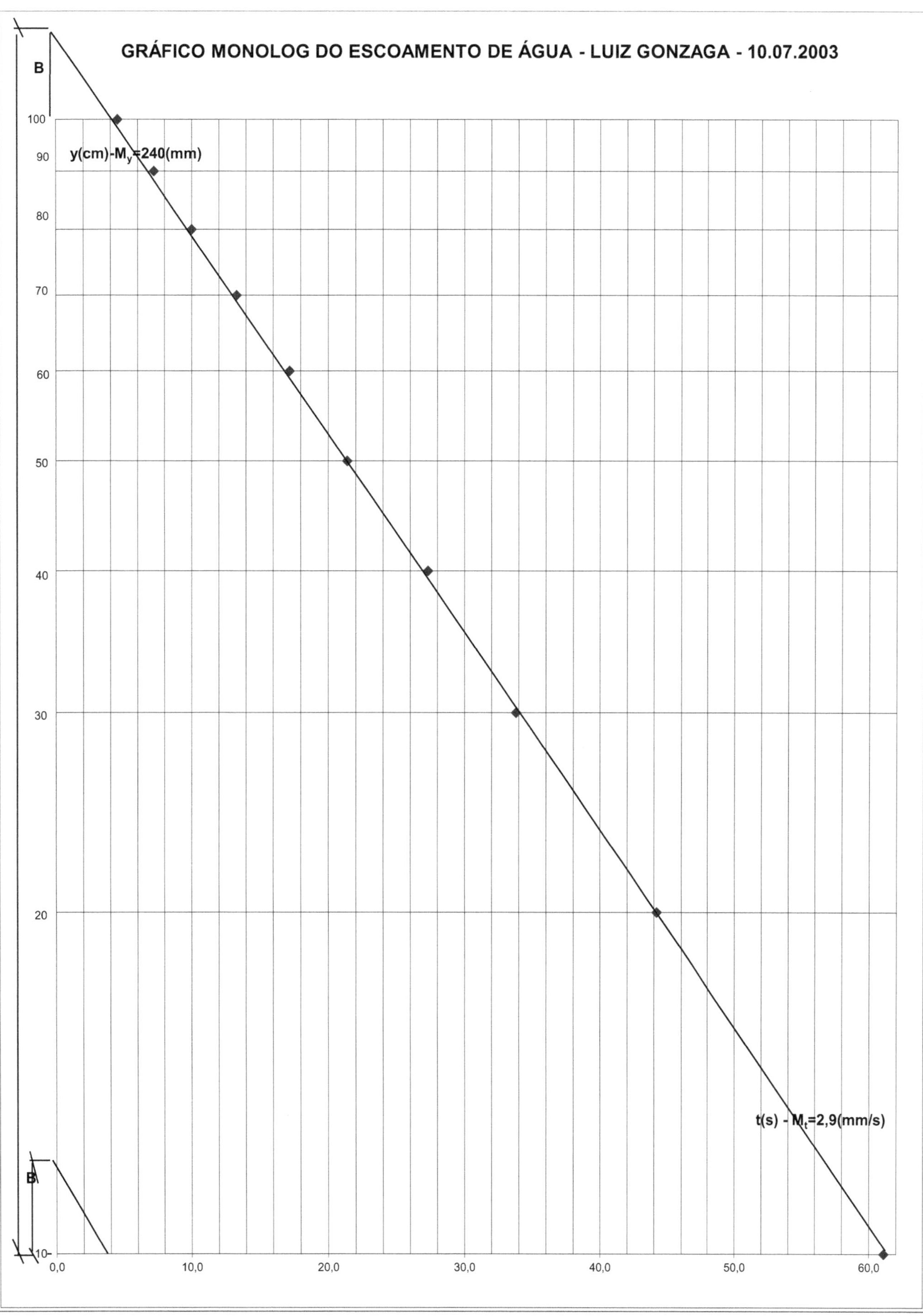

GRÁFICO MONOLOG DO ESCOAMENTO DE ÁGUA - LUIZ GONZAGA - 10.07.2003
B
y(cm)-M_y=240(mm)
t(s) - M_t=2,9(mm/s)
B

16 – RESUMO.

GRÁFICO mm: Título, Módulos, Variáveis, e suas unidades, Escalas.

Para lançar valores, multiplicamos pelo módulo.

As Funções devem ser "Linearizadas" antes do gráfico mm: tomando logaritmos ou com mudança de variável.

O arredondamento do módulo é sempre "para menos".

Quando (valor mínimo)>0,20 x(valor máximo) a _ORIGEM DEVE SER DESLOCADA_.

Usar sempre todo o espaço do papel no traçado do gráfico mm e na determinação do coeficiente A.

GRÁFICO di-log:

Específico para Funções do tipo $\qquad y = Kx^n$

GRÁFICO monolog: Específico para Funções do tipo $\qquad y = ae^{bt}$

REGRESSÃO LINEAR: $\quad \sum Y = \left(\sum X\right) A + NB$

$$Y = AX + B$$

$$\sum XY = \left(\sum X^2\right) A + \left(\sum X\right) B$$

correlação: $\to \quad r = A \sqrt{\dfrac{\Sigma(X-\bar{X})^2}{\Sigma(Y-\bar{Y})^2}} \quad 0,9 \le |r| \le 1,0 \qquad \bar{X} = \dfrac{\Sigma X}{N} \qquad \bar{Y} = \dfrac{\Sigma Y}{N}$

$$N = N^o de\ Medidas$$

Algarismos Significativos: Regra do mais pobre, em qualquer operação aritmética.

Qualquer medida só pode ter um algarismo duvidoso, o último.

EXPRESSÃO APROXIMADA I: $\qquad X = \bar{X} \pm \sigma_{\bar{X}} \quad \sigma_{\bar{X}}\ indica\ a\ precisão \qquad \sigma_{\bar{X}} = \sqrt{\dfrac{\Sigma(X-\bar{X})^2}{N(N-1)}}$

EXPRESSÃO APROXIMADA II: $\qquad X = \bar{X} \pm \sigma_X \quad \sigma_X\ indica\ a\ dispersão \qquad \sigma_X = \sqrt{\dfrac{\Sigma(X-\bar{X})^2}{N}}$

Tanto $\sigma_{\bar{X}}$ quanto σ_X devem ser arredondados para um só algarismo e a média compatibilizada considerando-se a posição do duvidoso.

A tolerância para a precisão e dispersão em relação à média é de 10%.

"O no. de AS indicado por σ_X é mais confiável do que aquele estimado pela regra do mais pobre".

APÊNDICE 2: Fundamentos dos Processos de Análise Gráfica e Numérica

I - PAPEL DILOG: DETERMINAÇÃO DE PARÂMETROS

No uso do papel dilog surge um problema na determinação do coeficiente linear quando tentamos perceber sua dimensão no gráfico.

EXEMPLO: Lei da Queda Livre

$$y = \frac{gt^2}{2} \tag{01}$$

$$Log(y) = Log\left(\frac{g}{2}\right) + 2Log(t) \tag{02}$$

Compare (02) com a equação de uma reta:

$$y = AX + B \qquad A \to 2 \qquad B \to Log\left(\frac{g}{2}\right) \tag{03}$$

$$Y \to Log(y) \qquad X \to Log(t) \tag{04}$$

Na Fig.(I.1):

$$A = \frac{CO \div M_Y}{CA \div M_T} \tag{05}$$

Medindo CO e CA na mesma unidade de comprimento encontra-se um número adimensional. Isto é certo pois A = 2, é expoente de t, portanto "sem dimensão".

No ponto $t = 1$, $Log(t) = 0$ e a ordenada $Log(y)$ coincide com $Log\left(\frac{g}{2}\right)$ e

$$y = \frac{g}{2} \tag{06}$$

Seguindo-se a reta a partir de 1, na Fig. (I.1), chega-se ao valor 4,9 para $\left(\frac{g}{2}\right)$,o que daria $g = 9{,}8$

E a dimensão de $\left(\frac{g}{2}\right)$? No eixo em que (g/2) é determinado a "dimensão representada" é "metro".

A questão não é simples.

Em "Laboratory Physics", Ed.John Wiley (1969), Harry F. Meiners, Walter Eppenstein e Kenneth H. Moore, à página 65, sugerem uma saída.

Retomando a eq. (02) e fazendo t = 1, ficamos com $Log(y) = Log\left(\frac{g}{2}\right)$ (07)

Como, ao tomar logaritmos (que são números adimensionais) descaracterizamos as dimensões de (y) e (g), ficamos com:

$$|y| = \left|\frac{g}{2}\right| \tag{08}$$

Na Eq. (08) as barras representam o valor absoluto, abstraindo-se o sinal e a dimensão.

Como reforço deste argumento apresentam uma análise interessante para o pêndulo simples:

PERÍODO:

$$T = 2\pi\sqrt{\frac{L}{g}} \qquad \to \qquad T^2 = \frac{4\pi^2 L}{g}$$

$$\text{ou: } T = \left(\frac{4\pi^2}{g}\right)^{1/2} L^{1/2} \qquad \to \quad Log(T) = \frac{1}{2}Log\left(\frac{4\pi^2}{g}\right) + \frac{1}{2}Log(L) \tag{09}$$

Do gráfico, obtemos: (1/2) = coeficiente angular adimensional.

$$\text{Em } T = 1 \quad \to \quad Log\left(\frac{4\pi^2}{g}\right) = -Log(L)$$

$$\left|\frac{4\pi^2}{g}\right| = \left|\frac{1}{L}\right| \tag{I0}$$

Fig.(I.1) - Gráfico Dilog - Lei da Queda Livre

CONCLUSÃO: ***O IMPORTANTE É COLOCAR TODAS AS DIMENSÕES NUM SISTEMA COERENTE DE UNIDADES PARA NÃO HAVER PROBLEMAS AO CALCULAR OS VALORES ABSOLUTOS DO COEFICIENTE LINEAR E DA ORDENADA NA ORIGEM.***

II - REGRAS PARA TRABALHO COM RESULTADOS EXPERIMENTAIS

(Adaptado de "Laboratory Physics", Ed. John Wiley, 1969, de Meyners, Eppenstein e Moore)

Regra 1 = Em conjunto de 4 a 100 medidas rejeite aquelas que diferem da média mais do que $4\overline{\Delta X}$ou $3\sigma_X$

$$\overline{\Delta X} = \frac{\Sigma(X-\overline{X})}{N} \qquad\qquad \sigma_X = \sqrt{\frac{\Sigma(X-\overline{X})^2}{(N-1)}}$$

Desvio médio $\qquad\qquad\qquad\qquad$ *Desvio padrão*

Há uma relação entre $\overline{\Delta X}$ e σ_X: $\overline{\Delta X} \approx 0{,}8\sigma_X$

Regra 2 = Use $3\sigma_X$ ou $4\overline{\Delta X}$ como limite do erro estatístico.

Em relação a erros:

$\sigma_{\overline{X}}$ = DESVIO PADRÃO DA MÉDIA = $\frac{\sigma_X}{\sqrt{N}}$

$\overline{\Delta X}$ = DESVIO MÉDIO DA MÉDIA = $\frac{\overline{\Delta X}}{\sqrt{N}}$

OBS.: Temos trabalhado com uma tolerância de 10 % para os erros experimentais, calculados por uma das fórmulas seguintes conforme o caso:

$\left(\frac{100\sigma_X}{\overline{X}}\right)$ para quando se tem o resultado na forma $\overline{X} \pm \sigma_X$

$\frac{100|X-\overline{X}|}{X}$ para quando se compara o valor ideal (X) com o valor medido $\left(\overline{X}\right)$.

Regra 3 = Se possível efetue medidas até que o limite estatístico de erro seja da mesma ordem de grandeza do limite do erro instrumental.

Regra 4 = Os limites de erro devem ser calculados com um ou no máximo dois algarismos significativos. Obs.: No arredondamento da expressão $\overline{X} \pm \sigma_X$ deixamos o desvio padrão com um só algarismo significativo e compatibilizamos a média com o desvio padrão arredondado.

Quando não se conhece o desvio padrão se usa a regra do mais pobre.

Regra 5 = Quando uma medida indireta envolve uma medida direta elevada a uma potência n, o erro relativo na medida indireta é n vezes o erro relativo na medida direta.

Regra 6 = O limite de erro de uma soma não é maior que a soma dos limites de erros das parcelas.

Regra 7 = Num produto ou quociente o erro relativo não é maior do que a soma dos limites dos erros das parcelas.

Regra 8 = Todos os algarismos escritos diante de uma potência de dez devem ser significativos.

III: MÉDIA ARITMÉTICA E DESVIO PADRÃO

III.1 - Por que usamos a média aritmética como o valor mais representativo de um conjunto de medidas?
(Adaptado do "Práticas de Física", Wilhelm H. Westphall, Editorial Labor - 1965)

$$X_v = Valor\ verdadeiro\ de\ uma\ grandeza \tag{01}$$

$$X_1, X_2, X_3, \cdots, X_K, \cdots, X_N = valores\ medidos\ de\ X. \quad (X_n)$$

$$\Delta V_n = X_n - X_v = Desvios\ verdadeiros\ de\ X \tag{02}$$

Definição de Gauss: Erro médio verdadeiro do conjunto de valores medidos X_k:

$$S_v{}^2 = \frac{1}{N}\sum_1^n(\Delta V_n)^2 \quad [X_v \ e \ S_v{}^2 \text{são indetermináveis experimentalmente}] \tag{03}$$

$$X_0 = \text{valor ótimo de uma grandeza } X. \tag{04}$$

$$\Delta X_n = X_n - X_0 = \text{Desvio de } X_n \text{em relação a } X_0. \tag{05}$$

Gauss: X_0 deve ser tal que $\sum_1^N(\Delta X_n)^2$ seja um mínimo. $\tag{06}$

Condição para o mínimo: $\qquad \frac{d}{dX_0}[\sum_1^N(\Delta X_n)^2] = 0 \tag{07}$

$$\frac{d}{dX_0}\left[\sum_1^N\left(\Delta(X_n - X_0)\right)^2\right] = -2\sum_1^N(X_n - X_0) = 0$$

$$-2[(X_1 - X_0) + (X_2 - X_0) + \cdots + (X_k - X_0) + \cdots + (X_N - X_0)] = 0$$

$$-2[(\sum_1^N X_n) - NX_0] = 0 \quad \rightarrow \quad X_0 = \frac{1}{N}\sum_1^N X_n \tag{08}$$

<u>*O VALOR ÓTIMO DE X É A MÉDIA ARITMÉTICA*</u>

$$X_0 = \overline{X} = \frac{1}{N}\sum_1^N X_n \tag{09}$$

A Eq. (05) fica então: $\quad \Delta X_n = X_n - \overline{X} \tag{05}$

<u>*III.2 - ESTIMATIVAS DOS ERROS DAS MEDIDAS DE X*</u>

De (02): $\qquad\qquad X_n - X_v = \Delta V_n \tag{10}$

$$X_n = X_v + \Delta V_n \tag{11}$$

$$\sum_1^N X_n = \sum_1^N(X_v + \Delta V_n) = X_v + \Delta V_1 + X_v + \Delta V_2 + \cdots\cdots \tag{12}$$

$$\sum_1^N X_n = NX_v + \sum_1^N \Delta V_n \tag{13}$$

De (09): $\qquad \sum_1^N X_n = N\overline{X} = NX_V + \sum_1^N \Delta V_n \tag{14}$

$$X_v = \overline{X} - \frac{1}{N}\sum_1^N \Delta V_n \tag{15}$$

De (02) e (15): $\Delta V_n = X_n - X_v = X_n - \overline{X} + \frac{1}{N}\sum_1^N \Delta V_n \tag{16}$

$$(05) \rightarrow X_n - \overline{X} = \Delta X_n = Desvio \ de \ X_n \ em \ relação \ a \ \overline{X} \tag{17}$$

$$\frac{1}{N}\sum_1^N \Delta V_n = \overline{\Delta V_n} = Valor \ médio \ de\Delta V_n \tag{18}$$

$$\Delta V_n = \Delta X_n + \overline{\Delta V_n} \tag{19}$$

$$\Delta X_n = \Delta V_n - \overline{\Delta V_n} \tag{20}$$

$$(\Delta X_n)^2 = (\Delta V_n)^2 - 2\Delta V_n\overline{\Delta V} + \left(\overline{\Delta V}\right)^2 \tag{21}$$

Tomando o valor médio de (21):

$$(\Delta X_1)^2 = (\Delta V_1)^2 - 2\Delta V_1 \overline{\Delta V_n} + \left(\overline{\Delta V_n}\right)^2$$

$$(\Delta X_2)^2 = (\Delta V_2)^2 - 2\Delta V_2 \overline{\Delta V_n} + \left(\overline{\Delta V_n}\right)^2$$

$$\sum_1^N (\Delta X_n)^2 = \sum_1^N (\Delta V_n)^2 - 2\left(\overline{\Delta V_n}\right)\sum_1^N(\Delta V_n) + N\left(\overline{\Delta V_n}\right)^2$$

$$\frac{1}{N}\sum_1^N (\Delta X_n)^2 = \frac{1}{N}\sum_1^N (\Delta V_n)^2 - 2\left(\overline{\Delta V_n}\right)\frac{1}{N}\sum_1^N(\Delta V_n) + \frac{N}{N}\left(\overline{\Delta V_n}\right)^2$$

$$\Downarrow \qquad\qquad \Downarrow \qquad\qquad \Downarrow$$

$$\overline{\Delta X^2} \qquad\qquad \overline{\Delta V^2} \qquad\qquad \overline{\Delta V}_n$$

$$\overline{\Delta X^2} = \overline{\Delta V^2} - 2\left(\overline{\Delta V}\right)\left(\overline{\Delta V_n}\right) + \left(\overline{\Delta V_n}\right)^2 \qquad\qquad (22)$$

$$\overline{\Delta X^2} = \overline{\Delta V^2} - \left(\overline{\Delta V_n}\right)^2 \qquad\qquad (23)$$

Observemos o desenvolvimento de $\left(\overline{\Delta V_n}\right)^2$:

$$(18)\rightarrow \overline{\Delta V_n} = \frac{\Delta V_1 + \Delta V_2 + \cdots}{N} \quad \rightarrow \quad \left(\overline{\Delta V_n}\right)^2 = \frac{(\Delta V_1 + \Delta V_2 + \cdots)^2}{N^2}$$

$$\left(\overline{\Delta V_n}\right)^2 = \frac{1}{N^2}\left[(\Delta V_1)^2 + (\Delta V_2)^2 + \cdots + \Delta V_1 \Delta V_2 + \Delta V_1 \Delta V_3 + \cdots\right]$$

Conforme a Eq.(02) ΔV representa o desvio verdadeiro de X calculado pela diferença entre um valor medido de X (X_n) e o valor verdadeiro de X (X_v).

Por outro lado, sabemos ser impossível determinar X_v (valor verdadeiro de X) e que o valor prático, determinável experimentalmente e que dele mais se aproxima é a média Aritmética.

Também sabemos que os valores medidos de X distribuem-se em torno da média e que a média das diferenças $X_n - \overline{X}$ tende a zero para grandes valores de n.

Por estas razões concluímos que os termos mistos da última equação têm sinais alternados e tendem a se cancelar quando $n \rightarrow \propto$ ou deixar um pequeno resíduo para os valores finitos de n que costumamos usar em nossas experiências.

Conclusão: $\qquad \left(\overline{\Delta V_n}\right)^2 = \frac{1}{N^2}\sum_1^N(\Delta V_n)^2 \qquad (24)$

Lembrando que $\qquad \overline{\Delta V^2} = \frac{1}{N}\sum_1^N(\Delta V_n)^2 \qquad\qquad (25)$

e levando (24) e (25) em (23):

$$\overline{\Delta X^2} = \frac{1}{N}\sum_1^N(\Delta V_n)^2 - \frac{1}{N^2}\sum_1^N(\Delta V_n)^2 = \frac{N-1}{N^2}\sum_1^N(\Delta V_n)^2 \quad (26)$$

De (03): $\sum_1^N(\Delta V_n)^2 = N\,S_v^2 \rightarrow \overline{\Delta X^2} = \frac{N S_v^2}{N} - \frac{N S_v^2}{N^2} \rightarrow \overline{\Delta X^2} = \frac{N-1}{N}\,S_v^2 \quad (27)$

TABELA III.1 - ERRO NO CÁLCULO DO DESVIO PADRÃO COM N EM VEZ DE N-1 (EM %)		
Nº	N(MEDIDAS)	ERRO
01	10	5,13
02	20	2,53
03	30	1,68
04	40	1,26
05	50	1,00
06	60	0,84
07	70	0,75
08	80	0,63
09	90	0,56
10	100	0,50
11	200	0,25
12	300	0,17
13	400	0,12
14	500	0,10
15	1000	0,05

Mas $$\overline{\Delta X^2} = \frac{1}{N}\sum_1^N(\Delta X_n)^2 \quad ou \quad N\overline{\Delta X^2} = \sum_1^N(\Delta X_n)^2 \quad (28)$$

Colocando (28) em (27): $\quad \sum_1^N(\Delta X_n)^2 = (N-1)\,S_v{}^2$

O erro médio verdadeiro do conjunto dos valores medidos de X é, conforme a definição de Gauss:

$$S_v = \sqrt{\frac{\sum_1^N(\Delta X_n)^2}{(N-1)}} \qquad (29)$$

Este valor é geralmente denominado de *DESVIO PADRÃO* e representado usualmente por:

$$\sigma_{N-1} = \sqrt{\frac{\sum_1^N(X_n-\overline{X})^2}{(N-1)}} \qquad (30)$$

Quando o número de medidas é grande (N - 1) $\approx$ N.

Algumas calculadoras apresentam as duas opções $\quad \sigma_N \quad$ e $\quad \sigma_{N-1}$

J.P.Holman em "Métodos Experimentais para Engenheiros"(Ed. McGraw-Hill, 1977) à pág. 75 sugere usar a equação (30) para N < 20.

Na Tabela III.1 mostramos os erros percentuais cometidos ao se trabalhar com σ_N em vez de σ_{N-1}, calculados com a expressão:

$$E(\%) = \left(1 - \sqrt{\frac{N-1}{N}}\right).100 \qquad (31)$$

Em nossas experiências, o cronômetro tem precisão de 0,01 segundo e em medidas superiores a 100 segundos isto representa menos de 0,01 %.

Ao usar a régua mm o erro é de 0,1 % para comprimentos da ordem de grandeza do metro.

No uso da balança com precisão de 1 g em 1000 g, o erro é de 0,1 %.

Portanto, trabalhando com 10 medidas devemos usar sempre σ_{N-1}.

III.3 - O DESVIO PADRÃO DA MÉDIA

Da Eq.(09); $X_0 = \overline{X} = \frac{1}{N}\sum_1^N X_n$ vamos calcular o erro absoluto de X.

Considerando $\Delta X_n << X$ e usando o Teorema de Taylor: $\qquad \Delta\overline{X} = \frac{d\overline{X}}{dX_n}\Delta X_n \qquad (32)$

No valor de $\overline{X}$ influem os diversos valores medidos $(X_1, X_2, X_3, ...)$ e podemos considerar a média dos valores de X como uma função de muitas variáveis:

$$X = f(X_1, X_2, X_3, ...) \qquad (33)$$

Ainda, com o teorema de Taylor:

$$\Delta\overline{X} = \left(\frac{\partial\overline{X}}{\partial X_1}\right)\Delta X_1 + \left(\frac{\partial\overline{X}}{\partial X_2}\right)\Delta X_2 + \left(\frac{\partial\overline{X}}{\partial X_3}\right)\Delta X_3 + \cdots \qquad (34)$$

Esta equação representa a soma dos erros em X devido a suas várias influências.

Para entender precisamente o significado da Eq.(34) vamos calcular algumas derivadas parciais indicadas no 2º membro. Para isto, tomamos a Eq. (09):

$$\overline{X} = \frac{1}{N}\sum_{1}^{N} X_n = \frac{1}{N}(X_1 + X_2 + X_3 + \cdots)$$

Calculamos: $\quad \frac{\partial \overline{X}}{\partial X_1} = \frac{1}{N} \; ; \; \frac{\partial \overline{X}}{\partial X_2} = \frac{1}{N} \; ; \; \frac{\partial \overline{X}}{\partial X_3} = \frac{1}{N} \; ; \; \cdots$

Agora, usando a definição de Gauss para o erro absoluto:

$$[\Delta\overline{X}]^2 = \left[\left(\frac{\partial \overline{X}}{\partial X_1}\right)\Delta X_1\right]^2 + \left[\left(\frac{\partial \overline{X}}{\partial X_2}\right)\Delta X_2\right]^2 + \left[\left(\frac{\partial \overline{X}}{\partial X_3}\right)\Delta X_3\right]^2 + \cdots$$

$$\Delta\overline{X} = \sqrt{\left[\left(\frac{\partial \overline{X}}{\partial X_1}\right)\Delta X_1\right]^2 + \left[\left(\frac{\partial \overline{X}}{\partial X_2}\right)\Delta X_2\right]^2 + \left[\left(\frac{\partial \overline{X}}{\partial X_3}\right)\Delta X_3\right]^2 + \cdots} = \sqrt{\frac{1}{N^2}\sum_{1}^{N}(\Delta X_n)^2} \qquad (35)$$

Tratando-se da média, e usando o mesmo raciocínio que levou à Eq. (24), a equação (03), fica: $\quad S_v{}^2 = \frac{1}{N}\sum_{1}^{n}(\Delta X_n)^2$

Considerando novamente a equação (27): $\overline{\Delta X^2} = \frac{N-1}{N}\,S_v{}^2 \quad \Delta\overline{X} = \sqrt{\frac{1}{N^2}N\,S_v{}^2} = \sqrt{\frac{1}{N}\frac{N\overline{\Delta X^2}}{(N-1)}}$ e $\overline{\Delta X^2} = \frac{1}{N}\sum_{1}^{N}(\Delta X_n)^2$ (36)

$$\Delta\overline{X} = \sqrt{\frac{\overline{\Delta X^2}}{(N-1)}} = \sqrt{\frac{\sum_{1}^{N}(\Delta X_n)^2}{N(N-1)}} = \frac{\sigma_{N-1}}{\sqrt{N}} = \frac{\sigma_X}{\sqrt{N}} \qquad \text{(Ver a equação. 30)} \qquad (37)$$

Adequando a simbologia: $\Delta\overline{X} = \sigma_{\overline{X}} = $ desvio padrão da média: $\quad \sigma_{\overline{X}} = \frac{\sigma_X}{\sqrt{N}}$ (38)

EM RESUMO:

Para um conjunto de N medidas de uma grandeza X: $\overline{X} = \frac{\sum X}{N} = $ Média Aritmética = Valor central que representa o conjunto

de medidas $\sigma_{N-1} = \sigma_X = \sqrt{\frac{\sum(X-\overline{X})}{N-1}} = $ Desvio padrão das medidas.

O intervalo formado por $\overline{X} \pm \sigma_X$ deve incluir cerca de 68 % das medidas.

A Tolerância do erro das medidas é de cerca de 10%.

$\sigma_{\overline{X}} = $ Desvio padrão da média = representa o erro na estimativa da média $= \frac{\sigma_X}{\sqrt{N}}$

O intervalo formado por $\overline{X} \pm \sigma_{\overline{X}}$ representa a faixa de tolerância do erro da média ou a _precisão da determinação da média:_

É CHAMADO DE VALOR APROXIMADO DE UM RESULTADO EXPERIMENTAL

A Tolerância para o erro da média é de cerca de 5%.

$\sigma_x \quad ou \quad \sigma_{\overline{X}}$ devem ser sempre arredondados para um só algarismo significativo.

IV: REGRESSÃO LINEAR E AJUSTAMENTO PELA PARÁBOLA

IV.1 - REGRESSÃO LINEAR

PROBLEMA: DETERMINAR A EQUAÇÃO DA RETA QUE MELHOR SE ADAPTA A UM CONJUNTO DE MEDIDAS DE DUAS GRANDE-ZAS, Y E X.

Trata-se de determinar a equação da reta $\qquad Y = AX + B \qquad$ (01)

Se levarmos um certo valor de X_i na eq. (01) devemos encontrar um valor próximo de Y_i.

Os melhores valores de A e B são aqueles que minimizam:

$$S = \sum[Y_i - (AX_i + B)]^2 \qquad (02)$$

A condição de mínimo exige que:
$$\frac{\partial S}{\partial A} = 0 \quad e \quad \frac{\partial S}{\partial B} = 0 \qquad (03)$$

$$\frac{\partial S}{\partial A} = \sum 2[Y_i - AX_i - B](-X_i) = 0 \quad (04)$$

$$\frac{\partial S}{\partial B} = \sum 2[Y_i - AX_i - B](-1) = 0 \qquad (05)$$

$$(04) \quad \rightarrow \quad \sum(X_i Y_i) - A\sum(X_i)^2 - B\sum(X_i) = 0 \qquad (06)$$

$$(05) \quad \rightarrow \quad \sum(Y_i) - A\sum(X_i) - NB = 0 \qquad (07)$$

$$(06) \rightarrow \sum(X_i Y_i) = [\sum(X_i)^2]\,A + [\sum(X_i)]B \quad (08)$$

$$(07) \quad \rightarrow \quad \sum(Y_i) = [\sum(X_i)]A + NB \qquad (09)$$

Resolvendo (08) e (09), encontramos A e B e montamos a equação (01).

Podemos avaliar o grau de ajustamento entre a equação. (01) (experimental) e a equação ideal que relacionaria Y e X, calculando o *coeficiente de correlação*:

$$r = A\sqrt{\frac{\sum(X-\overline{X})^2}{\sum(Y-\overline{Y})^2}} \quad com \quad \overline{X} = \frac{\sum X}{N} \quad e \quad \overline{Y} = \frac{\sum Y}{N} \qquad (10)$$

$\overline{X}$ = *média aritmética de X* $\qquad$ $\overline{Y}$ = *média aritmética de Y*

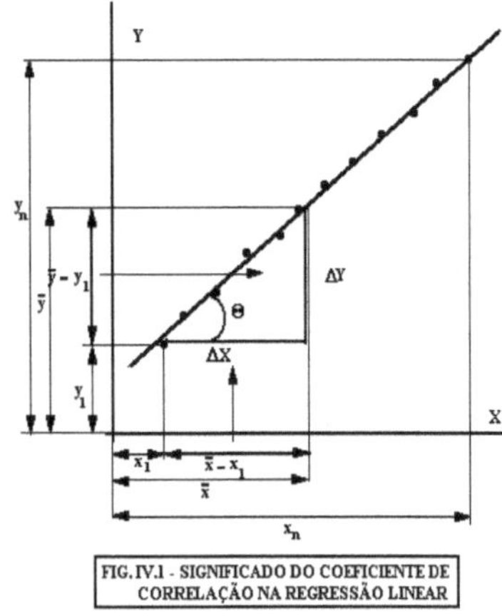

FIG. IV.1 - SIGNIFICADO DO COEFICIENTE DE CORRELAÇÃO NA REGRESSÃO LINEAR

IV.2 - SIGNIFICADO DO COEFICIENTE DE CORRELAÇÃO NA REGRESSÃO LINEAR

Na Eq. (10) A representa o coeficiente angular da reta obtida pela solução das equações (08) e (09) as quais foram estabelecidas a partir das medidas (a qual podemos chamar de reta "teórica").

Qual o significado do radical?

Na Fig. (IV.1) vemos a representação da reta que pode ser traçada a partir dos valores experimentais ("reta experimental"). Aí vemos o numerador (cateto adjacente do triângulo formado na reta) e o denominador (cateto oposto do mesmo triângulo).

Concluímos que o radical

$$\sqrt{\frac{\sum(X-\overline{X})^2}{\sum(Y-\overline{Y})^2}}$$

representa a cotangente do ângulo θ ou seja o inverso do coeficiente angular dessa reta.

Em resumo, se a reta "teórica" coincidir com a reta "experimental":

$$r = A\sqrt{\frac{\sum(X-\overline{X})^2}{\sum(Y-\overline{Y})^2}} = tan\,\theta \ \times \ cot\,\theta = 1$$

$$A = \tan\theta \qquad \sqrt{\frac{\Sigma(X-\overline{X})^2}{\Sigma(Y-\overline{Y})^2}} = \cot\theta$$

Se as retas não coincidirem exatamente poderão ficar próximas e o valor de r, em módulo, tem a capacidade de indicar o grau de ajustamento entre elas.

Na prática usa-se os seguintes critérios para avaliar a qualidade da reta de regressão obtida:

$0,8 \leq |r| \leq 1,0$ _Para trabalhos de pouca precisão_

$0,9 \leq |r| \leq 1,0$ _Para trabalhos de precisão_ (11)

IV.3 - AJUSTAMENTO PELA PARÁBOLA

Usa-se o mesmo processo para a função $\qquad Y = AX^2 + BX + C$ (12)

Trata-se de minimizar: $\qquad S = \Sigma\left[Y_i - \left(AX_i^2 + BX_i + C\right)\right]^2$ (13)

Condições de mínimo: $\qquad \dfrac{\partial S}{\partial A} = 0; \quad \dfrac{\partial S}{\partial B} = 0; \quad \dfrac{\partial S}{\partial C} = 0$ (14)

$$\frac{\partial S}{\partial A} = \Sigma\, 2\left[Y_i - \left(AX_i^2\right) + BX_i + C\right] \cdot \left[-\left(X_i^2\right)\right] = 0 \tag{15}$$

$$\frac{\partial S}{\partial B} = \Sigma\, 2\left[Y_i - \left(AX_i^2\right) + BX_i + C\right] \cdot \left[-\left(X_i\right)\right] = 0 \tag{16}$$

$$\frac{\partial S}{\partial C} = \Sigma\, 2\left[Y_i - \left(AX_i^2\right) + BX_i + C\right] \cdot \left[-1\right] = 0 \tag{17}$$

$$(15) \quad \rightarrow \quad \Sigma X_i^2 Y_i = AX_i^4 + BX_i^3 + CX_i^2 \tag{18}$$

$$(16) \quad \rightarrow \quad \Sigma X_i Y_i = AX_i^3 + BX_i^2 + CX_i \tag{19}$$

$$(17) \quad \rightarrow \quad \Sigma Y_i = AX_i^2 + BX_i + NC \tag{20}$$

Resolvendo (19), (20) e (21), encontramos A, B, C e montamos a Eq. (12).

Podemos avaliar o grau de ajustamento entre a Eq. (01) (experimental) e a equação ideal que relacionaria Y e X, calculando o _coeficiente de correlação_:

$$r = \sqrt{\frac{\Sigma(Y_C-\overline{Y})^2}{\Sigma(Y-\overline{Y})^2}} \tag{21}$$

$\overline{Y}$ = _média aritmética de Y_

Y_C = _valor de Y calculado pela substituição de X na Equação (12)._

IV.4 - SIGNIFICADO DO COEFICIENTE DE CORRELAÇÃO NO AJUSTAMENTO PELA PARÁBOLA

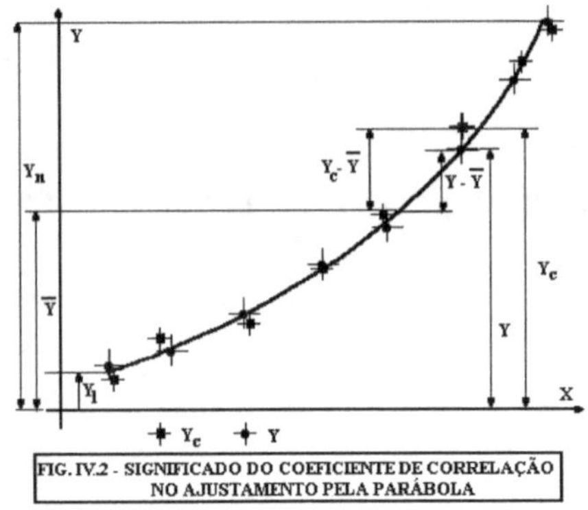

FIG. IV.2 - SIGNIFICADO DO COEFICIENTE DE CORRELAÇÃO
NO AJUSTAMENTO PELA PARÁBOLA

Vemos na Fig. IV.2 a representação da parábola traçada a partir dos pontos experimentais (Y).

Colocamos também a representação dos pontos Y_C obtidos pela substituição dos valores de X na equação (12).

Vemos que as diferenças tipo $\left|Y_C - \overline{Y}\right|$ e $\left|Y - \overline{Y}\right|$ tendem a coincidir se $Y \equiv Y_C$.

Se a soma dessas diferenças ao quadrado coincidirem o valor de r, dado pela equação (22) ficará igual a 1.

Não havendo coincidência aceita-se um valor aproximado conforme o mesmo critério da correlação linear:

$$0,8 \leq |r| \leq 1,0 \quad \textit{Para trabalhos de pouca precisão}$$

$$0,9 \leq |r| \leq 1,0 \quad \textit{Para trabalhos de maior precisão} \qquad (11)$$

IV.5 - APLICAÇÃO DO AJUSTAMENTO PELA PARÁBOLA

Para aplicar o AJUSTAMENTO PELA PARÁBOLA deve-se organizar uma Tabela para cálculo dos somatórios das equações (19), (20) e (21).

Nº	Y	X	XY	X²	X²Y	X³	X⁴
01							
02							
03							
N							
Σ	ΣY	ΣX	Σ XY	Σ X²	Σ X²Y	Σ X³	Σ X⁴

Estes somatórios (na última linha) são substituídos nas equações e o sistema é resolvido encontrando-se os valores de A, B e C. Agora a Eq. (12) pode ser usada para calcular Y_C. e em seguida, o coeficiente de correlação (Eq. 22).

Nº	X	Y	Y_c	$\left(Y_c - \overline{Y}\right)^2$	$\left(Y - \overline{Y}\right)^2$
01					
02					
03					
N					
$\sum$	$\sum X$ $\overline{X} =$	$\sum Y$ $\overline{Y} =$		$\sum \left(Y_c - \overline{Y}\right)^2$	$\sum \left(Y - \overline{Y}\right)^2$

V - LINEARIZAÇÃO DE FUNÇÕES

(Adaptado de "Métodos experimentais para Engenheiros", J. P. Hollman, Ed. McGraw-Hill, 1977, pág. 91)

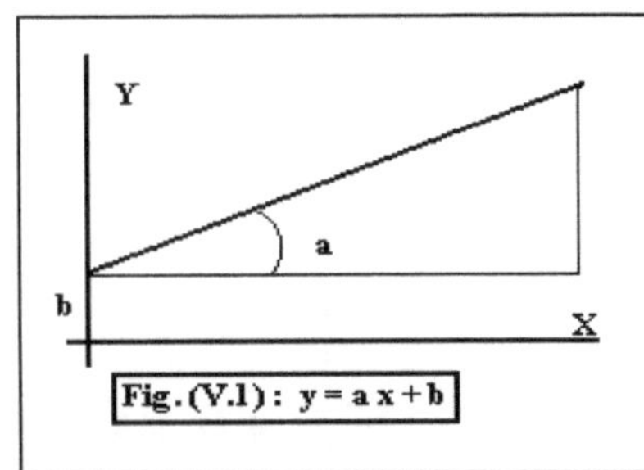

Função Linear $y = ax + b$

a = coeficiente angular

b = coeficiente linear

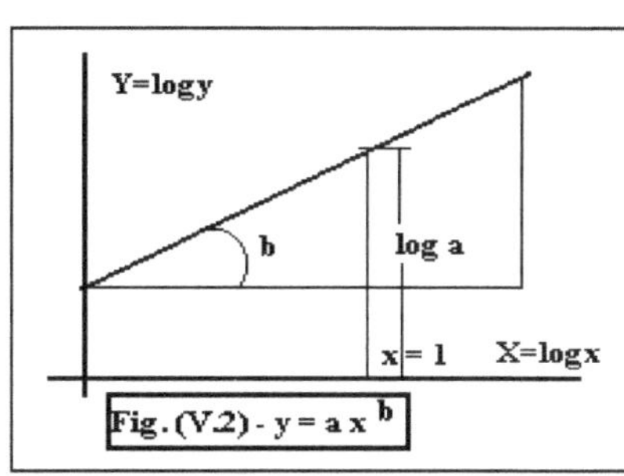

Função Potência $y = ax^b$

b = coeficiente angular

log a = coeficiente linear = ordenada para x = 1

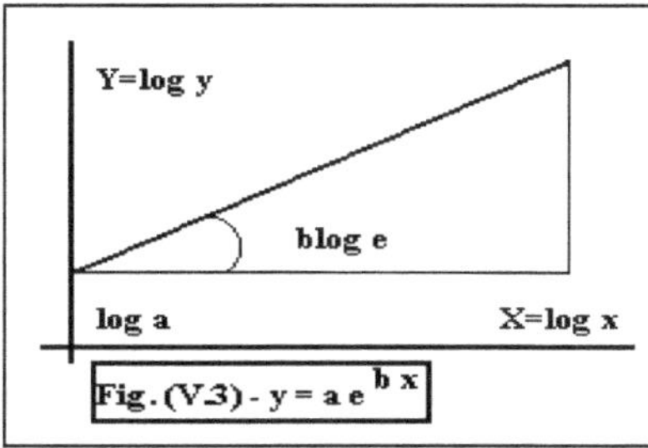

.Função Exponencial $y = ae^{bx}$

b log e = coeficiente angular

log a = coeficiente linear

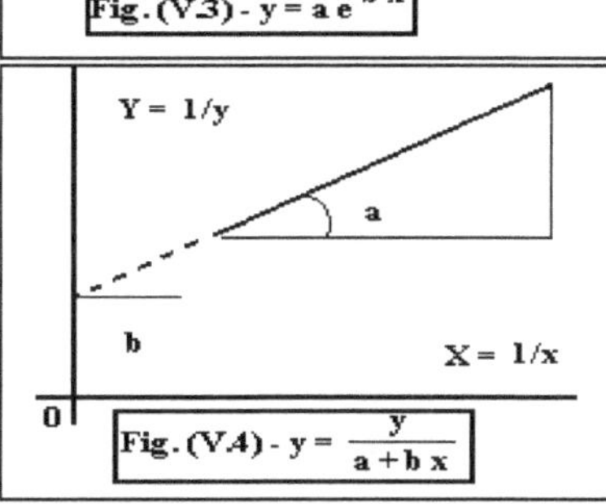

Função $y = \dfrac{x}{a+bx}$

a = coeficiente angular

b = coeficiente linear (no prolongamento da reta   até a origem)

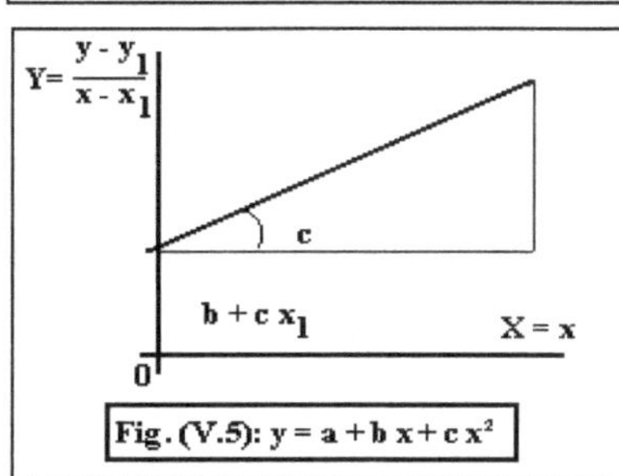

Função $y = a + bx + cx^2$

c = coeficiente angular

b + c x_1 = coeficiente linear

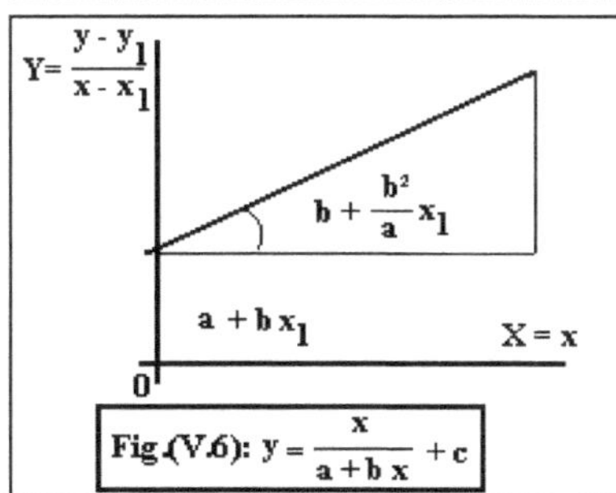

Função $y = \dfrac{x}{a+bx} + c$

$b + \dfrac{b^2}{a}x_1$ =coeficiente angular

$a + bx_1$ =coeficiente linear

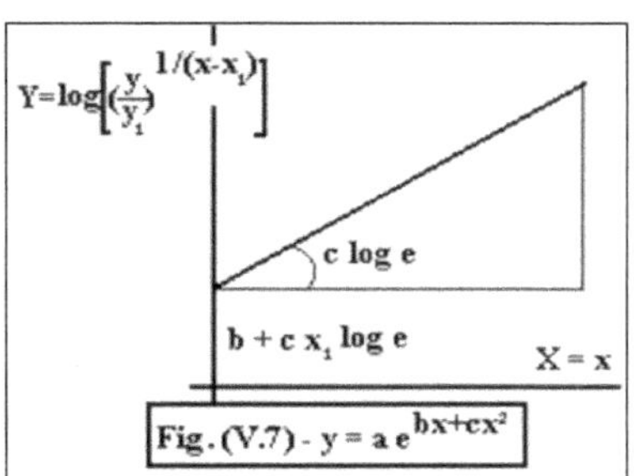

Função $y = ae^{bx+cx^2}$

c log e = coeficiente angular

b + c x_1 log e = coeficiente linear

BIBLIOGRAFIA

- MANUAL DE LABORATÓRIO DE FÍSICA - MCGRAW - HILL
        WILLIAM V. ALBUQUERQUE
        CAPS: 1, 4, 5

- PROBLEMAS EXPERIMENTAIS EM FÍSICA - UNICAMP
        CURT EGON HENNIES
        VOL I - CAPS. III, IV, V, APÊNDICES

- LABORATORY PHYSICS - JOHN WILEY & SUNS
        HARRY F MEINERS
        CAPS: I, II

- PRÁTICAS DE FÍSICA - LABOR
        WILHELM H. WESTPHAL.
        CAP: I APÊNDICE III.

- MÉTODOS EXPERIMENTALES PARA INGENIEROS
        J.P.HOLMAN - MCGRAW - HILL
        CAP: 3

FÍSICA PARA CIENTISTAS E ENGENHEIROS:
        PAUL A. TIPLER – ED. GUANABARA KOOGAN

FUNDAMENTOS DA FÍSICA
        DAVID HALLIDAY, ROBERT RESNICK – LTC

FÍSICA PARA CIENTISTAS E ENGENHEIROS (COM FÍSICA MODERNA)
        RAYMOND A. SERWAY - LTC

FÍSICA
        FREDERICK J. KELLER, W. EDWARD GETTYS, MALCOLM J. STOKE: MAKRON BOOKS